U0169269

生命密码 ②

人人都关心的基因科普

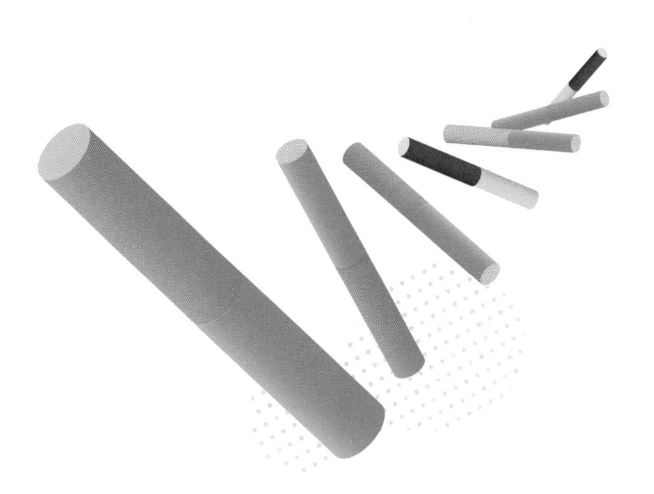

尹烨 著

中信出版集团 | 北京

图书在版编目（CIP）数据

生命密码. 2, 人人都关心的基因科普 / 尹烨著. --
北京 : 中信出版社, 2020.5（2024.4重印）
ISBN 978-7-5217-1654-2

Ⅰ. ①生… Ⅱ. ①尹… Ⅲ. ①基因－普及读物 Ⅳ.
①Q343.1-49

中国版本图书馆CIP数据核字（2020）第036654号

生命密码2——人人都关心的基因科普

著　　者：尹烨
出版发行：中信出版集团股份有限公司
（北京市朝阳区东三环北路 27 号嘉铭中心　邮编　100020）
承 印 者：北京启航东方印刷有限公司

开　　本：880mm × 1230mm　1/32　　印　　张：12.5　　字　　数：300千字
版　　次：2020年5月第1版　　印　　次：2024年4月第21次印刷
书　　号：ISBN 978-7-5217-1654 -2
定　　价：68.00元

目　录

第2章 侣鱼虾而友麋鹿

第3章 人生代代无穷已

第4章 平生学术在斯民

推荐序一
让大众爱上科学

杨焕明

华大基因理事长，中国科学院院士

也许可以这样说，科学好比种子，人就是土地。而让科学入土生根，走进千家万户，就是科普的使命。

从某种意义上讲，科普在不同程度上影响着各个科学领域及其科研成果的命运。也就是说，如果人们无法做到对科学心领神会，即便最好的科研成果也难以生根发芽，更不用说开花结果了。因此，科学不该是“养在深闺人未识”，而应在科普的推动下“飞入寻常百姓家”。如此，科学才能真正地推动社会的发展和人类的进步。

科普绝不是一件轻而易举的事情。科普是借助一种特殊的科学语言，帮助人们听懂最新颖、最深奥的科学道理。更重要的是，无论是专业的科普工作者，还是业余的科普工作者，理应深谙“要给人一杯水，就要有一桶水的储备”这一基本道理。

人类基因组计划，也许是一个成功的范例。人类基因组计划之所以能跟阿波罗登月计划、曼哈顿原子弹计划并称为自然科学史上的“三大计划”，是因为科学家们把提出、讨论和执行人类基因组计划的全过程，打造成了一个在生命科学领域的史上规模最大、影响也最大的“基因科普运动”。当时，人类基因组计划协作组主要由全球 16 个中心构成。今天回头看，那些头头脑脑，无一不是能说会道的业余科普专家，尽管他们的科普水平也是被逼出来的。

在中国，《天方烨谈》这个科普节目可谓别出心裁。它不仅得到了广大听众的交口称赞，收获了超乎预料的传播效果，还得到了多个领域大咖的一致好评，被认为是专业研究人员从事科普工作的成功尝试。

“功夫在诗外”，尹烨在科普这件事儿上下足了功夫。自 2006 年以来，华大基因每年都会主办国际基因组学大会（ICG），而“科学嘉年华”正是大会的永恒主题之一。在 2019 年的第十四届国际基因组学大会上，尹烨及其团队精心策划了这一届的“科学嘉年华”活动，场面特别火爆：

来自全国各地的 13 名生命科学领域顶尖学者及 4 组学生代表以主题演讲、圆桌讨论的方式畅谈生命的多彩，探索宇宙的神秘。作为嘉宾之一，我跟孩子们谈到了生命的本质和意义，聊到了他们的爱好和梦想，还跟孩子们说：科学是甜蜜蜜的，科学是美丽的，科学是可以享受的。那是一场两代人的对话，也是今天和明天的对话。

如今，在尹烨的不懈努力下，将《天方烨谈》音频节目里的精华内容整理成书献给大家，此乃幸事。

给这本书取名《生命密码》，别开生面。书里讲述了许多与我们的生活息息相关的生命科学知识，话题非常有趣，有不少生动活泼的案例，再辅以风格独特的文字和准确精美的插图，非常适合展现遗传学、分子生物学、基因组学、合成生物学等多个生命科学领域的原理和知识。此外，书中也不乏对行业最新动向的科学解读，让读者更加全面地认识生命科学。

当然，围绕有些话题，讨论和争议依旧在继续，但科学家探索的步伐从未停止。而尹烨也一直在身体力行，切切实实地向前迈进，做着既有利于科学研究，又有益于传递科学知识和传播科学文化的好事情。

希望你们、他们、我们，都能共同参与，共襄盛世。

此为序，期共勉！

推荐序二

说你听得懂的科学

周忠和

中国科学院院士，中国科普作家协会理事长

长期以来，科学与大众之间好似有一堵厚厚的墙，令两者隔离开来：科学没有很好的大众基础，无法渗透进大众心里；而大众一旦涉及科学内容，就觉得深奥无比，难以接受。彼此无法沟通，相互不能理解，话语体系不同，逻辑思维方式有异，这无疑是当今社会存在的大问题。如何在两者之间架起一座桥梁，如何破除两者之间的鸿沟，让天堑变坦途，不得不说，是摆在大家面前亟待解决的一大难题。

科普事业的发展壮大需要全社会的广泛支持。但说起科普，人们或许首先想到的还是科技人员，想到的还是科技工作者在科普当中起到的作用，认为他们应该发挥带头作用，应该走到前台为大家答疑解惑。的确，科学家是最了解最新的知识、最前沿的科学进展的一个群体，而且他们最有资格告诉公众，科学是不断发展的过程，至今仍有很多公众最关心的问题是当今科学所没能解决的。科学家有义务利用所掌握的知识主动发声，解答老百姓最关心的热点科学或相关社会问题，也有理由直面挑战，毫不留情地揭露伪科学；他们不仅要具备对科学的执着，还要富有人文精神。

这本书的出版令人欣喜。作者尹烨博士从“一碗饭”讲起，将与普通人生活息息相关的衣（丝绸）、食（水稻、水果、肉类等）、疾病（癌症的发生、心血管疾病、免疫疗法）等话题，结合考古与历史研究，做了简要的回顾，并对与其相关的国内外基因研究进展进行了梳理。

书中章节的标题活泼有趣，内容图文并茂，作者有时将大众喜爱的电影作为引子，具有不同基因的夏尔巴人、巴瑶人、马赛人成了《X战警》中的形象；有时又将文学诗词信手拈来，给人留下深刻的印象。同时，书中的每一篇都是独立的故事，读者朋友们可以根据阅读兴趣信手翻阅，在满足好奇心的同时，也会积累丰富的知识。

此外，令人欣喜的是，在这本书中甚至还能看到近些年来作者所在的研究机构——华大基因研究院与国内外多家高校、研究机构的基因组测序合作成果，内容涉及生物的演化速率以及分子机制、基因的扩增与功能分化、动植物驯化等多个领域；国际上许多热点研究课题，比如水稻基因组框架图的绘制、兰花全基因组测序、“世界三级”动物基因组研究项目等，华大基因研究院也主导或者直接参与了其中的工作。相信这样的工作也能让读者感到更加亲切，从而增加对科学的兴趣。

推荐序三

生命中的因和果

吴　军

硅谷投资人，丰元资本创始合伙人，计算机科学家

我非常高兴再次为尹烨先生的新作《生命密码 2》撰写序言。尹烨先生的几本书，是我读到的最通俗，同时也是最精辟的基因组学和遗传学的科普读物。这个系列丛书的第一部回答了人类长期以来一直关心的一些本原性问题，比如，我们从哪里来、我们是谁，并且准确地科普了当下很多热门话题，比如基因检测、干细胞和克隆等。第二部详述了动植物的演化、人类对疾病的认识，以及基因技术对人类世界的影响等。对于大众来讲，这是一套“雪中送炭”的好书，即便对于那些非常了解基因组学和遗传学的读者，这套书也能引发他们的深入思考。

人类其实一直非常想知道我们从哪里来。从哲学层面来讲，是超自然的力量创造了生命，还是大自然孕育了生命并且帮助生命进行演化？对于这个问题，人类一直很困惑。从生物层面来讲，虽然我们的祖先早就知道“龙生龙，凤生凤”“种瓜得瓜，种豆得豆”这种后代和祖辈的相似性，但并不知道其中的原因。也正因如此，“我们从哪里来”才成了人类的一个终极问题。

当然，从 19 世纪中后期到 20 世纪初，随着演化论和遗传学的诞生（达尔文《物种起源》于 1859 年出版；孟德尔遗传定律于 1865 年提出，在 1900 年被重新发现），人们似乎找到了答案。但那些答案见仁见智，依然无法解释很多生物学现象。比如，为什么原本食肉的熊猫变成了素食者，而且只吃那些连草食动物都不吃的、难以消化的竹子？为什么我们和牙齿上的细菌都喜欢糖？为什么同样是牛奶，对一些人来讲是营养品，对另一些人来讲则会产生很大的危害？在人类了解遗传的密码——基因后，这些问题便能得到很好的解释。因此，《生命密码》的看点之一，就是通过基因的演变历史，了解我们及地球上各种生物是从哪里来的，为什么会有今天各种各样的习性。

每个人都需要了解的第二个本原性问题是：我们是谁？当然很多人会说，从个体上讲，我是我父母的孩子，是我孩子的爸爸或者妈妈。而从整体上讲，人类是万物之灵，是自诩地球之主的存在。前一种说法没有错，但是一只猴子甚至一只青蛙也可以说这样的话，因此这种说法不具有特殊性；后一种说法其实是人类几千年来处于食物链顶端所产生的一种不自量力的傲慢。在人类了解基因之前，人们确实觉得自己比其他物种更高等、更复杂、更先进，甚至认为不同的人种之间也有高等、低等之分。

但今天，基因组学和遗传学告诉我们，这种傲慢是没有根据的，甚至在一定程度上是错误的。人类染色体的数量并不比马或者驴子更多，人类基因中碱基对的数量甚至要比一些植物（如小麦）少得多。人类在没有工具的情况下对环境的适应能力，要远远低于很多其他物种。人类不过是自然界各种生物中的一种而已，人类和黑猩猩具有相似性，而人类和香蕉、果蝇在基因上的相似性甚至大于

60%。因此，在宏观层面上，人类要做的，更多的是和自然界和平相处，而不是统治世界。在个体层面上，我们身体的共生细菌数量比人体自身的细胞数量还要多，细菌和我们一同构成了我们的生命。一旦破坏了这个平衡，我们就可能生病。因此，我们要做的，不是像过去那样试图杀死所有的细菌，而是跟细菌和平相处。

《生命密码》这套书，不仅告诉我们关于基因的这些知识，更重要的是让我们懂得生命中的因和果。这让我想起了黑格尔的那句名言："凡是现实的都是合理的。"在所有的现实背后，都有过去的合理性因素。理解了这一点，了解了基因对我们生命的作用，我们就能坦然地接受很多结果，更积极、更健康地生活。

2018 年 7 月 20 日，在尤瓦尔的新书《今日简史》的全球首发仪式上，我和尹烨先生同台交流。当时我讲，未来，连接比拥有重要，合作比颠覆重要。尹烨先生也深有同感，还提到了对《数学之美》《浪潮之巅》等几本书的喜爱。作为世界知名的基因科技公司——华大基因的首席执行官，尹烨先生不仅是基因组学和遗传学领域的专家，还是一个知识丰富、文笔极佳的专栏作家，非常擅长深入浅出地介绍尖端科技。阅读他的作品是一种享受，不但能够让我收获很多最新、最准确的生命科学领域的知识和信息，而且能够激发我进一步思考，让我对他讲述的道理反复回味。

开卷有益，希望广大读者能够像我一样，喜欢这套优秀的作品。

前　言

用生命科学思维理解世界

时光飞逝，生命密码系列的第二本书要和大家见面了。

生命密码系列书籍脱胎于我的一档日更电台节目《天方烨谈》，相较于几分钟的节目，分门别类、精心整理的文章信息量更大，也方便大家随时阅读。

我写这本书的初衷是希望和大家分享一些通俗易懂的生命科学知识，为对这一领域感兴趣的人提供靠谱的科普内容，如果能让公众理解科学、热爱科学，那就更好了。

生命密码系列的第一本书出版后，我陆续参加了一些科普活动，收到了不少有价值的反馈，部分读者还提出了对第二本书的期待，这让我在欣喜之余，也平添了几分压力，以及做出更优质内容的动力。

在与读者朋友们的交流中，我发现大家对生命健康问题很感兴趣，但很多人对决定生老病死的主要因素——基因，却陌生得很。我们为什么会生病？人类可能永生吗？如何生育一个健康的孩子？如何让“肿瘤君”滚蛋……其实，这些问题的答案便在遗传与环境中。与其他前沿学科不同，生命科学的研究与每个人息息相关，自然吸引了不少人的关注。

但这种“关注”也带来不少乱象，从各种赶时髦的基因科技流言中，便可窥一斑。作为一门前沿科学，从分子层面理解生命，存在一定的认知门槛，这也让生命科学成为谣言重灾区。对基因武器的恐慌自不必提，与致癌有关的谣言也层出不穷。

人天生会对未知的事物恐惧。对于新事物，大部分人会在不了解时便下意识否定，虽然质疑是科学精神之一，但思辨是更重要的科学精神。要清除蒙昧与谬误，就得消除科学家与公众间的知识鸿沟，保证大家是在同一平台，用同一种语言对话。所以，在生命这个话题上，我们要有统一的认识和理解。

哲学三问，生物思维

生命是什么？在 20 世纪前半叶，最热衷于解答这个问题的是物理学家，“养猫大神”薛定谔就是个中翘楚，他写了一本《生命是什么》，尝试从物理角度解答这个问题。这本书出版至今流行了 70 多年，堪称经典。虽然书中种种只是薛定谔的大胆猜想，却也因此启发了不少杰出的物理学家因为寻找“生命力学”而最终投入遗传学研究。生命科学研究在分子层面开始突破，相当程度得益于此书。

作为一名投身生命科学领域 20 多年的理科生，我对这个问题的理解是——生命的本质是化学，化学的本质是物理，物理的本质用数学来描述。化学统一在元素上，经典物理统一在原子上，量子物理统一在量子上，而生命统一在 DNA（脱氧核糖核酸）上。在我看来，生命正是由一群元素按照经典物理和量子物理的方式组合起来的一个巨大且复杂的系统。

英国科学作家保罗·戴维斯在《生命与新物理学》一书中，把生命和量子物理的结合提升到新的水平，隐隐揭开了分子生命（DNA以上水平，原子基础）+ 量子物理（脑科学，量子基础）+ 信息论 [生命以信息为通用货币，以 bit（字节）为基础] 融合的序幕。从麦克斯韦妖[①]到薛定谔的猫，从哥德尔不完备定理到香农定理……生命的起源与本质、自由意识是否存在的答案似乎呼之欲出。

地球存在了 46 亿年，已知生命的历史已有 34 亿年，我们是谁，因何诞生，去往何处，学界有着不同的认识。

自诩处于食物链顶端的人类，放在地球亿万年尺度的背景来看，也只存在了短短的一瞬。莎士比亚的"人啊，你是宇宙的精华，万物的灵长"这句话在文学作品中无可厚非，但在生物圈中实在是自大之言，如果曾经的地球霸主们有灵性，听到了免不了对人类一顿鄙视加暴揍。即使是现在，人类在称王的道路上依然走得艰难。在我看来，地球之王是微生物，多细胞生物之王是昆虫，论生存实力，人类从来都是被碾轧的一方。

达尔文显然更客观，他说"人类的特征是两足直立行走、大的脑容量和高的智力"，侥幸站上食物链顶端，也只是演化的偶然。在今天看来，这个定义并不完善，我们或许应该说，人是具有 23 对染色体，基因组为 30 亿对碱基，基因总量约为 22 000 个，以及携带了 10 倍于人体细胞数量的微生物的有机体。

---

① 是物理学中假想的妖，能探测并控制单个分子的运动，于 1871 年由英国物理学家詹姆斯·麦克斯韦为说明违反热力学第二定律的可能性而设想的。——编者注

虽然相较于过去，我们对“我”的理解，已经有了长足的进步，可这依然不一定是生命的真相。演化还在继续，“造物主”也可能随时喊停，而探索未知，正是科学的意义，也是人的独特性所在。

让电动车普及，火箭回收，并意欲移民火星的商业奇才马斯克，曾将自己独特的思维方式归结为第一性原理。这个概念最初源自哲学，就是透过表象看本质的思维方式。每个学科都有第一性原理，演化的思想，即遗传与变异是生命的本能，也是生命的第一性原理，是生命科学为我们提供的一种新的思维方式。

当你苦恼在人生选择方面，隔代如隔山的交流鸿沟时，演化历程会告诉你，这正是地球生命前进的动力——与祖先做出不一样选择的狼变成了忠诚的狗，两栖动物的出现也是因为有鱼选择离开水域，人之所以能够制造并使用工具，或是因为某些特立独行的祖先，选择了从树上下来解放了双手（前爪）……

当你自视甚高忘乎所以时，自然历史会告诉你，人虽然自诩万物之灵，也只是被无序的演化之手推上王座的生物之一，并不代表我们有权利凌驾于万物之上，或是对自然索取无度。用客人而非主人的心态看待自己与外界的关系，就能在生活中保持谦卑。

当你陷入生老病死的恐慌时，翻翻地球生命历史，正视生命的衰亡与正视生命的诞生一样，是再自然不过的事情。人类在疾病方面虽然存在认知局限，但在对抗疾病方面一直有突破与创新。比如现在我们知道，癌症是一种基因病，开始探索用免疫系统对抗肿瘤，从分子层面对肿瘤进行预防、早筛、诊断、治疗、预后监测，终有将癌症变为慢性病的一天。

自十几年前，人类基因组被破译以来，我们从分子层面了解了生命的组成，科技的发展又让个人基因组测序的时间和成本从 13 年、38 亿美元到如今的 2 天、3 800 元人民币，我们甚至能用 2019 年的智能手机在不到一天的时间里分析 15G 的个人基因组序列，“人人基因组时代”日趋接近。这是人类攻克疾病战役中的集结号，也是科技引领下值得期待的未来。

求学工作，结缘生科

我生于 20 世纪 70 年代的尾巴，学生时代是在书海中度过的。《山海经》《西游记》《昆虫记》《本草纲目》《大医精诚》等是我常翻的书籍。我养过许多宠物，拍过许多花草，常常沉浸在光怪陆离的生物世界里，思绪被浩瀚的历史拉得很长，着迷于生物的多姿多彩。

生命崇尚自由。1998 年，我选择被保送到大连理工大学就读本科，原因之一就是大连理工允许学生自选专业。而在可选的 60 多个专业中，我毫不犹豫地选择了生物工程。这固然有我自幼的兴趣，但确实也受了那个时代最流行的一句话的影响：“21 世纪是生命科学的世纪。”

临近毕业的时候，看着同学们一个个找对口工作极其困难，作为毕业生工作组组长的我怀揣诸多不解，于是问就业办主任：“不是说这个世纪是生命科学的世纪吗？为啥连个对口工作都找不到？”后来，主任一句话就把我给噎住了：“21 世纪有多少年？今年才 2002 年？你有本事就让这一刻在这一世纪早点到来。”

从大学保送生到就业困难户，从月薪 1 266 元到上市公司 CEO，这 20 多年来，我幸运地参与了中国生命科学，特别是基因组学大发展的黄金 20 年，见证了中国生物科技和产业从追赶到同步甚至在某些方面有超越之势的历程，也有幸在推动生命科学时代提前到来的过程中，贡献着自己的绵薄之力。

稳中求进，敬畏未知

如果说人与其他生命有什么本质的不同？那就是人类很善于发现和利用身边事物。人类历史时代被分为石器时代、红铜时代、青铜时代、铁器时代、蒸汽时代、电气时代、原子时代、信息时代……对应的是人类研究和创造新事物的不同阶段。人们不断掌握新技术，并凭借它来改变生活的世界。

作为 21 世纪三大科学计划之一的人类基因组计划，开启了生命时代的序幕，人们凭借前所未有的新工具，从微观角度探索自身，也为人类健康带来了新希望。

遗憾的是，信息世界里精华与糟粕齐飞的现状，为容易受信息影响的公众带来困扰。近到致癌食物，远到基因编辑，大多数人都一知半解，在信息的海洋里焦虑犹疑，对科技进步带来的新变化颇为抵触，但除了“不好”，也说不出什么道道来。可为了反对而反对，轻易将并不了解的事物拒之门外，既于己无益，又造成社会恐慌，实在是耽误科技发展。

事实上，技术本身的属性是中性的，一味为了避免负面效应就堵上所有进步的可能，是极不明智的。科技不断往前推进这一点并不以人的意志为转移，而科技究竟是天使还是恶魔，在于我们如何使用它。

我对科技的未来持乐观态度，因为我相信人性中自有善良天使。

百万年前，古人类聚集在一起，用口口相传的故事传递智慧，进而由智生慈，不断格物致知。人类开始交流、互助、创造、求知、向善，物质丰足之后，即寻精神寄托，不断思索人之为人的特殊意义。

科学发展到现今，科学家们在生命伦理方面，已经有了公认的约束规则，绝大多数科学家都会守住伦理的红线，不触及科研的禁区。试管婴儿技术诞生 40 多年，数百万个天使健康出生；多利诞生 20 多年，克隆技术也并未带来曾经担忧发生的后果。对于新技术的出现，我们应该秉持开放的心态，欢迎合理探讨，但不要杞人忧天。虽然真理不辨不明，但思想的碰撞应该在清醒的头脑间发生，了解新兴科学技术，是思辨交流的前提。

我一直说，已知圈越大，未知圈也越大，对于自然与未知，我们应保有敬畏之心。未来是不确定的，也正因此充满无限可能。对未知怀有敬畏之心，守住底线推动技术进步，是迎接未来的应有心态。

科普公益，执着坚持

我一直保持着大量阅读的习惯，阅读为我提供养分。我坚信科学与人文是可以融合的，那些自然科学无法给出答案的问题，人文科学或许能回答。正是在大量的“输入”之下,才有了生命密码系列和《天方烨谈》节目的“输出”。

自 2016 年开始，我每天挤出时间，录制电台节目《天方烨谈》，转眼间已坚持了 1 460 多个日日夜夜。作为知识的传递者，我希望引发大家对生命科学的兴趣，因此无论是节目风格还是选题类型，都尽量做到通俗易懂、贴近生活。结果令人惊喜，迄今 1 200 多期节目、逾 1.6 亿人次的播放量,《科普时报》邀《天方烨谈》特辟专栏，科普文章亦得以在学习强国 App（智能手机应用程序）上发表，更让我坚定做下去的决心——谁说国人不爱科学，只要有好的内容，公众的好奇心、求知欲是可以被激发出来的，而大众的科学基本素养也是可以在日积月累的过程中慢慢得到提高的。

教育从娃娃抓起，科普亦如是。我们曾发起百校科普活动，将生动的科学故事带入中小学校园，迄今已与多座城市的百余所学校的数万名师生分享了科普知识。我和小伙伴们还为幼儿园中班及以上的小朋友开发了许多科普课程。

我常说，科普即公益，其实反过来，公益是更直观的科普方式，能让人切身体会到科技的力量。

2003 年，SARS（重症急性呼吸综合征）肆虐之时，华大用 36 个小时就测出了 4 株 SARS 病毒的序列，用 96 个小时做出了 SARS 病毒酶联免疫试剂盒。为了尽快量产试剂盒，我连续在电脑前奋战了几十个小时，完成了数百页的研发和注册材料，掉落的头发在电脑键盘上铺了一层。当时，我心里想的是:“如果在和平年代还能为国家做一点儿贡献,恐怕也就是现在了。”在试剂盒顺利通过药监局的审批后，我和同事代表华大向全国防治非典型肺炎指挥部捐赠了加急生产出来的 30 万人份的试剂盒。

2017 年，在华大的上市仪式上，我代表管理层庄严承诺：我们每年义务捐助一种罕见病的基因检测，全球永久免费。

2017 年 3 月 21 日，华大联合深广电公益基金会成立了“华基金”。我作为代表郑重宣布：在全球永久免费为重型地贫患儿提供 HLA（人类淋巴细胞抗原）配型检测。

同年，我个人出资与南方医科大学深圳医院、深圳关爱行动公益基金会联合发起“狂犬病科研计划”，推进狂犬病治疗的临床研究。

2017 年 8 月，为帮助西藏进行包虫病筛查，我们横跨 4 000 公里，将用于包虫病筛查和防治的 100 台“−86℃超低温专业冷冻冰箱”送上海拔数千米的高原，一路上车祸、缺氧、恶劣天气等因素并未阻挠我们前进，并一路直播，向观众传播相关科普知识。

2018 年，我倡议发起“生命周期表”项目，计划测序所有已知物种，了解它们的基因组信息，并探寻基因组之间的关联，发现数据背后暗藏的生命规律，最终实现“数字化动植物”“数字化地球”的宏伟目标。

生命周期表的第一期测序对象是现存 27 目 157 科的哺乳纲，接下来是植物部分的测序，并计划在 3 到 5 年内，解密所有动植物基因组。我们的信心来源于华大的测序实力，要知道，在全球已经测序完成的动植物里，过半是由华大和合作伙伴共同完成的。在公开发表的 500 余种动植物基因组中，中国主导的比例达到了 33%，而美国主导的比例是 25%。

2020 年 1 月 26 日，恰逢抗击新冠肺炎，华大基因又是首个成功研制核酸 RT-PCR 和测序诊断试剂并率先获国药总局批准的机构。截至 3 月 30 日，我们与爱心机构和人士、第三方一起向湖北和全球其他地区共捐赠 33.3 万份试剂以抗击疫情。就在我写这篇前言的时候，我的数千名同事也正在各地一线勠力同心、日夜奋战，以最快的速度协助各地疾控系统完成病毒核酸检测以解疫情之急。我也在喜马拉雅、腾讯、新浪和自己的公号上积极辟谣，阻断不实甚至造成恐慌的信息传播。“造谣的是专业的，辟谣的是业余的。”特别是疫情期间辟谣，时效性要求很强，内容要求极高，然而也必须有人能把它做起来，这也正是科普人的初心所在啊。

一句话：科普这事，忙、累，但值得。

知识拓展，科普进阶

因为这次出版的是生命密码系列的第二本书，相应的话题深度较第一本有了拓展，在保持科学性与趣味性的前提下，在话题的生活贴近度上有了调整。但前沿科学仍有一些知识门槛，如果看过生命密码系列第一本书，或是听过《天方烨谈》节目，相信你在阅读本书时会有更流畅的阅读体验。

孩童时代，经史子集、志怪传奇让我徜徉在文学的海洋里；弱冠之时，前沿学科生物科学为我打开了自然科学的大门，科技与人文本就相互辉映。于是，在这本书成稿的过程中，我也有了更多的“私心”，我希望在科学中注入人文关怀，给人文关怀加持科学力量。这也是为什么你在生命密码系列中，会不时看到古诗词、相关的历史故事。

无论是阅读还是科研，都让我获益良多，我想把这种打开新世界的喜悦传递给大家，于是开设了“尹哥聊基因”微信公众号，并于2018年开始，在公众号上分享生命科学相关书籍阅读心得，迄今为止我已经看了逾400本与生命科学有关的作品，并分门别类地列出书单，分享书评，为大家推荐好书。如果你感兴趣的话，可以在公众号里找到我，还可加入天方烨谈群聊，与广大科普爱好者交流。

需要说明的是，我并不想将生命这个话题从科学中抽离出来，单单放在生物学科上来讲述也做不到，因为科学绝不等于“分科的学问”。读这本书，你不需要具有生物学背景，无论你拥有怎样的知识背景，都能从中找到联系、得到启发。因为这原本，就是与你有关的故事啊。

最后，感谢你翻开这本书，也期待你加入科普的队伍。你不必像我一样发愿，只需将你知道的科学知识分享给身边的人，相信社会上就会少一点疾病到来时的无助恐慌，流言漫天飞舞时的推波助澜，新技术出现时的盲目抵触，以及对科技引领者的恶意中伤。

如果说生命不过是一套复杂的代码，那么我相信人类的代码中有爱。愿你在生命科学的世界里，发现新的乐趣和方向。

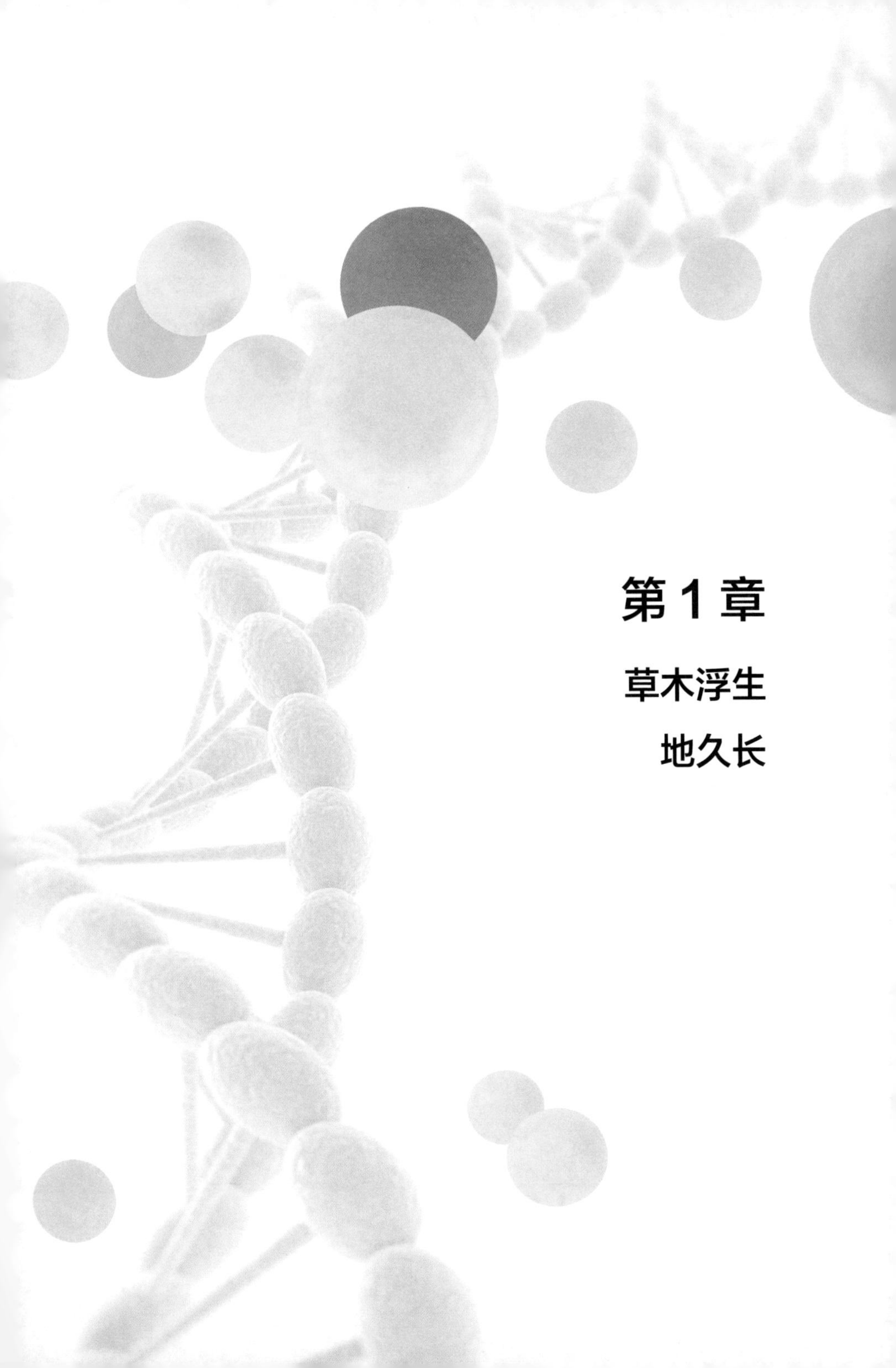

第1章

草木浮生地久长

一碗米饭的故事

水稻在中国乃至整个东亚地区，都是当之无愧的主粮。全世界有将近一半的人口都以水稻为主食，虽然语言、肤色、风俗各不相同，大家却都吃着同样的米饭，真应了那句话：一样米养百样人。

水稻田　（摄影：刘燕）

水稻起源国

“稻粱菽，麦黍稷，此六谷，人所食”（语出《三字经》）。水稻历史悠久，原产于中国，后来传到印度、韩国、日本等地。现代的旱稻也是由水稻驯化而来，成了适宜在缺水地区种植的作物。1993 年，中美联合考古队在湖南省发现了世界上最早的古栽培稻，距今已有 14 000~18 000 年的历史。在距今约 7 000 年的浙江省河姆渡遗址，出土了大量人工栽培的稻谷和原始农具、谷物脱壳工具，出土的原始陶器也装饰着稻穗图案，这说明在大约 7 000 年前，长江流域便已经规模化地种植、加工、食用水稻了。

因为古代水稻产量不高，加上加工技术不发达，我们现代常见的精白米在古代只有小康人家才能日常食用，底层人民一般吃没有经过精加工的糙米，缺粮时甚至以小米、高粱等杂粮充饥。但对不愁衣食的人家来说，精白米也不能满足他们食不厌精的需求，他们还创造了各种花样百出的吃法。

春秋时期，白米最高级的做法是做成蒸饭，口感比煮熟的饭更好。《诗经 · 大雅》中的《泂酌》就描述了打水做蒸饭的情形："泂酌彼行潦，挹彼注兹，可以餴饎。"其中"餴"是蒸饭的意思，"饎"是酒食的意思。魏晋时期的人烧饭时加入切碎的蔬菜，做成蔬菜饭，日本现在的竹笋饭、香菇饭，做法跟魏晋时期的蔬菜饭相差无几。此时也出现了有馅的糯米粽子。到了唐宋时期，各种类型的米饭就更多了，有加入乌饭树汁做成的青精饭，加入桃肉做的蟠桃饭，加入莲藕莲子做的玉井饭等。宋朝人还会把糯米粉做成乳糖圆子、澄沙圆子、五香糕、广寒糕等点心。到了清朝，米饭的吃法就更多了，李渔在《闲情偶寄》中提到，在饭刚熟的时候浇一杯花露，焖一会儿后拌匀，米饭就清香扑鼻。《红楼梦》里也出现过御田胭脂米、碧梗米等罕见水稻品种，这说明当时的达官贵人已经吃腻了精白米，更加青睐这些珍稀、养生的水稻种类。爱美的古代女性，还把白米磨成细粉，染色熏香后用来涂脸，北魏《齐民要术》中就详述了“香粉”“紫粉”的做法。

到了现代，大米的吃法更是种类繁多了，广东肠粉、云南米线、四川糍粑、芒果小丸子，无一不是米粉制品。国外也发明了大米的各种吃法，日本寿司、土耳其米布丁、印度咖喱饭都是闻名世界的美食。

糯米做的凉粑　（摄影：黄媛）

大米做成的日本寿司　（摄影：黄媛）

全世界水稻品种虽多，但大致上只分为籼稻和粳稻两类。籼稻一般生长在温暖地区，米粒细长，煮熟后不黏；粳稻一般生长在较寒冷的地区，米粒粗短，煮熟后有一定黏性。印度的水稻主要是籼稻，日本的水稻主要是粳稻，而中国两个品类兼有。

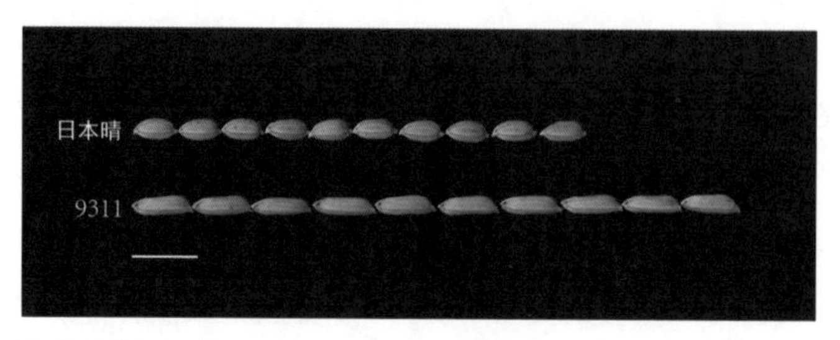

上图为稻粒粗短的粳稻品种“日本晴”，下图为稻粒细长的籼稻品种 9311
（摄影：王学强、张洪亮）

在 20 世纪初，曾有国外学者认为水稻起源于印度，这个观念在当时的学术界占了主流。但随着河姆渡遗址古水稻被发现，越来越多的考古证据证明水稻起源于中国。到了 2011 年，美国圣路易斯华盛顿大学和纽约大学通过对水稻进行 DNA 分析，最终确认水稻最早起源于中国。

尽管是水稻起源国，中国还是错失了水稻的命名权。1928 年，日本农学家加藤茂苞在国际上提出，分别把籼稻和粳稻命名为印度型稻和日本型稻，并于 1930 年在国际上正式发表了这两个学名。中国既是水稻的原产地，又兼有籼稻和粳稻两个水稻亚种，却被无视了。中国学者丁颖曾提出把印度型稻和日本型稻更名为籼稻和粳稻，但按照国际惯例，已定的学名很难更改。所以印度型稻和日本型稻这两个学名在国际上一直通用至今。

中国水稻逆袭之路

虽然在命名上没能占得先机，但中国水稻研究却屡创佳绩。袁隆平院士于 1973 年培育出高产的“三系”籼型杂交水稻，经过多年努力后，又于1995年培育出更为高产的两系法杂交水稻。而他近年培育的超级杂交水稻，亩产量更是高达上千公斤，大大缓解了中国人民乃至世界人民粮食短缺的问题。

广东农学家陈日胜培育的海水稻“海稻86”，可以耐受含盐量1%的盐碱环境，适合栽种于临海滩涂，有效利用了耕地资源。2014年，袁隆平院士参与了海水稻的研究，并主持了青岛的海水稻研究工程，把海水稻的亩产量从150公斤提高到600多公斤。

为了解决现代农田的重金属污染问题，袁隆平院士又于2017年运用现代基因技术，发明了水稻亲本去镉技术。镉是我国农田含量最高的重金属污染物，食用富集镉的大米会引发镉中毒，严重影响人体健康。日本20世纪30年代发生的“痛痛病”，就是食用镉污染大米引起的，患者全身神经痛、骨痛，骨骼萎缩变形，极容易骨折，使患者痛苦万分。而新培育出来的去镉水稻不会吸收土壤中的镉元素，让水稻“出淤泥而不染”，保证了粮食安全。

除了培育新稻种，中国在水稻基因方面的研究也后来居上，渐渐超过了日本。1998年，国际水稻基因组测序计划正式启动，参与国家包括中国、日本、美国、法国、韩国、印度等，这是继人类基因组计划后又一重大国际合作项目。此时日本在技术、设备方面都占优势，因此作为主力负责了6条染色体的测序，而中国科学家仅仅负责1条染色体的测序。

中国科学家当然不满足于此。2000年4月，华大基因正式启动了水稻（籼稻）基因组计划，测序的样本是袁隆平杂交水稻的父本，希望通过测序找出水稻产量相关基因。而日本科学家早在1991年就已经启动了水稻（粳稻）基因组项目，测序样本是日本人喜欢的粳稻品种“日本晴”，这个品种适合用来做寿司，又称“寿司米”。

日本人已经先行一步，有资金有技术，而当时的华大基因一穷二白。外有日本竞争，内有资金困境，可谓是举步维艰，但华大水稻基因项目组成员决心不惜一切代价，要在水稻研究上拔得先筹。

在极端艰苦、紧张的条件下，华大基因终于赶在日本之前，完成了水稻（籼稻）基因组框架图的绘制。2002 年 4 月，《科学》（*Science*）杂志以封面文章的形式报道了这项工作，当期杂志的封面图是中国云南的哈尼梯田，山地上层层叠叠的稻田极具民族特色。

2016 年 9 月 22 日于深圳市大鹏区正式运营的国家基因库便是源自相同的创意，其外观特意设计成梯田的造型，将基因库功能、历史文化与周围优美的自然环境融为一体。

《科学》杂志封面的哈尼梯田

设计成梯田造型的国家基因库　（摄影：尹烨）

米已成炊

水稻基因组研究被中国拔得头筹后，日本学者在《自然》（*Nature*）杂志发表了一篇题为《饭要煮熟》（Rice Must be Perfectly Cooked）的评论文章，声称华大基因发表的水稻基因组框架图还欠完善，如果把水稻基因组框架图比作一锅饭，那它就是一锅没有煮熟的夹生饭。

面对日本学者的质疑，华大基因用实际行动进行了回应。2005年，华大基因把绘制完善的水稻基因组精细图以封面文章的形式发表在*PLOS Biology*杂志。在封面图上，一个穿红衣的孩子抱着一大锅煮熟的米饭，暗喻水稻基因组框架图已经足够完美，生米已经煮成熟饭。

2011年9月，华大基因和中国农业科学院、国际水稻研究所共同启动“全球3 000份水稻核心种质资源重测序计划”，对3 000多株亚洲稻进行了重测序，这是全球最大的动植物重测序项目之一，能为水稻基因组学研究和育种提供重要的资源。

PLOS Biology 杂志封面

经过数年努力，研究人员终于完成了主要的测序工作，当他们把研究成果写成论文向《自然》杂志投稿时，在文中用了“籼”（Xian）和“粳”（Geng）的名字，而没有采用日本的命名法。但杂志社审稿人认为这并非传统命名方法，建议把这两个汉字去掉。

研究人员坚持用中文命名，他们跟审稿人讲述中国历史，讲述中国古代文献里关于籼稻和粳稻的记载，讲述丁颖先生的论文。水稻不仅在中国有悠久历史，测序结果也显示很多水稻品种起源于中国，所以应该尊重传统文化和生物学客观事实，把“籼”“粳”这两个汉字印在文章上，以纠正日本人当年的错误。最终，这篇含有两个汉字的论文于 2018 年 4 月成功发表在《自然》杂志上。

For over 2,000 years, two major types of *O. sativa*–*O. sativa Xian group* (here referred to as *Xian*/Indica (XI) and also known as 籼, *Hsien* or Indica) and *O. sativa Geng Group* (here referred to as *Geng*/Japonica (GJ) and also known as 粳, *Keng* or Japonica)–have historically been recognized[5,6,7]. Varied degrees of

该论文中的两个汉字

从20世纪30年代起，丁颖等科学家就希望把水稻的两个亚种命名为籼稻和粳稻，但一直没能改过来，如今这两个汉字终于刊登在《自然》杂志上。这不仅意味着《自然》杂志的研究论文中首次出现了汉字，更意味着当年“印度型稻”和“日本型稻”的命名得到了纠正，具有重大的历史意义。

一碗再常见不过的白米饭，背后是中国人上万年的水稻种植史和中国科学家数十年的努力。你在捧起这碗米饭的时候，是否感受到了蕴藏其中的历史和智慧呢？

水稻小贴士	
中文名	水稻
拉丁学名	*Oryza sativa*
英文名称	rice
别称	稻、稻谷
物种分类	被子植物门、单子叶植物纲、禾本目、禾本科、稻属、水稻种
基因组学研究进展	水稻基因组大小约为373 Mb。2001年底，华大基因科研团队率先完成了世界上首个水稻基因组框架图和数据库，研究结果发表于次年的《科学》杂志。2005年，华大基因在原有的研究基础上绘制出更加完善的水稻基因组精细图，并以封面文章的形式发表于 *PLoS Biology* 杂志。 2018年4月，中国农业科学院、国际水稻研究所和华大基因联合在《自然》杂志发表了3 000种水稻基因组的测序结果，阐述、公开了大量水稻遗传信息，开启了水稻基因组分子育种的新时代。

参考文献

1. Molina J., Sikora M., Garud N., et al. Molecular evidence for a single evolutionary origin of domesticated rice[J]. *Proc Natl Acad Sci USA*. 2011 May 17, 108(20):8351–6.
2. 郭忆静 . 看不见的硝烟 , 农业大国新时代 [J]. 厦门航空 , 2017, 11: 46.
3. Sasaki T., Matsumoto T., Yamamoto K., et al. The genome sequence and structure of rice chromosome 1[J]. *Nature*. 2002 Nov 21; 420 (6913): 312–6.
4. Feng Q., Zhang Y., Hao P., et al. Sequence and analysis of rice chromosome 4[J]. *Nature*. 2002 Nov 21, 420 (6913): 316–20.
5. Yu J., Hu S., Wang J., et al. A draft sequence of the rice genome (*Oryza sativa L. ssp. indica*)[J]. *Science*. 2002 Apr 5, 296 (5565): 79–92.
6. [No authors listed]. Rice must be perfectly cooked[J]. *Nature*. 2002 Apr 11, 416 (6881): 567.
7. Yu J., Wang J., Lin W., et al. The Genomes of Oryza sativa: a history of duplications[J]. *PLOS Biol*. 2005 Feb, 3(2): e38.
8. Wang W., Mauleon R., Hu Z1, et al. Genomic variation in 3，010 diverse accessions of Asian cultivated rice[J]. *Nature*. 2018 May, 557 (7703): 43–49.

“我从山中来，带着兰花草”

“扈江离与辟芷兮，纫秋兰以为佩”“余既滋兰之九畹兮，又树蕙之百亩”……在旷世之作《离骚》中，兰是高洁、美好的象征。

不过，在屈原生活的年代，人们所说的“兰”并不是指兰花，而是指菊科的佩兰（*Eupatorium fortunei* Turcz.）。因为有着悦人的香气，佩兰常被用于熏香。《说文解字》中对“兰”字的解释是：“兰，香草也。”

到了宋朝，兰科植物中的一些观赏品种因为花型雅致、香气醉人，深得文人雅士喜爱，人们遂用香草佩兰的名字给这些芬芳的鲜花命名，把它们称为兰花。从此，“兰”成了兰花的统称，还引来考据爱好者深加考究。宋朝赵时庚就是此道中人，他的大作《金漳兰谱》就是我国第一部兰花专著。

花中君子

古人栽种的兰花大多属于兰科（*Orchidaceae*）兰属（*Cymbidium Sw.*）。这些品种的兰花一般颜色淡雅、花香馥郁，又因为喜欢干燥荫蔽的环境，往往生长在幽谷崖壁上。在古人眼中，外表朴素、流芳于世、幽居深谷的兰花象征着君子高洁幽芳的情操，将之与梅、竹、菊并称为“四君子”。

古代常用“兰”比喻美好的事物，把优美的文章称为“兰章”，把真挚的友情称为“兰交”，把益友称为“兰客”，把典雅的居室称为“兰室”。扬州八怪之首郑板桥爱兰成痴，一生只画兰、竹、石，自称“四时不谢之兰，百节长青之竹，万古不败之石，千秋不变之人”；又作诗《高山幽兰》，称赞兰花“千古幽贞是此花，不求闻达只烟霞”。

古人养兰，不光是为了欣赏兰花的姿态，更是为了兰花的袭人芬芳。室内放上一盆兰花，不需焚香也能满室幽香。宋朝陶谷在《清异录》赞道：“兰虽吐一花，室中亦馥郁袭人，弥旬不歇，故江南人以兰为香祖。”直到现在，兰花仍是极受欢迎的观赏植物，一些名贵的兰花品种在市场上甚至能被炒到数十万元一盆的天价。

养殖兰花，多是靠组织繁殖（比如分株、假鳞茎繁殖）的方法繁殖后代，因为种子繁殖实在太过困难。此法须待兰花种子成熟，随风飘散到各地，且种子必须尽可能小而轻，才能被风力带到更远的地方。所以，兰花种子舍弃了胚乳（一般而言，这是植物种子占比重最高的部分），变得细如粉尘，以便御风而行。然而，兰花种子在萌发过程中无法从胚乳得到所需的营养，只能从共生的真菌中摄取营养。作为报答，待种子萌发成苗后，又让真菌寄生在根茎之上。但真菌毕竟可遇不可求，多数种子最终未能发芽。可见，即使一朵兰花能产生成千上万颗种子，产出的后代还是寥寥。

虽然已在中国大规模种植，但兰科植物全科所有种类均被列入《濒危野生动植物种国际贸易公约》（CITES）的保护范围，被称作植物保护中的“旗舰”类群。特别是某些野生兰花，数量稀少，价值不菲，常常面临被盗采的危险，需要予以更多保护。

文学家胡适曾作歌：“我从山中来，带着兰花草。种在小园中，希望花开早。一日看三回，看得花时过。兰花却依然，苞也无一个。”挖来的野生兰花往往难以栽培，不能像在山间那样喷吐芬芳，如果真是爱兰之人，最好还是去园艺店购买人工培育的兰花。

面目各异

兰属的兰花外形清雅，一些品种还身价不菲，确实符合国人心中的“君子”形象，故又被称为国兰。近代以来，各种洋兰逐渐进入了中国花卉市场。洋兰是兰科植物中除了兰属以外的兰花品种的统称，虽然名为洋兰，但并非全部原产国外，不少洋兰品种在中国也有分布，只是它们虽然花色艳丽，却不如国兰高雅，难得骚人墨客的青睐，反倒是更符合海外人士的审美。

近年来，随着国人审美的改变，鲜艳喜庆的洋兰也开始在国内流行。洋兰花朵多为大红、大紫、明黄等绚丽色彩，取的也是卡特兰、蝴蝶兰、舞女兰等新奇有趣的名字，而且价格便宜、容易照料，很快就受到了百姓的欢迎。

除了观赏，一些品种的洋兰还能让人一饱口福。中药里的天麻（*Gastrodia elata Blume*）属于兰科植物天麻的根茎，自古便是治疗眩晕头痛的名贵补品，食药两宜；而另一种名贵中药石斛（*Dendrobium nobile L.*）也属于兰科，具有抗衰老、增强耐力和免疫力的功能，由石斛中的铁皮石斛加工成的干品被称为铁皮枫斗，是上等的滋补佳品。石斛的花叫石斛兰，与卡特兰、蝴蝶兰、舞女兰并称为四大观赏洋花。

淡雅清新的国兰 （摄影：尹烨）

色彩艳丽的洋兰 （摄影：尹烨）

在制作西点时，加入香草荚或者香草籽能去除点心的蛋、奶腥味，并为点心增添浓郁香气。香草味的冰激凌和可乐也相当受欢迎。为点心和零食增加独特风味的香草荚，其实与普通香草无关，它是一种叫香荚兰（*Vanilla fragrans*）的兰科植物的果实，香草味可口可乐的包装上就印着一朵香荚兰。

顾名思义，蝴蝶兰（*Phalaenopsis aphrodite Rchb. f.*）花形如翩飞的蝴蝶，舞女兰（*Oncidium hybridum*）形如长裙起舞的女子，兜兰（*Paphiopedilum*）的唇瓣呈兜状，一些品种的兜兰唇瓣甚至是一只精巧的小拖鞋形状，因此兜兰的属名在拉丁文中的含义是"女神的拖鞋"。杓兰（*Cypripedium L.*）的唇瓣也呈兜状，但比兜兰的唇瓣更圆更大，就像古代舀水的木勺一样，所以被称为杓兰。

还有些不常见的洋兰品种，花形更加奇特别致，让人感叹自然造物的神奇。天使兰（*Habenaria grandifloriformis*）花形酷似戴着白色兜帽的展翅天使；安古兰（*Anguloa uniflora*）宛如睡在襁褓中的小小婴儿；飞鸭兰（*Caleana major*）活像扑打着翅膀的小野鸭；鹭兰（*Habenariaradiata*）则像展翅欲飞的白鹭，花瓣外沿状如白鹭翅翎的流苏，在飞蛾的复眼看来无比神秘美丽，引得飞蛾前赴后继为它授粉。

蝴蝶兰 （摄影：尹烨）

卡特兰 （摄影：黄媛）

兜兰 （摄影：黄媛）

杓兰 （摄影：黄媛）

网上还曾流行过一些模样奇特、令人匪夷所思的“网红”兰花照片，比如长得像猴子脸庞的猴面兰。猴面兰的学名叫猴面小龙兰（*Dracula simia*），生长在南美洲，和它同属小龙兰属（*Dracula*）的几种兰花也是长成猴子脸庞的模样：两点花蕊形成猴子的眼睛，一个浅色的小唇瓣形成猴子的吻部。其实兰花并没有特意去拟态猴面，那片酷似猴子吻部的唇瓣其实是拟态当地一些蘑菇的伞盖，唇瓣还能散发出蘑菇的气味，吸引爱吃蘑菇的蝇类替它们授粉。

与妙趣横生的猴面兰相比，意大利红门兰（*Orchis italica Poir.*）的造型就有些“不要脸”了。这种兰花在网上有个更广为人知的俗称，叫“裸男兰”，因为它花朵的形状像个赤身裸体的男人。意大利红门兰在国外的名字也相当不雅，古希腊人管它叫睾丸兰，因为它在地下的假鳞茎很像男人的睾丸。

奇招迭出

此外，为了吸引昆虫授粉，有些兰花也会使出“浑身解数”。

蜜蜂兰（*Cymbidium floribundum Lindl.*）的花形活脱脱就是雌性熊蜂（*Bombus*）的模样，甚至唇瓣上都长着模拟雌蜂腹部绒毛的浓密短毛，花朵还能散发出类似雌蜂性信息素的气味吸引雄蜂。求偶的雄蜂把花朵当成雌蜂一番缠绵（这种行为叫拟交配），被染上一身花粉，待雄蜂被另一朵蜜蜂兰“色诱”时，便把身上的花粉传到了后者的花蕊上。

澳大利亚的铁锤兰（*Drakaea glyptodon*）也是同样用“美人计”来授粉的，不过它的欺骗对象是胡蜂（*Vespidae*）。而我国海南的华石斛 (*Dendrobium sinense*) 选择了和胡蜂“相杀”而不是“相爱”，它的花朵能释放出蜜蜂的信息素，引得胡蜂兴冲冲地去抢劫蜂蜜，结果是一头撞在华石斛花朵上，替它传播了花粉。

为了提高授粉效率，被蜂类授过粉的兰花还会释放出一种昆虫激素，阻止雄蜂再次接近，这样它们就会转而光顾那些未授粉的兰花，避免重复授粉。

如果说蜜蜂兰坑的是雄性熊蜂，那褐花杓兰（*Cypripedium smithii*）坑的就是雌性熊蜂。这种兰花的唇瓣是一个小坛子的形状，雌性熊蜂会把褐花杓兰的唇瓣误认成洞穴钻进去准备产卵，当它进去发现情况不对抽身离开时，花粉已经附在它的背部，当它再次落入陷阱时，便完成了授粉任务。

除了“美人计”，“美食计”也是兰花喜欢用的伎俩。杏黄兜兰（*Paphiopedilum armeniacum*）颜色酷似油菜花，而硬叶兜兰（*Paphiopedilum micranthum*）颜色像杜鹃花，虽然它们没有花蜜，但蜜蜂在采集油菜花和杜鹃花时，也会把它们当作蜜源花朵前往授粉。少花虾脊兰（*Calanthe delavayi Finet*）金黄的花冠像极了产蜜的金虎尾科（*Malpighiaceae*）植物，还长着红色的假蜜腺，让昆虫一看便垂涎三尺，但它们去采蜜注定无功而返，还白白给兰花当了授粉劳工。

印度尼西亚的棘唇石豆兰（*Bulbophyllum echinolabium*）则是靠散发腐肉恶臭来吸引蝇类授粉，它那腥红的唇瓣看上去也像血淋淋的腐肉。美国的一种沼兰（*Platanthera obtusata*）甚至能释放类似人类体味的气息，吸引嗜食人血的白纹伊蚊授粉。白纹伊蚊叮人特别凶狠，如果能把沼兰气味成分研究清楚，用于诱捕蚊子，倒不失为一种防蚊的好办法。

兰花小贴士	
中文名	兰花
拉丁学名	*Cymbidium*
英文名称	orchid

（续表）

兰花小贴士	
别称	兰草、兰华、国香、空谷仙子、香祖
物种分类	被子植物门、单子叶植物纲、微子目、兰科、兰属
基因组学研究进展	2015 年 1 月，国家兰科植物种质资源保护中心与清华大学深圳研究生院、台湾成功大学、中国科学院植物所、华大基因、华南农业大学林学院以及比利时根特大学等多个研究机构共同对小兰屿蝴蝶兰进行了全基因组测序，这是世界首个对兰花进行的全基因组测序。研究发现，小兰屿蝴蝶兰基因组大小约为 1.2 Gb，具有 29 431 个蛋白编码基因，平均内含子长度达到 2 922 bp，显著超过了迄今为止所有植物基因组的平均内含子长度，主要原因是内含子中的大量转座元件。这项研究以封面文章的形式发表于《自然 • 遗传》（*Nature Genetics*）杂志。 2017 年 9 月，国家兰科植物种质资源保护中心 / 深圳市兰科植物保护研究中心、比利时根特大学、日本埼玉大学、台湾成功大学、中科院植物研究所、华南农业大学、福建农林大学、清华大学等机构组成的研究小组对深圳拟兰（*Apostasia shenzhenica*）进行基因测序与研究，发现其基因组大小为 349 Mb，共有 21 841 个蛋白编码基因，研究者将其基因组与其他兰科和非兰科植物的基因组进行分析，揭示了兰花的起源及其花部器官发育、生长习性以及多样性形成的分子机制和演化路径，相关研究发表在《自然》杂志上。

参考文献

1. 陈心启，吉占和 . 中国兰花全书 [M]. 北京：中国林业出版社，1998.
2. 史军，赵文娅 . 骗子兰花的伪装术 [J]. 大自然，2015, 3: 12–17.
3. 鲁捷 . 兰花伪装人体气味吸引蚊子 [N]. 中国科学报，2016-01-06.

飘洋过海
来“辣”你

也许在外国人眼里，中国是吃辣大国，也是最懂得将辣椒美味发挥到极致的国度之一。宫保鸡丁、鱼香肉丝、麻婆豆腐都是国外中餐厅脍炙人口的辣味菜肴，美国麦当劳卖的四川辣酱能让当地顾客排长队抢购，“老干妈”辣酱在国外更是卖到断货。

其实，传统川菜的“椒”说的是花椒。今日在中国大放异彩的辣椒，传入中国不过 400 多年时间，而且直到清朝才首次走上中国人的餐桌。一种外来作物，能在短短 400 多年间融入中国饮食，让近半国人无辣不欢，甚至成为出口海外的中国特色美食，实在是食物史上少见的奇迹。

辣椒起源

辣椒原产于中美洲的墨西哥。在 6 000 多年前，当地印第安人便开始人工种植辣椒，而在更早之前，他们便已把野生辣椒用于烹饪，用辣味掩盖野兽肉中的腥膻之气。墨西哥也是巧克力的起源地，现代巧克力都用牛奶、蔗糖调味，但在甜食稀少的古代，印第安人添加在巧克力中的调味料是辣椒。

婺源民居晾晒的辣椒帘 （摄影：徐菁）

1492 年，哥伦布为了寻求香料和黄金，首次登上美洲大陆。当时胡椒在欧洲属于珍稀香料，贵比黄金，只有达官贵人才能一尝滋味。哥伦布希望能在美洲找到欧洲人梦寐以求的胡椒，发一笔横财。当他看到印第安人用于调味的辣椒时，认为这是一种风味独特的胡椒，把它称为“辣胡椒”（hot pepper），并在次年把它带回欧洲。可惜，跟同时传入欧洲的番茄、土豆等美洲作物一样，那个年代辣椒在欧洲多数地方都不怎么受欢迎，只有地中海沿岸的意大利、匈牙利等国家将它用于调味。

当时，西班牙种植的多数辣椒都并非用来食用，而是用于制作镇痛药膏，对治疗关节炎、肌肉疼痛、扭伤等有奇效。现代科学也证明，辣椒素能激活人体的 TRPV1 蛋白通道，而该通道与疼痛相关，长时间持续刺激该通道可以使该通道关闭，从而抑制疼痛的感觉。不少外用药物都含有辣椒素，FDA（美国食品药品监督管理局）已经批准将含有辣椒素的膏药用于治疗带状疱疹后遗神经痛。

精明的葡萄牙人发现，印度人喜欢在菜肴里添加胡椒、姜等辛辣调味料，便知在欧洲反响平平的辣椒将在印度大受欢迎。葡萄牙在印度南部建立第一个殖民地时就带去了辣椒，随后，葡萄牙贸易舰队又把辣椒带到亚洲其他地区。

辣味进川

辣椒在16世纪末传入中国浙江、广东等沿海地区。中国目前已知最早关于辣椒的书面资料出现于1591年，明朝的《遵生八笺》提到“番椒丛生，白花，果俨似秃笔头，味辣色红，甚可观”。这里的“番椒”就是辣椒，因为国人喜欢以“番”字称呼外来物种，比如番茄、番薯、番石榴等。还有很多地方把辣椒称为“海椒”，指的乃是辣椒来自海外的背景。

《遵生八笺》对辣椒的形容是“甚可观”，明朝《牡丹亭》里则把“辣椒花”列为花卉之一，可见辣椒刚引入中国时被当成了观赏植物。这也难怪，最先引入辣椒的是浙江、广东等沿海地区，而这些地方饮食偏清淡，当然不喜欢辣椒的味道，又加上辣椒是舶来品，敢尝其味者少之又少。

传入中国后，辣椒从沿海地区逐渐向内陆扩散。最先食用辣椒的地区是贵州。古代交通运输不便，因而地处内陆的贵州食盐稀缺，只能用辣椒代替盐进行调味，即使当地人一开始不惯食用辣椒，在长期缺盐的环境下也只能试着去品尝、习惯辣椒的味道。清朝康熙年间的《黔书》就提到“椒之性辛，辛以代咸”，同一时期的《思州府志》也提到“海椒俗名辣火，土苗用以代盐”。这也解释了为什么率先引进辣椒的浙江、广东不愿品尝辣椒，因为这些沿海地区根本不缺食盐。

到了明清时期，湖南因为战乱、疫病而人口大幅减少，而江西地区则人多地少，于是朝廷下令让没有田产的江西底层人口迁入湖南，开荒种田。清朝时江西地区已经开始吃辣，而移民到湖南的江西百姓生活清苦、饮食粗陋，便把辣椒视为下饭首选。辣椒价格低廉、滋味十足，富含维生素又便于晒干储藏，半个小指头大小的干辣椒就足够让人吃下两大碗饭，而且辣椒还有杀菌功能，加了辣椒的菜肴能保存更长时间，其他佐餐菜肴都不如它经济实惠。

在随后的“湖广填四川”中，大量人口从湖南迁入四川，吃辣椒的风气也传入了四川。四川气候多雨潮湿，当地人本就喜欢在菜肴中添加大蒜、生姜和胡椒等香辛类调料来开胃、祛寒湿，辣椒的加入更是让川菜的辛辣达到巅峰。可以说，这种大规模人口迁徙促进了辣椒的传播。

辣椒做的水煮鱼

辣椒在各地与当地饮食融合，产生了各具特色的风味美食。四川人喜欢把辣椒和本土产的花椒结合，做出麻辣兔头、水煮鱼等各种麻辣菜肴；贵州人喜欢把辣椒做成酸辣食物，比如酸辣粉；湖南人一般以原味辣椒入馔，湘菜中著名的剁椒鱼头就是个中代表。

随着近年中国交通的发展和人口流动，湖南、四川、云南、贵州等食辣地区的风味菜肴传到全国各地。辣椒菜肴不但味道独特，而且颜色鲜红喜庆，特别勾人食欲，很快就征服了各地人民的心和胃，几乎每个大城市的街头都能看到川菜馆和湘菜馆。即使在口味清淡的地区，人们偶尔也想来一顿刺激味蕾的川菜解解馋。

辣度评级

辣椒富含维生素 C、维生素 B_6、硒、钾、磷、铁、镁等营养物质，维生素 C 含量在蔬菜中更是名列前茅。当然，绝大多数嗜辣者吃辣椒不是为了补充维生素 C，而是为了这独特的辣味。

然而，辣味并非味蕾所能感受的味道。“五味陈杂”中的“五味”指的是酸、甜、苦、咸、鲜，这 5 种滋味都可以通过味蕾感受。严格来说，“辣”不是味觉，而是一种类似灼痛的感觉。

辣椒的辣味主要来自辣椒素。辣椒素与口腔内的 TRPV1 蛋白通道结合，产生一种类似高温灼烧的感觉，这种灼烧感会使大脑产生“身体受伤”的错觉，从而分泌能够安抚情绪、振奋心情的内啡肽，让人心情愉悦。嗜辣的人吃辣椒时“越吃越爽”就是这个原因。但辣椒素也具有刺激性，如果辣椒太辣，其中辣椒素含量太高，就会引起口腔、食道等部位充血疼痛，导致咽喉肿痛、食道炎、肠胃疾病等，所以人们对辣椒“爱恨交加”。

辣椒素本是辣椒为了防止被哺乳动物吃掉而产生的化学物质。辣椒需要依靠鸟类传播种子，鸟类吃下辣椒果实后，果实中的辣椒种子便随鸟粪排泄传播到各处。为了吸引鸟类食用，辣椒演化出色彩鲜亮的果实，让鸟类更容易发现、取食。但是，哺乳动物食用辣椒时会连种子一起嚼碎，所以被哺乳动物吃下的辣椒种子都是“有进无出”，无法繁衍后代。于是，辣椒便演化出辣椒素这一杀器，让吃下辣椒的哺乳动物口腔产生灼烧感，对辣椒敬而远之。但人类不仅敢吃辣椒，还非常享受辣椒素带来的愉悦感觉，吃上了瘾，这也许是辣椒始料未及的。

辣椒种类繁多，辣度也各不相同。色彩缤纷的甜椒几乎尝不出辣味，可以直接当水果啃，朝天椒却能让人面红耳赤、涕泪交加。在选购辣椒时，每个人都要根据自家口味慎选辣椒品种。

为了评价各种辣椒的辣度，美国药剂师威尔伯·史高维尔（Wilbur Scoville）在1912年制定了史高维尔辣度指数（Scoville Heat Units，SHU），该辣度指数是将辣椒提取物用水稀释到可尝出辣味的最低浓度时的稀释倍数。比如说，云南的“涮涮辣”辣椒，辣度为444 133 SHU，也就是说把它的提取物用水稀释40多万倍，还能尝出辣味。“涮涮辣”也因此得名：吃火锅时把它放锅里涮一下就捞出，整锅汤底都巨辣无比，涮过的辣椒拿去晾干，还能反复使用。

但“涮涮辣”还不是世界上最辣的辣椒。在2017年之前，世界上公认最辣的辣椒是美国的卡罗来纳死神辣椒（Carolina Reapers），这种辣椒最高辣度可达2 200 000 SHU，比警用辣椒喷雾的辣度（2 000 000 SHU）还高。而在2017年，英国培育出“龙息”辣椒（The Dragon’s Breath），这种辣椒的辣度为2 480 000 SHU，是目前已知的最辣辣椒。顾名思义，“龙息”的意思是说这种辣椒辣得像火龙喷出的火焰一样，凡人都不敢轻易招惹。

辣酱原料

现在一说起辣酱，多数人的第一反应都是“老干妈”。无论国内还是国外，“老干妈”都是知名度最高、最畅销的辣酱，不管多么乏味粗粝的饭菜，挖一勺点缀着碎红辣椒的“老干妈”一拌，滋味都会变得香辣无穷，令人唇齿留香。

优良的品质当然需要优良的原料。“老干妈”多年用的原料都是贵州遵义农业科学研究院选育的辣椒品种“遵辣 1 号”。从 20 世纪 50 年代起，遵义产的朝天椒就作为当地著名特产出口海外，深受国外消费者欢迎，而遵义农学家选育的朝天椒“遵辣 1 号”更是其中的佼佼者，它个小肉厚、色泽枣红、油润透光、辣中带香。即使被做成辣酱，“遵辣 1 号”独特的香辣醇厚口感也是其他种类的辣椒无法取代的，有经验的老饕尝一口辣酱便知道它是否是“遵辣 1 号”制成的。

“老干妈”辣酱蒸凤爪

“遵辣 1 号”不但是美食，也是绝佳的科研材料。“遵辣 1 号”是遵义农学家对遵义朝天椒连续 12 代自交后培养出来的品种，基因高度纯合，杂合率只有万分之一，因此被选为中国、墨西哥两国合作的辣椒基因组测序的测序品种。

以“遵辣 1 号”为测序材料的辣椒基因组测序结果表明，辣椒基因组含有 51 个参与辣椒素生物合成的基因家族，这些基因家族也存在于西红柿、土豆等蔬菜中，但这些蔬菜都不含辣椒素，也没有辣椒的独特辣味。这是因为辣椒 *AT* 基因家族中 *AT3-D1* 和 *AT3-D2* 基因发生了突变，这些基因的突变促进了辣椒素的最终合成，使得辣椒素成了辣椒的独家产物。此外，不同品种的辣椒，这两个基因合成的辣椒素多少也有所不同，这也导致了不同品种辣椒的辣度差异。

对辣椒基因的研究，有利于培养更美味、更能抵抗病虫害的优质辣椒品种。这种漂洋过海来到中国的植物，也将继续在中国红红火火，让人大饱口福。

辣椒小贴士	
中文名	辣椒
拉丁学名	*Capsicum annuum L.*
英文名称	chili
别称	番椒、海椒、海辣子、地胡椒、狗椒、斑椒、黔椒、秦椒、茄椒、辣子、辣火、辣角
物种分类	木贼门、木贼亚门、木兰纲、蔷薇亚纲、菊超目、茄目、茄科、辣椒属、辣椒种

（续表）

辣椒小贴士	
基因组学研究进展	2014年3月3日，遵义市农业科学研究院、四川农业大学、华南农业大学、华大基因、墨西哥生物多样性基因组学国家重点实验室等研究机构对中国的“遵辣1号”辣椒和墨西哥Chiltepin野生辣椒进行基因测序，发现辣椒基因组大小约为3.3 Gb，含有大量重复序列，含有51个参与辣椒素生物合成的基因家族，研究结果发表在《美国国家科学院院刊》（*PNAS*）上。

参考文献

1. 丁洁 . 蔬菜图说 (辣椒的故事)[M]. 上海科学技术出版社 , 2018.
2. Qin C., Yu C., Shen Y., et al. Whole-genome sequencing of cultivated and wild peppers provides insights into Capsicum domestication and specialization[J]. *Proc Natl Acad Sci USA*. 2014 Apr 8, 111 (14): 5135–40.

“水果自由”还远吗？

近年来，国内一些水果的价格居高不下，已非普通家庭所能问津。能随心所欲地购买高价水果，实现“樱桃自由”“草莓自由”“榴莲自由”，被当代城市年轻人看作财富实力的体现。

而在国外，牛油果、樱桃、蓝莓等网红水果也是价格不菲。追求时尚的年轻人，都爱在网上晒出用这些水果做成沙拉的照片，展示自己精致健康的生活，同时也不动声色地炫耀自己的财富实力。有趣的是，在全世界最大的牛油果生产国墨西哥，牛油果甚至被当成货币使用。

那么，这些水果价格为何居高不下？如何才能实现水果自由？

天价水果，古来有之

追求美味水果并非现代人的专利，珍奇果品对古人来说也是无价之宝，即使贵为国君，也抵挡不住小小水果的诱惑。《郁离子》中就记载了“梁王嗜果”的故事，梁王派使者去吴国寻求好吃的水果，得到了橘子和柑子后还不满足，还继续索要香橼，却不知外表好看的香橼其实酸涩无比。

汉武帝出兵攻打南越时，不忘从南越带回 12 棵芭蕉，百余棵龙眼、荔枝、槟榔、橄榄、柑橘，种在长安的扶荔宫中；唐玄宗为了妃子一笑，快马加鞭从岭南（一说巴蜀）运来新鲜荔枝。

外国君王同样为水果疯狂。15 世纪末，哥伦布把产于巴西的菠萝带回欧洲，这种热带水果难以在气候寒冷的欧洲种植，只能从南美进口，价格极为昂贵。英国国王查理二世收到园艺师献上的一只菠萝，欣喜之余命令画师把他收到菠萝的场景画成画作流传后世，就跟现代人收到昂贵礼物后要拍照发朋友圈一样。

在当时的欧洲，最高规格的宴会必定要有一只菠萝，但即使贵族也难以负担菠萝的高昂价格，所以菠萝租赁行业应运而生，宴会主人可以租一只菠萝摆在餐桌上做装饰，办完宴会后再还回去。由于菠萝是人人艳羡的奢侈品，当时很多装饰品都做成菠萝的模样，直到如今，英国皇室还在使用带有菠萝花纹的刀叉，国宴时桌上也要放几只菠萝作为装饰。

示意图：现在再普通不过的菠萝，在几百年前的欧洲曾是天价水果　（绘图：傅坤元）

近代以来，随着交通发达，在古代千金难求的水果如今平民百姓也得以一尝。不仅如此，现代人还不满足于已有的水果品种，还想探求更多的珍稀异果，“水果猎人”这一职业也应运而生。“水果猎人”走访世界各国的原始森林和乡村集市，品尝那些鲜为人知的当地特产野果，发掘自然界更多的水果资源。

水果资源，困境求生

除了探寻野生水果资源，对现有水果进行育种、改良，也是开发水果资源的好策略。我国地大物博，水果品种丰富，从北方的樱桃到南方的荔枝，应有尽有。但遗憾的是，中国长久以来一直忽视对原产水果的育种问题，导致本土水果资源开发不足，野生水果资源流失，而国外引进的中国原产水果经过精心育种后，身价反而超过了国内的水果品种。

原产于中国的猕猴桃（*Actinidia chinensis*）就是这样的例子。在20世纪初，这种野果因其酸甜滋味得到了来华外国人的青睐，英国、美国、新西兰都引进了猕猴桃，但英美两国不知道猕猴桃像银杏一样有雌雄之分，引进的都是不结果的雄株，只有新西兰运气比较好，拿到的一袋种子既有雄株又有雌株，才成功地培育了猕猴桃。20世纪30年代，新西兰人因为猕猴桃毛茸茸的外表酷似当地的几维鸟（kiwi），把其中一种人工选育的猕猴桃品种命名为kiwi fruit，这种猕猴桃在销往中国时名字被翻译为奇异果，价钱远高于国产猕猴桃。

尽管新西兰的猕猴桃育种已经处于世界领先水平，但新西兰的农学家仍不满足，近年来新西兰等国的农学家一直在我国各地的原始森林里寻找各种野生猕猴桃品种，希望将它们用于培育优良猕猴桃品种。

反观国内，虽然猕猴桃种植也在规模化和产业化，中国目前也是猕猴桃产量第一大国，但因为自然环境被破坏，各地的野生猕猴桃资源也在逐渐消失，这无疑是猕猴桃育种的极大损失。同时优质野生猕猴桃资源流往国外，被国外垄断，对国内的猕猴桃产业更为不利。

中国的柑橘产业也曾面临相似的困境。柑橘在中国有 4 000 多年的栽培历史，品种极为丰富，世界第一部关于柑橘种植的专著是宋朝的《橘录》，其中记载了浙江温州 27 种柑橘的栽培方法和各自的特点。

猕猴桃

原产东北的软枣猕猴桃，当地人称“圆枣子”

日本原生柑橘资源贫乏，还曾在唐朝时期从中国引进温州蜜柑。但在 1 000 多年后的今天，日本因为大力发展柑橘产业，已经培育出了爱媛 28 号、不知火、春见、甜春、天草、伊予柑等优质柑橘品种，这些柑橘个大味甜，远胜多数中国原产柑橘。

好在中国已有数千年的柑橘栽培、育种经验，面对日本的挑战，中国也在积极培育新的优良柑橘品种。中国橘农把产自日本的南香、天草两个柑橘品种进行杂交，培育出新的柑橘品种红美人，这种柑橘“青出于蓝而胜于蓝”，颜色鲜亮、甜度极高、鲜嫩多汁，远超日本原种。

在草莓等水果的种植、育种上，中国也达到了世界领先水平。近年市场上极受欢迎的丹东草莓，其实就是辽宁丹东从日本引进的红颜草莓，因为丹东的气候和土壤非常适合草莓栽培，当地种植的红颜草莓比日本产的更大更甜，成为知名品牌。而另一畅销品种牛奶草莓，其略带奶香的滋味让人赞叹不已，甚至有人传说这种草莓在种植时用了牛奶浇灌才会带有奶香，其实牛奶草莓是辽宁引进的日本草莓枥乙女的变异种，其正式品种名称是森研 99 号。

柑橘

丹东草莓 （摄影：尹烨）

水果病害，祸及世界

除了育种，病害防治也是水果种植业的重要问题。一旦果园中有植株得病，病害便可能蔓延到全园，造成歉收、绝收。

目前传播范围最广、感染物种最多的水果病害，当属水果炭疽病。人类的炭疽病是炭疽杆菌（*Bacillus anthraci*）引起的，患者皮肤坏死发黑，严重者有生命危险；而水果炭疽病同样会引起果树叶片和嫩枝发黑枯萎，果实掉落，严重者可造成整棵植株死亡，不过引起水果炭疽病的不是炭疽杆菌，而是刺盘孢属（*Colletotrichum*）的真菌。

病菌可通过人、畜、雨水、风和昆虫等途径传播，从植株或果实的气孔或伤口侵入，在高湿度环境下特别容易繁殖，病害全年都可发生，而且宿主范围极广，柑橘、梨、桃子、芒果、香蕉、草莓、葡萄、西瓜等水果都会被感染。

水果不但会得“炭疽”，还会得“艾滋”。前者还能用杀菌剂杀灭病害，而后者即使杀菌剂也对它束手无策。被称为“香蕉艾滋”的黄叶病热带第4型，能引起香蕉蕉叶枯萎发黄，树心坏死，导致植物死亡。该病是由名为尖孢镰刀菌古巴专化型（*Fusarium oxysporum f. sp. cubense*）的真菌引起的，这种真菌能通过水和泥土进行传播，在泥土中能存活30年以上，而且对杀灭真菌的杀菌剂有抵抗力。由于这种真菌主要祸害香蕉，传染速度极快又难以防治，就跟艾滋病一样，故称“香蕉艾滋”。

香蕉是野蕉（*Musa balbisiana*）和小果野蕉（*Musa acuminata*）自交或者杂交形成的三倍体，不能产生种子，这对食用者来说是福音，但对这个物种来说是不利的：没有种子的香蕉只能用营养繁殖的方式繁殖后代，这使得它们品系单一，缺乏遗传多样性，很难抵抗快速演化的病菌。防止物种“单极化”，已经成为作物育种必须要考虑的问题。

积极培育更多香蕉品种（尤其是对“香蕉艾滋”有抗性的品种），增加物种的遗传多样性，是抵御“香蕉艾滋”的根本办法。此外，还可以用微生物防治的方法，在肥料里加入致病真菌的拮抗菌，也可防控病害。

现代农业已让老百姓也能一尝古代的天价水果。目前，对多数人来说实现“樱桃自由”“草莓自由”虽仍有难度，但随着育种技术和栽培技术的发展，在技术可及、成本可及之后，实现“水果自由”也不会遥远。

菠萝小贴士	
中文名	菠萝
拉丁学名	*Ananas comosus*
英文名称	pineapple
别称	黄梨、凤梨
物种分类	被子植物门、单子叶植物纲、粉状胚乳目、凤梨亚目、凤梨科、凤梨属、凤梨种
基因组学研究进展	2015 年 11 月 2 日，福建农林大学的研究团队首次破译了菠萝基因组。该研究发现菠萝基因组大小为 526 Mb，鉴定出菠萝基因组中所有参与景天酸代谢途径的基因，阐明了景天酸光合作用基因是通过改变调控序列演化而来，并且受昼夜节律基因的调控。该研究还证明了转座子是造成菠萝基因组不稳定的主要因素，菠萝和禾本科植物有共同的祖先，其基因组可作为所有单子叶植物的参考基因组。该研究成果为改善菠萝性状提供了有价值的遗传资源，对促进菠萝品种改良和产业发展具有重要意义。研究成果以封面文章的形式发表在《自然·遗传学》杂志上。

猕猴桃小贴士	
中文名	猕猴桃
拉丁学名	*Actinidia chinensis*
英文名称	kiwi fruit
别称	奇异果、狐狸桃、藤梨、猴仔梨、杨汤梨

（续表）

猕猴桃小贴士	
物种分类	被子植物门、双子叶植物纲、五桠果亚纲、杜鹃花目、猕猴桃科、猕猴桃属、猕猴桃种
基因组学研究进展	2013年10月18日，中美科学家对中华猕猴桃品种“红阳”的基因组进行分析，发现猕猴桃基因组大小为616.1 Mb，含有39 040个基因，在进化过程中发生过3次基因组倍增，揭示了猕猴桃富含维生素C、类胡萝卜素、花青素等营养成分的基因组学机制，为猕猴桃品质改良和遗传育种奠定了重要基础。研究成果发表在《自然·通讯》杂志上。

柑橘小贴士	
中文名	柑橘
拉丁学名	*Citrus reticulata Blanco.*
英文名称	mandarin
别称	宽皮橘，蜜橘，黄橘、红橘、大红蜜橘
物种分类	被子植物门、双子叶植物纲、芸香目、芸香科、柑橘属
基因组学研究进展	2018年2月8日，美国科学家分析了已发表的柑橘属基因组和30种新测序的基因组，通过基因组学分析、系统发育分析以及生物地理学分析，揭示了柑橘属植物的起源、进化以及驯化历史。研究成果发表在《自然》杂志上。

草莓小贴士	
中文名	草莓
拉丁学名	*Fragaria x ananassa Duch.*
英文名称	strawberry
别称	凤梨草莓、栽培草莓
物种分类	被子植物门、双子叶植物纲、原始花被亚纲、蔷薇目、蔷薇亚目、蔷薇科、蔷薇亚科、草莓属、草莓种
基因组学研究进展	2019年2月25日，美国密歇根州立大学和加州大学戴维斯分校的研究人员组装出近乎完整的栽培草莓基因组，发现栽培草莓共有56条染色体，基因组大小为805.5 Mb，拥有10万多个基因，并揭示了这种异源八倍体草莓的起源和演化历史，发现它的基因来自野草莓（*F. vesca*）、日本草莓（*F. nipponica*）、绿色草莓（*F. viridis*）以及饭沼草莓（*F. iinumae*）这4个野生二倍体祖先，该研究对改善草莓品种及提高其抗病性大有助力。成果发表在《自然·遗传学》杂志上。

香蕉小贴士	
中文名	香蕉
拉丁学名	*Musa nana Lour.*
英文名称	banana
别称	金蕉、弓蕉
物种分类	被子植物门、单子叶植物纲、姜亚纲、姜目、芭蕉科、芭蕉亚科、芭蕉属、香蕉种
基因组学研究进展	2012年7月11日，法国领导的一个国际研究小组对香蕉的祖先之一小果野蕉（*Musa acuminata*）进行了基因测序，发现香蕉基因组大小为523 Mb，重复序列在香蕉基因组中占了较大比例，其中转座子序列占了将近一半的基因组。此外，还发现香蕉基因组中含有香蕉条斑病毒序列，而且这一病毒序列在香蕉基因组中的20多个位点都存在，此研究可为培育新的香蕉品种提供研究基础。研究成果发表在《自然》杂志上。

参考文献

1. 杨晓洋 . 东南亚水果猎人 [M]. 北京 : 中国农业出版社 , 2018.

2. 史军 , 李晋 . 猕猴桃——新兴水果的漫漫驯化路 [J]. 中国国家地理 , 2015, 7: 106–117.

3. 谢晴 .“香蕉艾滋”真相 [J]. 中国农村科技 , 2014, 5: 19–21.

且祈麦熟
得饱饭

自古以来，水稻和麦子就是我国两大最重要的主粮，《周礼》中就有“其谷宜稻麦”之句，“五谷”（稻、黍、稷、麦、菽）中也有它们。但五谷并非全是中国原产，麦子就是“外来客”。

无论大麦、小麦还是其他麦类，都经历了本土化历程。特别是小麦，近来有学者认为，秦国统一六国的关键就是熟悉小麦，得粮仓者得天下。

小麦：杂交出来的基因组巨无霸

在麦子家族中，最受欢迎、种植最多的是小麦，它和玉米、水稻并称世界三大主粮。明朝慎懋官在《花木考》中提到：“小麦种来自西国寒温之地。”小麦原产于西亚地区的新月沃地（Fertile Crescent），那是地中海和波斯湾之间的一大片肥沃土地，因为这片土地的形状呈新月形状，所以被称为“新月沃地”。

在距今1.45万年前，由于新月沃地降水量增加，野生谷物生长繁盛，当时的人类开始采集野生谷物食用，并用石头制作成镰刀和杵臼用于收割和加工。到了约1.28万年前，由于新月沃地气候变化，野生动植物资源减少，当地人类出现了食物危机，于是开始尝试种植野生谷物，生产更多粮食，这便是最早的农业起源。

新月沃地最早被人工种植的野生小麦是一粒小麦（*Triticum monococcum*）和乌拉尔图小麦（*Triticum urartu*），它们每个小穗只结一颗麦粒。在距今5 300年前的著名木乃伊冰人奥茨（Ötzi the Iceman）的胃中，就发现了由一粒小麦制成的未发酵面包。后来，乌拉尔图小麦和拟山羊草（*Aegilops speltoides*）进行了杂交，其杂交后代在低温环境下有丝分裂受抑制，产生了四倍体的二粒小麦（*Triticum turgidum*），这种小麦每个小穗结两颗麦粒。假设乌拉尔图小麦的基因型为AA，拟山羊草的基因型为BB，那二粒小麦的基因型就是AABB。

到了大约8 000年前，里海沿岸栽培的二粒小麦与粗山羊草（*Aegilops tauschii*）发生了类似的杂交，产生了六倍体的普通小麦（*Triticum aestivum*）。这种小麦不但更能耐受低温恶劣的环境，产量也更高，每个小穗能结3~5颗麦粒，这便是我们现代最常种植、食用的小麦品种。假设粗山羊草的基因型是DD，那普通小麦的基因型便是AABBDD。既然是六倍体，那普通小麦的基因组当然不会小，它的基因组大小为16 Gb，比人类基因组的5倍还大。

普通小麦在西亚诞生后，在大约5 000年前沿史前“青铜之路”传入中国。商朝甲骨文中把小麦写成“來”，这个字上半部分像成熟的麦穗，下半部分像麦根。《诗经》中也有“我行其野，芃芃其麦”的诗句。

因为小麦种子淀粉含量高，口感较好，日常食用的面粉一般是由小麦磨成。不同品种小麦的蛋白质含量不同，根据面粉中蛋白质含量的高低，可以把面粉分为高筋面粉、中筋面粉和低筋面粉，蛋白质含量越高，面食口感越硬。一般来说，高纬度地区的小麦蛋白质含量比较高，欧洲地区用来制作意大利通心粉和硬面包的小麦品种，蛋白质含量都超过了10%。但如果把这类小麦引种到低纬度地区，产量往往比不上本地小麦，因为非原产地的物种容易"水土不服"，很难获得更强的育种优势。

野生二粒小麦

普通小麦 （摄影：尹烨）

6 000年前的古埃及人便已学会用小麦粉制作发酵面包，而中国在春秋战国时期便发明了饺子，后来又发明了包子、面条、烧饼等各种面食。有了馒头、烧饼等可以长期携带的干粮，长途出行、征战变得更为方便。正如杵臼的发明是为了加工稻米，人类发明磨盘是为了加工小麦，人类的食性决定了工具的发明。

时至今日，这些传统面食在北方不少地区仍是无可替代的节庆食品。在大雪纷飞的除夕夜，许多人家的年夜饭都是全家合力包出来的饺子，而过生日时，往往也少不了一碗热腾腾的长寿面。即使是在较少食用面食的南方地区，也有生煎包子、叉烧包等面点。由于人类对小麦的喜爱，小麦图案被广泛用于装饰，中国的国徽上也有麦、稻穗的图案。

大麦：令人陶醉的饮料

跟小麦一样，大麦也起源于西亚。大麦种类繁多，根据麦穗横截面上的麦粒数目，可把大麦分为二棱大麦、四棱大麦、六棱大麦等；而根据麦粒是否与颖壳粘连，又可以把大麦分为皮大麦和裸大麦。裸大麦是皮大麦7号染色体上的*nud*基因突变产生的，内外颖壳分离，麦粒裸露。

大麦

在1万多年前的新月沃地，大麦是大受欢迎的主食，但自从更高产、口感更好的普通小麦诞生后，大麦便“失宠”了。虽然大麦比小麦更耐寒，能在寒冷地区生长，为当地人提供食粮，但总体来说，人们还是更偏爱高产而美味的小麦。

幸好，大麦有个得天独厚的优势：发芽时产生的淀粉酶是谷物中最多的。这些淀粉酶能把麦粒中的淀粉迅速分解成单糖和双糖；随后，这些糖类在酵母的作用下发酵为酒精。可见，大麦是绝佳的酿酒材料，早在公元前 6 000 年，苏美尔人便开始用大麦芽制作啤酒。在欧美国家，无论价格不菲的威士忌还是大众饮用的啤酒，都由大麦酿成。大麦的种植量在谷物中排世界第四，仅次于玉米、水稻和小麦，主要用于满足酿酒业的需要。

中国虽然不常用大麦酿酒，但大麦的麦芽也是极受欢迎的。大麦芽便是中药里的麦芽，有行气消食、健脾开胃的作用。中国传统的饴糖，又称麦芽糖，也是由大麦芽制成的，因为大麦在发芽时产生的大量淀粉酶能把淀粉分解为单糖和双糖。旧时街边的糖人摊，把麦芽糖熬成糖稀，便可用于制作形态各异、栩栩如生的糖人，小朋友们对此向来爱不释手。

爱好养生、减肥的人群，一定听说过大麦若叶青汁。这是大麦嫩叶榨取的汁液，颜色翠绿可爱，而且含有丰富的膳食纤维、叶绿素、维生素、类黄酮等物质。平时饮食油腻、很少吃水果蔬菜的人，可以适量喝些青汁，补充膳食纤维和维生素。

青稞：青藏高原的“精气之源”

提到西藏，“驴友”和文艺青年们也许会想起壮丽的布达拉宫，蓝天下成群的藏羚羊和牦牛，还有西藏传统美食——酥油茶、糌粑和青稞酒。后两种美食的原料都是青稞（*Hordeum vulgare L. var. nudum Hook. f.*），作为西藏最重要的粮食作物，青稞被誉为“精气之源”。仓央嘉措曾作诗“去年种的青苗，今年已成秸束。少年忽然衰老，身比南弓还弯”。诗中的青苗便是青稞的嫩苗。

青稞在中国主要分布于青藏高原地区，在藏语中被称为 Ne。青稞其实是大麦的一种，在分类上属于六棱裸大麦，也是现存的唯一一种裸大麦。从外形看，青稞的穗上长了 6 行麦粒，而且内外颖壳分离，麦粒裸露。

距今 3 500~4 500 年前，大麦通过巴基斯坦北部、印度和尼泊尔进入西藏南部。在大麦进入青藏高原后的 2000 年时间里，种类多样性不断减少，最终只有青稞这一品种脱颖而出，成为当地的主要作物。

从自然选择的角度看，在从低海拔往高海拔迁徙的过程中，藏族先民把谷物带到了寒冷的高海拔地区，只有一些适应高原寒冷环境的大麦品种（比如青稞）才能存活下来。基因测序结果也证明，青稞有 360 多个对青藏高原产生高适应性的基因。如果要在高原地区种植不耐寒的其他作物，只能是“高田种小麦，终久不成穗”的结果。

从人工选择方面来看，青稞属于六棱大麦，这说明它一个麦穗上的麦粒数目比四棱大麦、二棱大麦都多，也更高产；同时它属于裸大麦，收割后容易去掉外皮，方便食用。此外，青稞的 β - 葡聚糖含量是所有麦类中最高的。β - 葡聚糖是谷物胚乳和糊粉层细胞壁的一种非淀粉多糖，可以像纤维素一样促进肠胃蠕动，这正是青藏高原缺乏蔬菜膳食纤维的藏民所需要的。所以藏民先祖更倾向于种植青稞，其他种类的大麦渐渐被他们所抛弃，这是人类在高原环境中的明智选择和适应机制。

青稞可分为白青稞、紫青稞、黑青稞、蓝青稞等品种，普兰、尼木等地产的白青稞更是古代时献给西藏统治者的贡品。紫青稞、黑青稞虽然产量、卖相不如白青稞，但富含花青素，有益健康。随着汉藏两族的交流，青稞也被传到中原地区。《齐民要术》里就提到了“青稞麦”，说它“磨，总尽无麸”，因为青稞属于裸大麦，磨的时候是没有麦麸的。

青稞 （摄影：尹烨）

中原汉人喜欢把青稞煮成麦饭，或者磨成面粉制作面食。藏民则喜欢把青稞炒熟磨成粉，这便是他们居家、远行的必备主食——糌粑。他们用酥油茶把糌粑冲成糊糊当早餐，午餐则是糌粑加入酥油茶揉成的面团，晚餐比较丰盛，把糌粑和蔬菜、牛羊肉等煮成粥。青稞酿成的酒不但是藏民欢聚宴饮的美味饮料，也是祭神庆典中必不可少的祭品。在藏历除夕，家家户户把青稞酒和糌粑等食物摆在家中，在大门前用糌粑画上吉祥八图进行新年祈福。节日庆典的时候，人人都抓一把糌粑抛洒空中以示吉祥。

研究发现，青稞的胆固醇含量为 0，脂肪含量仅为 1.5%，而 β-葡聚糖含量高达 3%~10%，是小麦平均含量的 50 倍，是典型的“三高两低”（高蛋白、高纤维、高维生素、低脂肪、低糖）食品。

青稞中的 β-葡聚糖不能被人体消化吸收。因此，摄入适量 β-葡聚糖既可以让人产生饱腹感，又不会摄入热量，是理想的减肥食品。而 β-葡聚糖进入小肠后不但可以促进肠道蠕动，让废物排出肠道，还可以吸附并排出胆汁和其中的胆固醇，从而降低血液中的胆固醇，保护心血管。在主食中适量添加一些青稞，既有助于减肥，又能预防“三高”。

除了充当中老年人的养生食材，青稞还是年轻人追捧的“网红”食品。爱喝奶茶的年轻人一定对青稞奶茶不陌生，青稞曲奇、青稞松饼、青稞牛轧糖也深受欢迎。根据 2018 年的央视新闻报道，青稞产业的产值目前在 40 亿元左右，随着加工产业的发展，将来的产值将达到几百亿元。

将青稞作主粮是藏族先民在高原环境下做出的智慧选择，青稞也已渗透在藏族文化的各个方面，成为藏区人民重要的精神图腾之一。未来，随着对青稞的深入研究，青稞的应用和开发也将更加多样化，这种健康美食有望被更多人所熟知、品尝。

小麦小贴士	
中文名	小麦
拉丁学名	*Triticum aestivum L.*
英文名称	wheat
别称	麸麦、浮麦、浮小麦、空空麦、麦子软粒、麦
物种分类	被子植物门、被子植物亚门、单子叶植物纲、鸭跖草亚纲、禾本目、禾本科、早熟禾亚科、小麦属、小麦种
基因组学研究进展	普通小麦是异源六倍体，由三套子基因组共同组成，其基因组大小为 16 Gb。2013 年 3 月 25 日，深圳华大基因研究院分别与中国科学院遗传与发育生物学研究所、中国农业科学院作物研究所等单位合作完成了乌拉尔图小麦及粗山羊草的基因组测序及分析工作，研究成果发表于《自然》杂志。2018 年 8 月 17 日，国际小麦基因组测序联盟完成了世界上首个六倍体小麦基因组图谱，成果发表于《科学》杂志。

大麦小贴士	
中文名	大麦
拉丁学名	*Hordeum vulgare L.*
英文名称	barley
别称	牟麦、饭麦、赤膊麦
物种分类	被子植物门、被子植物亚门、单子叶植物纲、鸭跖草亚纲、禾本目、禾本科、早熟禾亚科、小麦族、大麦属
基因组学进展	大麦基因组全长 5.1 Gb，约为水稻基因组的 11 倍。2017 年 4 月 26 日，国际大麦测序联盟（IBSC）组装出迄今最为完整的大麦基因组物理图谱，为大麦的种质资源利用和遗传改良提供了良好的基础，研究结果作为封面文章发表于《自然》杂志。

青稞小贴士	
中文名	青稞
拉丁学名	*Hordeum vulgare L. var. nudum Hook. f.*
英文名称	highland barley
别称	裸大麦、元麦、米大麦
物种分类	被子植物门、被子植物亚门、单子叶植物纲、鸭跖草亚纲、禾本目、禾本科、早熟禾亚科、小麦族、大麦属、青稞种
基因组学进展	2018年12月，西藏自治区农牧科学院和华大基因在《自然·通讯》杂志上发表了关于青稞的起源与演化的最新成果。研究人员从西藏和邻近区域如青海、云南选择了能代表现在西藏大麦遗传多样性的69个青稞地方品种、35个青稞育成品种以及10个西藏半野生大麦进行全基因组重测序（平台测序深度为9.6×），结合已经发表的260份全球野生和地方品种的外显子测序数据，共437个大麦材料一起分析。研究发现，青稞起源于东方栽培大麦，在距今4 500年前到3 500年前，通过巴基斯坦北部、印度和尼泊尔进入西藏南部。

参考文献

1. Appels R., Eversole K., Feuillet C., et al. Shifting the limits in wheat research and breeding using a fully annotated reference genome[J]. *Science*. 2018 Aug 17, 361(6403).
2. Ofer Bar-Yosef, 高雅云 , 陈雪香 . 黎凡特的纳吐夫文化——农业起源的开端 [J]. 南方文物 , 2014, 1: 181–194.
3. 刘楠 , 李海峰 , 窦艳华 , 韩德俊 . 普通小麦及其近缘物种花序、小穗和小花的形态结构分析 [J]. 麦类作物学报 , 2015, 35 (3): 293–299.
4. 刘慧 , 王朝辉 , 李富翠 , 李可懿 , 杨宁 , 杨月娥 . 不同麦区小麦籽粒蛋白质与氨基酸含量及评价 [J]. 作物学报 . 2016, 5: 768–777.
5. Munns R., James RA, Läuchli A. Approaches to increasing the salt tolerance of

wheat and other cereals.[J] *J Exp Bot*. 2006, 57 (5): 1025–43.

6. Mascher M., Gundlach H., Himmelbach A., et al. A chromosome conformation capture ordered sequence of the barley genome[J]. *Nature*. 2017 Apr 26, 544 (7651): 427–433.
7. Zeng X., Guo Y., Xu Q., et al. Origin and evolution of qingke barley in Tibet[J]. *Nat Commun*. 2018 Dec 21, 9 (1): 5433.
8. Zeng X., Long H., Wang Z., et al. The draft genome of Tibetan hulless barley reveals adaptive patterns to the high stressful Tibetan Plateau[J]. *Proc Natl Acad Sci USA*. 2015 Jan 27, 112 (4): 1095–100.
9. Taketa S., Amano S., Tsujino Y., et al. Barley grain with adhering hulls is controlled by an ERF family transcription factor gene regulating a lipid biosynthesis pathway[J]. *Proc Natl Acad Sci USA*. 2008 Mar 11, 105 (10): 4062–7.
10. 赵贯锋，余成群，钟志明等．西藏食物安全战略初探 [J]. 西藏科技．2016, 5: 17–21.
11. 张伊迪，周选围．青稞籽粒中β-葡聚糖在发芽过程中的变化 [J], 中国农学通报．2014, 24: 294–298.

植物驯化了人类？

关于猫，大家有个疑问：到底是人驯化了猫，还是猫驯化了人？其实关于植物也有类似的情况。比如原产在安第斯山的茄科三杰：茄子、土豆、辣椒——也就是东北地三鲜的三种食材，短短数百年就改变了整个欧洲乃至世界的格局。而东亚人更熟悉的水稻，则已有万年的栽培历史。

回顾万年来的农业发展，人类也许会自豪地认为，自己终于把杂草般的野稻培养成了适合大规模种植、遍及全球的粮食作物。但换个角度看，人类在驯化水稻的同时，也在被水稻驯化。

水稻与人类的互作

历史学家尤瓦尔·赫拉利（Yuval Harari）在其著作《今日简史》中提出：表面上看是人类驯化了小麦，但是实际上可能是小麦驯化了人类。把“小麦”换成“水稻”，这句话同样成立。

在人类开始种植庄稼之前，所食都是采集的果实、捕猎的野兽，这些食物能让人类摄入充足的维生素和蛋白质，比小麦、水稻这些单一的碳水化合物更能满足人体的营养需要。后来，人类发现野麦、野稻也能食用，而且这些植物很容易在住处附近种植，于是便开启了刀耕火种的原始农业时代。

人类固然依靠种植的小麦、水稻获得了相对稳定的口粮来源，而小麦、水稻也享受了人类的精心照料，免于干旱、虫害、杂草的威胁，它们的种子也被人类收集、储藏，来年春天在各处播种，保证了该物种的繁衍、扩散。

人类从农耕中的获益其实并没有想象中的多。小麦、水稻种子的主要成分是淀粉，营养单一，不如原始社会时期的饮食营养均衡。自从开始农耕后，人类被庄稼束缚在土地上，不能随意搬迁，而且人类的身体本不适应“面朝黄土背朝天”的耕作劳动，但为了糊口，也只能咬牙苦干。

在人类与庄稼的“合作”中，人类不但饮食质量下降，而且劳损了身体。如果说人类从庄稼上得到了什么真正的利益，估计就是稳定的食物来源导致了人口的增加，但增加的人口也成了开荒、种田的劳力，结果是产生了更多劳力来照料庄稼，把庄稼传播到各地，最后的赢家还是庄稼。

即使如此，一些庄稼对这样的合作仍不满意，它们既想要人类无微不至的照料，又不愿人类食用它们的种子，近年来出现在世界各地水稻田里的“鬼稻”就是如此。“鬼稻”又称杂草稻，外形和水稻极其相似，杂生在稻田里冒充水稻，吸收本属于水稻的水肥；待到丰收时节，水稻谷穗低垂，等人收割，而杂草稻的谷粒成熟后则会像枯叶一样纷纷脱落，掉进土壤中。

稻田里的杂草稻

待到来年春天，人们在稻田耕种的时候，土壤中的杂草稻种子又会和水稻种子一起发芽，继续潜伏在水稻中"混吃混喝"。农人也曾设想，如果把长过杂草稻的农田荒置一年或者种上别的作物，也许能让杂草稻无处遁形。但实施后才发现，如果将农田荒置或者种上其他作物，杂草稻种子根本不会萌发，它们能在土壤中休眠长达10年，直到这块田被重新种上水稻，杂草稻才会发芽，继续在水稻中"滥竽充数"。

这种极其狡猾的杂草稻来自何方？基因测序结果显示，杂草稻是田间不同种类的水稻品种串粉杂交后产生的"去驯化"品种，它跟野稻一样，谷粒容易掉落又口感粗硬，难以食用。

杂草稻已严重污染世界各地的稻田，我国江苏的稻田中杂草稻的比例高达10%~20%，灾害严重的稻田甚至大面积绝收。但遗憾的是，各国科学家目前还没有对付杂草稻的有效方案，在这场"人稻之战"中，人类恐怕会长期处于下风。但换个角度看，水稻凭啥长出来专门给人类吃？这些杂草稻的存在恰恰确保了水稻物种的基因多样性。

动物体内的植物 RNA

水稻与人类的关系还不止于此，已经成为人类腹中之物的稻谷，竟然也能悄无声息地把遗传物质渗透到人体中去。这在传统观点看来是匪夷所思的，因为食物中的核酸进入消化系统后一般是被降解消化，无法进入动物体内“兴风作浪”的，但在 2012 年，南京大学的张辰宇教授发现，食物中的植物小分子 RNA（MicroRNA，miRNA）可以进入动物体内，甚至调控动物的基因表达。

研究发现，大小为 20bp~24bp 的外源 miRNA 可以在胃中的酸性条件下至少存在 6 小时，这能保证它们在动物胃里不被消化并进入血清和组织。人类、小鼠等哺乳动物体内都发现了植物的 miRNA，而这些 miRNA 主要来自水稻和十字花科植物（萝卜、白菜、油菜等）。小鼠实验证明，新鲜稻谷中的 miRNA 能抑制小鼠肝脏 LDLRAP1 基因的表达，使血液中低密度脂蛋白（LDL）水平升高，小鼠也因此容易罹患血栓、冠心病等心血管疾病。但并不是所有的植物 miRNA 都会影响人体健康，一些植物 miRNA 对人体有保健作用，比如广泛存在于植物中的一种叫 miR159 的 miRNA 可以抑制乳腺癌。

以植物为食的昆虫也深受 miRNA 的影响。多数蜜蜂幼虫的食物都是花蜜和花粉，其中的 miRNA 会抑制幼虫的发育，使这些幼虫发育为没有生育能力的工蜂。而食用不含 miRNA 蜂王浆的幼虫则能正常发育，成为有生育能力的蜂王。

同样，以桑叶为食的家蚕，血淋巴和丝腺中也测出了 5 种来自桑叶的 miRNA。虽然目前科学家还未确认桑叶 miRNA 对家蚕的生理活动起了何种影响，但古人早就发现，家蚕最爱吃桑叶，所以古人喜欢用桑叶养蚕，桑树也因此被广泛种植。不知道这是否也是桑树繁衍后代的一种策略？

植物与土壤菌群

植物不光与动物存在互相作用，与微生物间也同样存在着相互作用。水生蕨类满江红（*Azolla filiculoides*）与微生物蓝藻（*Cyanobacteria*）共生，蓝藻具有固氮能力，可以把空气中的氮气转化为含氮化合物供满江红吸收。蓝藻终生都与满江红共生，而且满江红繁殖后代时它也会转移到子代植物上。两者的共生关系已有亿年。

豆科植物和根瘤菌（*Rhizobium*）也是这样的共生关系，根瘤菌之于豆科植物的作用恰似肠道菌群对人类的作用。当豆科植物刚开始萌芽的时候，土壤中的根瘤菌就被它们根毛分泌的化学物质吸引过来，侵入根部皮层，刺激皮层细胞分裂形成根瘤。

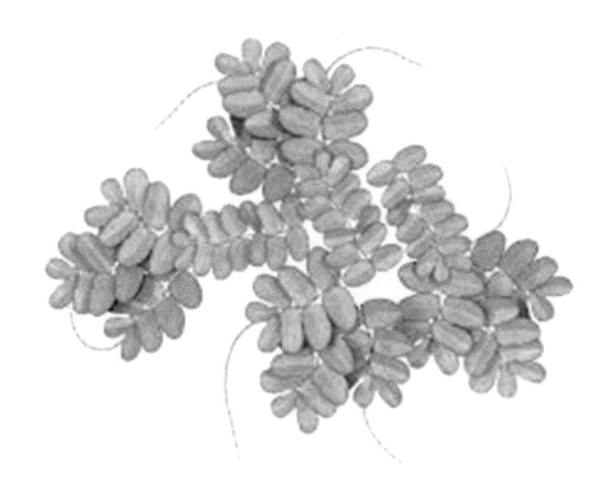

满江红

根瘤菌生活在根瘤中，从根部的皮层细胞中吸取水分和养分，同时把空气中的氮气转变为含氮化合物供植物吸收。根瘤菌平时产生的含氮化合物会渗透到周围土壤中，而且豆科植物在被铲除时，其根部富含氮元素的根瘤会留在土壤里，所以种过豆科植物的农田一般会富含氮肥。

为了更好地共生，微生物和植物的基因组都发生了适应共生生活的演化。比如说，它们能表达一些信号通路蛋白，促进微生物和植物之间的信号交流。

微生物不仅有利于植物生长，还有利于酿酒。泸州老窖、茅台、古井贡酒等中国传统名酒，都是以产地命名，原产地才是最适合酿这些酒的地方，如果换了酿酒地点，哪怕配方相同，酿出来的酒也风味大减。

这些风水宝地酿酒风味独特的秘诀，在于当地独特的“水（水质）、土（土壤）、气（气温）、气（气候）、生（微生物）”。其中微生物的作用至关重要，因为酿酒过程实质上就是微生物的代谢过程。

酿酒的微生物存在于酒曲、窖泥和酒醅中。酒曲是长有微生物的粮食，其中的微生物包括酵母菌、细菌和曲霉（*Aspergillus*），用于使酿酒原料发酵。窖泥是酒在进行无氧发酵时用来封闭酒窖、隔绝空气的泥巴，大部分酒厂的窖泥都是多年循环使用的，酿酒业素有“千年老窖万年槽，酒好全凭窖池老”的说法，窖泥中的微生物主要为甲烷菌（methanotropic bacteria）和己酸菌（caproate acid bacteria），能产生丁酸、己酸、己酸乙酯等化学物质，为酒添加独特风味。发酵后的酿酒原料叫酒醅，可用于蒸馏酒水，其中的微生物主要来自酒曲和窖泥，种类比较复杂。因为酒曲、窖泥中微生物种类的不同，酿出来的酒也风味各异，有酱香型、清香型、浓香型等。

泸州国窖　（摄影：尹烨）

2019 年 9 月，茅台集团和华大基因在深圳签署了长期战略合作协议。双方将携手贵州工业微生物研发中心，建立酿酒微生物基因库，探索发酵过程中微生物的作用机制，解密茅台酿造地区的土地微生物特质，充分挖掘和利用微生物大数据价值，为茅台生产提供科学依据。这一合作有利于以茅台为代表的贵州白酒产业的可持续发展，带动其他高科技、高附加值的现代发酵产业实现突破。

醇厚的美酒大受人类的欢迎，而人类在积极酿酒的同时也为这些微生物创造了合适的生存环境，也许这也是人类和微生物的一种互作吧。

杂草稻小贴士	
中文名	杂草稻
拉丁学名	*Oryza sativa f. spontanea*
英文名称	weedy rice
别称	鬼稻

（续表）

杂草稻小贴士	
物种分类	被子植物门、被子植物亚门、单子叶植物纲、鸭跖草亚纲、禾本目、禾本科
基因组学研究进展	2017 年 5 月 24 日，浙江大学和中国水稻研究所的科研人员，通过基因组重测序及其群体遗传学分析，我国杂草稻均起源于栽培稻，可能是不同种类的水稻品种串粉后形成的“去驯化”品种，而且各地杂草稻的起源方式为独立去驯化起源，江苏、广州杂草稻起源于籼稻，而辽宁、宁夏杂草稻起源于粳稻。研究成果发表在《自然·通讯》杂志上。

桑小贴士	
中文名	桑
拉丁学名	*Morus alba L.*
英文名称	mulberry
别称	桑树
物种分类	被子植物门、被子植物亚门、双子叶植物纲、金缕梅亚纲、荨麻目、桑属
基因组学研究进展	2013 年 9 月 19 日，来自西南大学、深圳华大基因研究院等 10 家研究机构的研究人员，成功绘制出了桑树中川桑（*Morus notabilis*）品种的基因组序列草图，发现桑树基因组大小约为 330 Mb，而且桑树是除几种蔷薇目植物之外，在 1 亿多年的时间里没有保留全基因组倍增的真双子叶植物之一，但它的基因演化速度比那些蔷薇科植物快 3 倍。研究人员在蚕的血淋巴腺和丝腺中发现了 5 个桑树 miRNAs，在分子水平上表明了植物与食草动物关系的相互影响。此外，他们还鉴别及分析了一些与歧化选择、抗性和乳汁管中表达蛋白酶抑制剂相关的桑树基因，这对于加速改良桑树品种具有重要的意义。研究成果发表在《自然·通讯》杂志上。

根瘤菌小贴士	
中文名	根瘤菌
拉丁学名	*Rhizobium*
英文名称	nodule bacteria
别称	根瘤
物种分类	根瘤菌目、根瘤菌科、根瘤菌属
基因组学研究进展	2002年，日本加津佐DNA研究所对大豆根瘤菌进行了基因测序，发现大豆根瘤菌基因组大小为0.91 Mb，有8 317个蛋白编码基因，其中2 000个基因为大豆根瘤菌独有，有180个固氮相关的基因。研究结果发表在《DNA研究》(*DNA Research*)杂志上。 2012年5月14日，中国农业大学、华大基因等机构的研究人员通过对26株中华根瘤菌属和慢生根瘤菌属的大豆根瘤菌进行基因组测序及比较基因组学研究，发现大豆慢生根瘤菌的核心基因组随机地分布于脂代谢和次级代谢途径中；而中华根瘤菌属的大豆根瘤菌核心基因组中，则有许多适应碱性条件和渗透压的基因。这一研究发现与大豆根瘤菌的生物地理学分布规律相一致。与其他根瘤菌相比，在与大豆共生的根瘤菌中，没发现只参与和大豆的共生的特殊基因。而已知的561个根瘤菌共生基因的复杂模式，也反映出这些大豆根瘤菌与其他根瘤菌系统的亲缘关系。从根瘤菌的整个泛基因组以及887个已知功能基因来看，只有功能基因的种类多样性是与根瘤菌系统树一致，并且基因重组在根瘤菌的核心基因组的进化占据主导。总之，该研究指出，虽然根瘤菌在共生相互作用，以及其他环境因素影响下发生的变化，通过直接或间接形态过程，发生了广泛的亲缘特异性基因改变，但是与包括横向基因转移的基因重组相比较，垂直基因变化还是很少见的。研究成果发表在《美国国家科学院院刊》杂志上。

参考文献

1. 尤瓦尔・赫拉利(以). 今日简史[M]. 北京：中信出版集团. 2018.
2. 余建斌，周炜. "鬼稻"，别来捣鬼[N]. 人民日报. 2017-06-02.

3. Qiu J., Zhou Y., Mao L., et al. Genomic variation associated with local adaptation of weedy rice during de-domestication[J]. *Nat Commun*. 2017 May 24, 8:15323.

4. Shahid S., Kim G., Johnson NR, et al. MicroRNAs from the parasitic plant Cuscuta campestris target host messenger RNAs[J]. *Nature*. 2018 Jan 3, 553 (7686): 82–85.

5. Zhang L., Hou D., Chen X., et al. Exogenous plant MIR168a specifically targets mammalian LDLRAP1: evidence of cross-kingdom regulation by microRNA[J]. *Cell Res*. 2012 Jan, 22 (1): 107–26.

6. Chin AR, Fong MY, Somlo G, et al. Cross-kingdom inhibition of breast cancer growth by plant miR159[J]. *Cell Res*. 2016 Feb, 26 (2): 217–28.

7. Jin Y., Liu H., Luo D., et al. DELLA proteins are common components of symbiotic rhizobial and mycorrhizal signalling pathways[J]. *Nat Commun*. 2016 Aug 12, 7: 12433.

8. Kaneko T., Nakamura Y., Sato S., et al. Complete genomic sequence of nitrogen-fixing symbiotic bacterium Bradyrhizobium japonicum USDA110 (supplement)[J]. *DNA Res*. 2002 Dec 31, 9 (6): 225–56.

9. Tian CF, Zhou YJ, Zhang YM, et al. Comparative genomics of rhizobia nodulating soybean suggests extensive recruitment of lineage-specific genes in adaptations[J]. *Proc Natl Acad Sci USA*. 2012 May 29, 109 (22): 8629–34.

10. 赵爽，杨春霞，窦屾，徐曼，廖永红．白酒生产中酿酒微生物研究进展 [J]. 中国酿造．2012, 4(31): 5–10.

植物也有情绪？

“人非草木，孰能无情。”这句中国古话似乎早成公论——草木怎么会有情感呢？但是，美国人克里夫·巴克斯特（Cleve Backster）却决定做这一观点的第一个辩驳者。

1966 年的某天，这位中央情报局工作人员突发奇想，把测谎仪连接在了观赏植物上。他试着灼烧植物叶子，发现植物在测谎仪上显示的曲线波动极大，跟人类在恐慌状态下产生的曲线极为相似——这意味着，植物可能处于恐慌状态。更神奇的是，如果在植物面前杀死其他生物，植物也会颇具“同理心”，产生强烈的反应。

巴克斯特的发现曾经轰动一时。直到如今，网上还能找到描述“植物也有情绪”的文章。可惜，这个说法已被证实是无稽之谈，缺乏严谨的科学依据。1974 年，美国康奈尔大学的霍络威兹（Horowitz）等三名生物学家以一种更为严谨、精准的方式重复了巴克斯特的实验，发现植物的测谎仪曲线变化与周围状况并没有什么必然的联系。巴克斯特在植物上所记录的测谎仪曲线，也许只是静电作用、机械振动、湿度变化等因素使然。

植物并不像人一样拥有高级的情感，但对于外界的变化它们确实会有所反应。许多研究表明，植物能够感应外界环境变化，还能据此做出反应，为的是让自己更好地生存。毕竟，植物不像动物一样能跑能动，毕生只能扎根于同一地方，能否适应环境对它们来说至关重要。

那么，植物的一系列感应方式——或者用通俗的话语概括，植物的“眼耳鼻舌身意”——都有哪些独特之处呢？且让我们一起看看。

眼

光是植物的能量来源。还记得在初中生物学课本上接触过的植物向光性实验吗？植物就像长了眼睛一样，不管光照来自哪个方向，都能往那个方向生长，确保自己最大程度地接受阳光的沐浴。

此外，植物开花的时间也和光照周期有关。它们能感受光照时长，并据此调整自己的生长速率，这叫植物的光周期现象。许多植物的花期都在春夏两季，所以它们都是在长日照时才开花，又称长日照植物。不过，也有一些植物，比如菊花，要到秋天才开花，这些在短日照时开花的植物，称为短日照植物。

科学家发现，植物体内存在多种光受体，并且各有不同的功能。植物感知光照方向，靠的是茎尖上的向光色素，而这种色素只能感受阳光中的蓝光。由于向光色素只存在于植物茎尖，所以如果我们把茎尖遮住，植物也就失去了向光生长的能力。

植物叶片上的隐花色素也属于蓝光受体，能根据光照来调节植物的昼夜节律，让一些花朵或叶子白天开放，夜晚闭合。更有意思的是，动物体内也存在隐花色素，因为这种色素源于动物和植物的共同祖先——单细胞原始生物。

植物感受光周期变化则是倚仗叶子中的光敏色素。光敏色素能感受阳光中的红光和远红光，红光在白天时可见，而远红光波长比红光略长，在日暮时可见，标志着夜晚的来临。如果延长植物被红光照射的时间，就可以促使长日照植物开花。不过，远红光会消除红光的作用。如果长日照植物被红光照射后再受远红光照射，那么提前开花依然是一席空谈。

耳

在“听”这个方面对植物施加影响，会不会有意想不到的效果呢？ 20 世纪六七十年代，美国音乐家多罗茜 · 雷塔拉克（Dorothy Retallack）鼓捣了一系列实验，声称自己证明了这样一条规律：给植物播放古典音乐时，植物生长繁茂；如果播放吵闹的摇滚乐，植物生长起来就缓慢了。

“音乐影响植物生长”，这个设想并非雷塔拉克首创。达尔文曾经尝试对着植物演奏大管，发现音乐对植物并无影响。与此类似，后人重复了雷塔拉克的实验，也发现难以得到相似的实验结果。毕竟，雷塔拉克的实验设计太过粗陋，缺乏科学性。

不过，这是不是能说明植物是对声音毫无感知的“聋子”呢？倒也未必。在我国的南方，有一种名为跳舞草（*Codariocalyx motorius Ohashi*）的豆科植物，在天气晴朗或者乐声响起时，叶柄处的两片小叶会无风自动，似在翩翩起舞。目前，人们还没有完全弄明白跳舞草“闻声起舞”的原理，也许是因为这种植物对声波振动比较敏感，所以才对外界声响有比较明显的反应。

闻声而动不算什么，善加运用才是高手。生活在热带的夜蜜囊花（*Marcgravia evenia*）、黧豆（*Mucuna holtonii*）、老乐柱（*Espostoa frutescens*）、炮弹果（*Crescentia cujete*）等植物，能反射或者吸收蝙蝠发出的超声波，帮助蝙蝠发现它们的位置，引蝙蝠前来吸食花蜜，顺便帮花朵授粉。虽然不知这些植物是否能感受声波，但它们确实是利用声波来为自己谋利的。

此外，植物体内还存在和动物听力相关的同源蛋白。哺乳动物体内的肌球蛋白能促进内耳毛细胞的形成，而在植物体内，肌球蛋白则能促进植物根部根毛的生长。不过，总体而言，植物究竟有没有听力，科学界目前还没有明确定论。

鼻

爱吃香蕉的人都知道，把一个熟透的香蕉或者苹果和一串青香蕉放在一个密封袋里，青香蕉也会很快成熟。同理，古人要催熟青梨、青香蕉等水果，就会把它们贮存在密封的房间或者大缸里，在里面点上一束线香，用这股香火气达成目的。

到了 20 世纪二三十年代，欧美科学家发现：成熟的水果和燃烧的线香能释放出乙烯气体，而这正是一种植物激素。未成熟的水果能感知到空气中的乙烯，在乙烯的影响下，成熟的速度也就加快了。

靠着气味，植物还能扩大自己的“势力范围”。寄生植物菟丝子（*Cuscuta chinensis Lam.*）能感知寄主植物的气味，攀爬到寄主植物上进行寄生。菟丝子“嗅觉灵敏”，善于识别寄主，就算距离相同的地方长着气味成分相似的番茄和小麦，它也能准确分辨出番茄的气味，向着更偏爱的番茄那边生长。

未成熟的青香蕉

植物之间还能通过气味传播预警信息，提醒同类有病虫害入侵，要做好防御准备。叶子被昆虫啃食时，植物会释放出茉莉酸甲酯；待周围植物感知到空气中的茉莉酸甲酯后，便会在体内合成酚类和单宁类物质，使自己变得口感极差，让昆虫无从下口。如果侵略者换成细菌，植物则会释放出水杨酸甲酯，提醒周围植物增强自身的免疫功能。

植物不但可以针对不同险境发出不同信号，还会利用化学武器“借刀杀人”。被甲虫咬过的棉豆（*Phaseolus lunatus Linn.*）叶子会释放出一种化学物质，接收到化学信号后，同株棉豆的花朵会分泌花蜜，引甲虫的天敌前来，一举扫除害虫。

舌

动物遇到疑似食物的东西时，都喜欢尝上一尝，味觉会告诉它们这东西能不能吃，好不好吃。同样，植物的根也有“味觉”，会主动识别、寻找水源和肥料，这叫作植物根的向水性和向肥性。

根系向肥性的本质其实是向化性。换言之，植物会主动往所需的化学物质方向生长。如果在一块琼脂中间包埋一小块肥料，在琼脂上放几颗发芽的种子，几天后种子的根都会伸向肥料的方位，以吸收更多的养分——见了美食趋之如鹜，这点倒和动物很相似了。在农业上，为了让植物扎根更深，一般要对作物采取深层施肥，好让植物的根冲着土壤深处的肥料前进，达到“根深蒂固”的目的。

植物还能分辨养分的浓度。植物根系在接近深埋的肥料时，生长会减缓，而且根尖膨大，阻止根系向该方向继续延伸，根系才不至于被高浓度肥料“烧”坏。

身

捕蝇草（*Dionaea muscipula*）是为数不多的肉食植物之一，它不但能像动物一样捕食昆虫，还能对昆虫的碰触做出反应。捕蝇草上长着多个由两片叶片组成、形状像两片蚌壳的捕虫夹，可以自由开合，捕捉落在上面的昆虫。叶片边缘长着一圈刺毛，叶片闭合时，刺毛像栅栏一样围在外缘，让昆虫插翅难逃。

叶片内壁还长着几对感觉毛，可以非常聪明地判定进入物是否有捕捉价值。当感觉毛第一次被触动的时候，叶片并没有合拢，毕竟可能是雨水或者灰尘杂物，捕来何用？不过，如果在随后的 15~20 秒内出现了第二次触动，感觉毛就会发出电信号，促使捕蝇草向叶片输送水分，将叶片迅速闭合（最快闭合时间可达 0.1 秒），昆虫就此被降伏。如果昆虫在里面继续挣扎，叶片上的消化腺体便在第五次触动后释放消化液。捕到的昆虫越大，挣扎越强烈，叶片分泌的消化液越多，为的就是尽早结束这场搏斗。

捕蝇草

含羞草（*Mimosa pudica Linn.*）也对外界触碰有反应。它的叶子属于羽状复叶，叶柄两侧长着许多小叶片，像一片绿色的羽毛。当它的枝叶被碰触时，小叶片便会下垂、闭合，仿若怀春少女害羞一般，故名“含羞草”。

在含羞草每一片小叶片的基部，都有一个被称为“叶褥”的细胞团，控制叶片的开合。受到外界触碰时，含羞草体内会产生电信号刺激，叶褥细胞的钾离子通道就此开放，钾离子随之流出细胞，细胞渗透压减低，细胞内的水分也就渗透到了细胞外，造成细胞失水萎缩，叶片也因此失去了叶褥细胞的支撑，表现为下垂、闭合。

植物不但有触觉，还有方向感。即使把种子埋在黑不见光的土壤中，感受不到阳光指引方向，种子萌发时仍是芽叶朝上，根伸往土壤深处。假如把幼苗拔出来，在地上平放一段时间，幼苗的根会向下弯曲，扎进土壤中，而茎叶部分则朝上弯曲生长。植物的根往土壤深处生长，这种趋势叫向地性；植物茎叶背向地面往上生长，这种趋势叫负向地性。

植物为什么会有向地性和负向地性？主要的根源在于地球重力的影响。根冠是植物的重力感受器，指引根系的向地性生长；植物内皮层也能感应重力，指引茎部的负向地性生长。在根冠和内皮层细胞中，含有一种叫平衡石的致密球状结构。正因为平衡石密度较大，所以无论植物朝向哪个方位，它总会落在细胞最下端，而植物就是根据平衡石判断方向。这与人类依靠耳石来维持平衡是不是有些异曲同工之妙呢？

意

家里的观赏植物长势喜人，总会让人忍不住伸手爱抚一番，但如果“爱抚”过多，植物长势反而不见得好。因为触碰导致植物生长迟缓，这种现象就被称为接触形态建成（thigmomorphogenesis）。这是植物保护自己、适应环境的一种方式。

接触形态建成机制是植物 *TCH* 基因（“触摸”的英文单词 touch 的缩写）所构建的。碰触植物会激活 *TCH* 基因，使它合成更多钙调蛋白，导致植物生长变得迟缓。如果野外的植物常遭狂风暴雨，植物能从枝叶接触的风雨判断出自己处于恶劣环境，于是激活 *TCH* 基因，让自己长得矮小一些，免得过多的枝叶被“雨打风吹去”。一个典型的例子就是黄山上的“迎客松”，这些树的树枝都向一侧生长，而终年强劲的山风正是“罪魁祸首”。

黄山上的迎客松　（摄影：尹烨）

农业中有个词叫“打顶”，也就是在植物还是幼苗的时候，就把植物的顶芽摘掉，这样顶芽两侧的侧芽会发育为枝条，使植物枝繁叶茂。但如果事先把幼苗一侧的叶子摘掉，过一段时间之后再去除顶芽，被摘除叶子那边的侧芽仍然不会发育，这也属于植物的“创伤记忆”——如果植物的一侧经常受到外界伤害，那一侧的枝叶也就心灰意冷，干脆停止生长了。

同理，捕蝇草也有记忆，其机理是基于电流的。我们换个角度解释一下刚才提到的捕虫过程：捕蝇草第一次被触碰时会引起一个动作电位，导致钙通道开启，钙离子浓度上升，但此时的钙离子浓度不足以让捕虫夹关闭；当第二次受到触碰时，钙离子浓度继续升高到一定程度，驱使水分进入捕虫夹的叶片，导致捕虫夹迅速闭合。但如果第一次碰触后没有后续的碰触，钙离子浓度会逐渐下降，如果间隔较久才触碰第二次，钙离子浓度也无法达到使捕虫夹闭合的标准。这与人类和动物的短时记忆生成有点相似。

有些花卉需要经历长时间的低温，才能形成花芽，这一过程叫春化。这也是植物的自我保护机制之一，为的是确认冬天已经过去，然后才放心开花结果。如果在冬天之前开花，果实便会在严冬中冻坏。冬小麦就是要经历低温才能开花结子，所以古代有句谚语："冬天麦盖三层被，来年枕着馒头睡。"

研究发现，植物的春化和开花位点 C 基因（flowering locus C，简称 *FLC* 基因）有关，这是个显性基因。低温会抑制植物 *FLC* 基因的表达，阻碍植物开花。等气温回升后，*FLC* 基因才会表达，植物才会正常开花。等植物花期过后，*FLC* 基因重新被抑制，阻止植物在秋季开花，直到下一个冬天过后才能春化开花。这说明植物可能有"长期记忆"，可以记住自己开花的季节。

植物不仅会靠电信号传递信息，在它们体内还有多个化学信息物质受体，跟动物的神经信号传递颇为相似。譬如，人脑中的谷氨酸受体是神经通信和记忆形成的重要组成部分，而植物的谷氨酸受体也参与了细胞之间的信号传递。

正所谓万物有灵。虽然目前仍未知植物是否真的存在意识和"情绪"，但人类应该敬畏自然，尊重每一个生命。也许，随着科学的发展，在将来的某一天，我们还真有机会跟植物进行交流，不至于再"泪眼问花花不语"了呢！

捕蝇草小贴士	
中文名	捕蝇草
拉丁学名	*Dionaea muscipula*
英文名称	venus flytrap
别称	维纳斯捕蝇草、食虫草、捕虫草、苍蝇地狱、落地珍珠、捕蝇笼
物种分类	被子植物门、被子植物亚门、双子叶植物纲、原始花被亚纲、石竹目、茅膏菜科、捕蝇草属、捕蝇草种
基因组学研究进展	2015年2月23日，丹麦哥本哈根大学、丹麦科技大学、丹麦国立高通量DNA测序中心等机构对捕蝇草进行了基因测序，发现捕蝇草基因组大小约为3 Gb，含17 047个特异性蛋白。这一成果有助于研究捕蝇草的异养适应。研究成果发表在*PLOS ONE*杂志上。

松树小贴士	
中文名	松树
拉丁学名	*Pinus*
英文名称	pine
别称	常绿树
物种分类	种子植物门、裸子植物亚门、松柏纲、松柏目、松科、松属、松树种
基因组学研究进展	2014年3月，美国加州大学戴维斯分校等研究机构完成了火炬松（*Pinus taeda*）基因组的测序工作。研究发现，火炬松的基因组大小为22 Gb，约为人类基因组的7倍。82%的火炬松基因组是由外来DNA片段和其他拷贝自身基因组的DNA片段组成。此次测序也对一些抗病基因进行了定位，有助于科学家了解更多的松树抗病性。研究成果发表在《遗传学》（*Genetics*）和《基因生物学》（*Genome Biology*）杂志。

参考文献

1. 丹尼尔·查莫维茨(美). 植物知道生命的答案 [M]. 武汉 : 长江文艺出版社 . 2014.
2. Smakowska-Luzan E., Mott GA, Parys K., et al. An extracellular network of Arabidopsis leucine-rich repeat receptor kinases[J]. *Nature*. 2018 Jan 18, 553 (7688): 342–346.
3. Gibbs DJ, Tedds HM, Labandera AM, et al. Oxygen-dependent proteolysis regulates the stability of angiosperm polycomb repressive complex 2 subunit VERNALIZATION 2[J]. *Nat Commun*. 2018 Dec 21, 9 (1): 5438.
4. Jensen MK, Vogt JK, Bressendorff S, et al. Transcriptome and genome size analysis of the Venus flytrap[J]. *PLOS One*. 2015 Apr 17, 10 (4): e0123887.
5. Zimin A., Stevens KA, Crepeau MW, et al. Sequencing and assembly of the 22-gb loblolly pine genome[J]. *Genetics*. 2014 Mar, 196 (3): 875–90.
6. Neale DB, Wegrzyn JL, Stevens KA, et al. Decoding the massive genome of loblolly pine using haploid DNA and novel assembly strategies[J]. *Genome Biol*. 2014 Mar 4, 15 (3): R59.

那些“荣获”诺贝尔奖的植物

1944年，美国女生物学家芭芭拉·麦克林托克（Barbara McClintock）独自行走在纽约长岛的玉米田中，观察田间种植的印度彩色玉米。尽管她是首位绘制出玉米基因遗传图的科学家，一个问题仍令她百思不解：这些玉米的籽粒和叶片颜色的遗传没有固定规律，无法用传统遗传学理论进行解释。

从玉米中得到的抗癌思路

早在1938年，麦克林托克便已有了“转座基因”(Genetic Transposition）的设想，认为某些基因可以在染色体组中自由转移，但那时她并不清楚转座基因的调控机理。1944—1950年，麦克林托克以玉米为研究材料来研究转座基因，发现玉米籽粒、叶片的颜色通常是由9号染色体上控制色素形成的C基因所决定。但如果C基因附近存在Ds基因，C基因便不能合成色素；如果Ds基因从原来位置上断裂或脱落，离开C基因，C基因便又能合成色素。而Ds基因要在Ac基因存在时才能离开原来位置，如果附近没有Ac基因，Ds基因则会留在原处继续抑制 C 基因。这就是真核生物中的“Ds-Ac 调控系统”。

示意图：在 Ds-Ac 调控系统中，当 Ac 基因在附近，Ds 基因便能从原来位置离开，C 基因就可以正常工作　（绘图：傅坤元）

麦克林托克把自己的研究成果写成《玉米易突变位点的由来与行为》（*The Origin and Behavior of Mutable Loci in Maize*）和《染色体结构和基因表达》（*Induction of Instability at Selected Loci in Maize*）两篇论文。但这两篇开创性的论文非但没受到学术界的关注，反而被斥为异端邪说，麦克林托克原本前途大好的学术生涯也因此黯淡。在一片冷眼和嘲笑中，这位女科学家一直坚持自己的理论，直到 20 多年后，多个科学家发现并证明了她的理论是正确的，学术界才开始重新审视她的研究成果，并惊叹于她极具前瞻性的设想和强大的内心世界。1983 年，麦克林托克终于获得了迟到 30 年的诺贝尔生理学或医学奖，此时她已是 81 岁高龄。

美国冷泉港实验室博物馆里麦克林托克的照片以及她研究的印度彩色玉米
（摄影：李雯琪）

转座基因又称转座子（transposon），它不光影响植物的性状，更是和人类疾病息息相关。1988 年，科学家首次证实，转座子插入人体凝血因子基因后可以阻碍该基因的表达，从而导致血友病。而在 2019 年，圣路易斯华盛顿大学医学院的研究者发现，转座子广泛存在于各种肿瘤中，甚至 87% 的肺鳞状细胞癌都含有转座子，这些转座子可以激活癌症相关基因的表达，促进肿瘤的生长。如果能抑制这些致病转座子的插入，便能控制疾病的发生。

然而，转座子虽是引起多种疾病的罪魁祸首，但如果能让转座子插入某些致病基因，抑制这些基因的表达，便能让患者康复，这样的基因疗法也不失为治疗遗传病的好办法。

红辣椒中的维生素 C

玉米并非第一种“荣获”诺贝尔奖的植物。1928 年，匈牙利生化学家阿尔伯特·圣捷尔吉（Albert Szent-Gyorgyi）在研究生物中的氧化还原反应时，从植物汁液和肾上腺皮质中成功地分离出一种化合物。这种化合物有很强的还原能力，又有卓越的抗坏血效果，因此被命名为抗坏血酸，此外它还有另一个身份——让欧洲医生苦寻数百年的维生素 C。

在大航海时代，舰队在海上航行时往往长达数月没有补给，饮食也不如在陆地上丰富，只能靠干粮和捕来的海鱼果腹。许多海员都在航海中得了坏血病，全身关节疼痛，身上出现多处紫斑（皮下出血），牙龈肿痛，牙齿脱落，严重者甚至会死亡。这种疾病成为远航舰队的头号死神，甚至曾在一次航海中夺走 1 000 多人的性命。

直到 1602 年，这一状况才出现了转机。一支西班牙舰队路过墨西哥沿岸，海员们上岸补充给养时，发现当地产的仙人掌果美味可口，更神奇的是患有坏血病的海员吃了这种水果后病情好转。在剩下的航程中，储备在船上的仙人掌果使他们摆脱了坏血病的困扰。

18 世纪末，英国海军军医詹姆斯·林德（James Lind）发现，让海员食用柑橘柠檬能防治坏血病，并将此发现写入《论坏血病》与《保护海员健康的最有效的方法》等论文中。

此后，虽然人们知道了食用新鲜蔬菜水果可以防治坏血病，但没人知道是蔬果中的何种物质在起作用。而圣捷尔吉提纯的抗坏血酸，正是这种防治坏血病的关键物质。1932 年，美国科学家发现抗坏血酸是维生素的一种，将其命名为维生素 C。

在提纯了维生素 C 后，圣捷尔吉一直在寻找富含维生素 C 又价钱便宜的原材料，以便进行高效的提取。圣捷尔吉的祖国匈牙利正是欧洲为数不多的爱吃辣椒的国家之一，国内的辣椒种植量远超欧洲其他国家。前文提到，辣椒中维生素C含量极高，每百克辣椒中含有110毫克维生素C，含量是茄子的25倍，圣捷尔吉买了大量辣椒，从中提取了数公斤的维生素C。

1937年，圣捷尔吉因为对维生素C和延胡索酸的研究获得了诺贝尔生理学或医学奖。而同年的诺贝尔化学奖则由英国化学家沃尔特·霍沃斯（Walter Haworth）获得，霍沃斯的成果之一便是首次合成了维生素C，这是第一种人工合成的维生素。虽然人工合成的维生素C大大降低了维生素C的生产成本，使人类不必从天然植物中提取维生素C，但人类还是会记得辣椒对科学研究的贡献。

小球藻与光合作用

20世纪40年代，加州大学伯克利分校的俄裔植物学家梅尔文·卡尔文（Melvin Calvin），开始研究植物光合作用的具体机理。而这也是自古以来科学家们一直在探索的问题。

从一株嫩芽成长为参天大树，植物增加的重量从何而来？古希腊哲学家亚里士多德认为，这来自植物从土壤中吸收的养分。但在1642年，比利时科学家海尔蒙特（Helmont）挑战了亚里士多德的理论，他在花盆里种了一棵柳树（*Salix babylonica*）幼苗，5年后这棵柳树重量增加了70多公斤，而花盆的泥土只减轻了0.1公斤，于是他认为植物的重量主要来源于吸收的水分。

到了1804年，瑞士科学家索绪尔（Nicolas Théodore de Saussure）把植物放在可接受光照的密封玻璃罩中。一周后，他发现玻璃罩中氧气增加，二氧化碳减少，植物重量增加，这就说明植物增重不光是因为吸收了水分，也吸收了二氧化碳。而德国科学家萨克斯（J.von Sachs）则在 1864 年，发现光合作用能把二氧化碳和水转化为淀粉等有机物。但光合作用的具体机理如何，仍是未解之谜。

同位素技术被发明后，卡尔文发现自己可以用这门新技术来研究光合作用。他把 C14 同位素标记的二氧化碳通入培养植物的容器中，分别在不同的时间将植物取出用乙醇煮沸，终止植物的生理反应，然后通过放射自显影技术观察 C14 出现在何种化合物中，从而判断二氧化碳在植物体内每一步反应分别生成了何种物质。

卡尔文选择的实验植物，便是一种名叫小球藻（*Chlorella*）的单细胞藻类。这种藻类不但生长迅速，而且光合作用效率极高，又没有根茎叶等复杂结构，极容易处理，是非常理想的实验材料。以小球藻为实验材料，卡尔文发现了植物体内将二氧化碳转化为糖类的光合碳循环步骤，这就是著名的卡尔文循环（Calvin cycle）。1961 年，卡尔文凭此发现获得了诺贝尔化学奖。

小球藻因为含有丰富的蛋白质、维生素、虾青素、叶绿素等营养物质，所以常被用作食品和饲料；又因其生长速度快，光合效率高，又能产生脂类，也可用作生物燃料。近来市场上不断涌现出各种小球藻制成的保健品或者功能食品，号称有减肥、排毒、提高免疫力、抗癌、防三高的功效，价格也不便宜。其实，小球藻非常廉价，常被用作饲料，花大价钱买小球藻保健品实在不划算，再说一些微商卖的小球藻保健品属于“三无”产品，食品质量没有保障，顾客吃后腹痛难受，实在是得不偿失。

柳树与阿司匹林

早在2 000多年前，古埃及人、古希腊人和中国古人就发现了服食柳树的叶子和树皮可以止痛。但在此后的2 000年里，各国医生虽然一直用柳树叶、柳树皮及其制剂给病人缓解疼痛，但无人知晓其中的有效成分。

直到1828年，法国药剂师亨利·勒鲁克斯（Henri Leroux）和意大利化学家约瑟夫·布希纳（Joseph Buchner）首次从柳树皮中提炼出黄色晶体物质，将其命名为水杨苷（salicin）。水杨苷水解后生成葡萄糖和水杨酸（salicylic acid），水杨酸正是柳树中起止痛作用的有效成分。1838年，意大利化学家拉菲里·皮利亚（Raffaele Piria）通过水解水杨苷得到了水杨酸，将其用于止痛退热。1852年，法国化学家查理斯·戈哈特（Charles Gerhart）首次发现了水杨酸分子的结构，并通过化学方法合成水杨酸，水杨酸也成了第一种人工合成的药物。

但药用的水杨酸存在着稳定性差、副作用强等缺点。1897年，就职于德国拜耳（Bayer）公司的青年化学家费利克斯·霍夫曼（Felix Hoffman）因其父亲患有类风湿性关节炎，需要经常服药止痛，决心为父亲研发一种效果稳定、副作用小的止痛药，他给水杨酸添加了一个乙酰基团，制造出临床效果更好的乙酰水杨酸（acetylsalicylic acid）。乙酰水杨酸在注册专利时被命名为阿司匹林（Aspirin）。

除了止痛，医学研究者还在积极发掘阿司匹林的其他用途。1971年，英国医学家约翰·范恩（John Vane）发现了阿司匹林止痛作用的机理，它还能阻止血小板凝聚、预防血栓，有保护心血管的作用，研究成果发表在《自然》杂志上。1982 年，范恩因为对阿司匹林的研究获得诺贝尔生理学或医学奖，并被授予英国爵士头衔。

此后，阿司匹林的其他药用价值被医学界源源不断地发掘出来：预防阿尔茨海默病，治疗先兆子痫，抑制肿瘤的发生，延缓衰老，抗抑郁等。

“古歌旧曲君休听，听取新翻杨柳枝。”阿司匹林作为止痛药已有百年历史，近年来更是因为在肿瘤、心血管疾病等方面的新应用而广受关注，成为热门研究药物。而阿司匹林的最早雏形——柳树皮、柳树叶，也许同样有着更多的神奇药效，等着人类去发现。

青蒿中的抗疟疾灵药

2015 年，中国女科学家屠呦呦因为发现青蒿素（Artemisinin）被授予诺贝尔生理学或医学奖。其实早在 2011 年，她已凭此发现获得拉斯克临床医学奖，当时就有人预言，她获得诺贝尔奖只是早晚的事。

在温暖湿润、蚊虫横行的地区，疟疾一直是当地人的噩梦。这种由蚊子传播疟原虫（*Plasmodium*）造成的恶疾，使患者发冷、发热、贫血、脾肿大，严重时还会引发一系列综合征，使人昏迷甚至死亡。疟疾流行地区的地中海贫血症和镰刀型贫血症发病率往往比其他地区的更高，因为这两种疾病的患者不易被疟原虫寄生，更容易在疟疾的威胁下存活。这种杀敌一千自损八百的演化策略实属无奈之举，并非对抗疟疾的良策。

比较有效的方法是药物治疗。第一种被提纯的疟疾特效药物是奎宁（quinine），这种物质提取自金鸡纳树（*Cinchona ledgeriana*）的树皮。

美洲的印第安人自古以来一直用金鸡纳树皮治疗疟疾，17 世纪的西班牙殖民者在美洲发现了这种树皮的功效，将其视为灵丹妙药广为推广，欧洲传教士甚至把它带到中国，治愈了康熙皇帝的疟疾。1820 年，法国医学家从金鸡纳树皮中提纯了奎宁，使疟疾的治疗更为方便、精准。

此后，科学家们又研制了氯喹（chloroquine）等疟疾药物。然而随着这些抗疟疾药物的长期使用，不少地区的疟原虫对这些药物产生了抗药性，以往的灵丹妙药对疟疾已经不再有效。于是在 1967 年 5 月 23 日，中国政府进行了"5 · 23 抗疟计划"，研发抗疟疾的新药。1969 年，北京中药所也加入了该计划，北京中药所屠呦呦率领的研究小组从中国古籍中搜集了 2 000 多份治疗疟疾的中医古方，对这些方子提及的 200 多种中药进行重点研究。

青蒿（*Artemisia carvifolia*）作为药用植物，在中国已有千年种植历史，古人用它治疗疟疾、中暑、皮肤瘙痒、荨麻疹、脂溢性皮炎等疾病，还物尽其用地焚烧青蒿用于驱蚊。虽然不少古籍都提到青蒿治疗疟疾有奇效，但研究小组在用青蒿提取物杀灭疟原虫时，发现青蒿提取物的效果非常不稳定，似乎并非理想的抗疟疾药物。1971 年，屠呦呦从东晋葛洪《肘后备急方》中得到了灵感，书中治疗疟疾的方子是"青蒿一握，以水二升渍，绞取汁，尽服之"，处理青蒿的方法是绞汁，而非传统的煎药。她便想到，也许青蒿中的有效成分不耐高温，于是她改用低沸点溶剂的提取方法，得到了具有生物活性的提取物。

1972 年，研究小组成功从青蒿提取物中提纯了有效物质的结晶体，并将其命名为青蒿素。次年，屠呦呦又率领研究小组合成了更加强效、稳定的双氢青蒿素。为了防止疟原虫对新发现的青蒿素也产生抗药性，屠呦呦提出青蒿素联合疗法，将青蒿素与其他药物配合使用，可以防止和延缓抗药性。这是个非常有前瞻性的建议——多年之后，医学刊物《柳叶刀》（*The Lancet*）于 2005 年发表文章，指出在使用单方青蒿素的地区，疟原虫对青蒿素开始出现抗药性，世界卫生组织也开始全面禁止使用单方青蒿素。

中药青蒿

为了解决疟原虫对青蒿素的抗药性问题，屠呦呦研究团队花了三年多的时间，于 2019 年 6 月研究出新的治疗方案：更换青蒿素联合疗法中已产生抗药性的辅助药物，并适当延长用药时间。此外，该团队还发现，青蒿素对部分红斑狼疮也有良好疗效。

青蒿素的临床应用，使我国疟疾患者从 20 世纪 70 年代的 2 400 多万减少到目前的数 10 万，在非洲的发展中国家，含有青蒿素的抗疟疾药物救了数百万人的生命。

为了高效、低成本地生产这种救命药，科学家可谓煞费苦心。2013 年，美国加州伯克利分校的杰伊·科斯林（Jay Keasling）教授和 Amyris 生物公司合作，培养出能生产青蒿酸的新型酵母，其生产的青蒿酸能被光化学催化为青蒿素，每升酵母培养基产生的青蒿素高达 25 克。这种生产青蒿素的方法，效率、成本都优于传统的植物提取、人工合成等方法。

屠呦呦并不满足于以往成绩，她认为从中药中提取的有效成分可用于治疗阿尔茨海默病、动脉粥样硬化等疾病，造福全世界人民。说不定在将来的诺奖成果上，还会再次出现中药的身影。

玉米小贴士	
中文名	玉米
拉丁学名	*Zea mays Linn.*
英文名称	corn
别称	包谷、包芦、玉茭、苞米、棒子、粟米、玉蜀黍、玉茭、玉麦、芦黍
物种分类	被子植物门、单子叶植物纲、禾本目、禾本科、黍亚科、玉蜀黍属、玉米种
基因组学研究进展	2009 年 11 月 20 日，美国圣路易斯华盛顿大学、亚利桑那大学、艾奥瓦州立大学、冷泉港实验室、印度理工学院等机构宣布玉米全基因组测序完成。研究成果发表在《科学》杂志上。 2019 年 5 月 31 日，华中农业大学、华大基因等研究机构以一个热带小粒玉米品种为材料，测得玉米基因组大小为 2.32 Gb，含有 43 271 个基因，此研究有助于分析研究热带玉米品系的遗传多样性，并为玉米的性状相关基因定位提供了高质量的参考基因组。研究成果发表在《自然·遗传学》杂志上。

柳树小贴士	
中文名	柳树
拉丁学名	*Salix babylonica*
英文名称	willow
别称	柳、杨柳
物种分类	被子植物门、双子叶植物纲、原始花被亚纲、杨柳目、杨柳科、杨柳属
基因组学研究进展	2014 年 7 月 1 日，南京林业大学、兰州大学、华大基因和美国能源部橡树岭国家实验室等机构对簸箕柳（*Salix suchowensis Cheng*）进行了全基因组测序。测序结果显示，簸箕柳的基因组大小约为 425 Mb。杨树和柳树的共同祖先曾在距今约 5 800 万年前发生过古四倍化，而该古四倍体形成于约 600 万年后，其基因组重新二倍化，由于染色体片段重连和融合的方式不同，分别形成了杨树和柳树两个分支。在二倍体基因组重新稳定的过程中，柳树比杨树丢失了更多的 DNA 和编码基因，现代柳树比杨树基因组减小了约 60 Mb 以上，基因数量减少了约 10 Kb 以上。研究还发现，柳树基因的演化速率明显高于杨树，这与柳树世代周期短有关，长世代周期植物比短世代周期植物的基因具有更高的碱基替换速率。研究结果发表在《细胞研究》（*Cell Research*）杂志上。

青蒿小贴士	
中文名	青蒿
拉丁学名	*Artemisia annua*
英文名称	sweet wormwood
别称	黄花蒿、苦蒿、臭青蒿、香青蒿、细叶蒿

（续表）

青蒿小贴士	
物种分类	被子植物门、双子叶植物纲、桔梗目、菊科、管状花亚科、蒿属、青蒿种
基因组学研究进展	2010 年 1 月 15 日，英国约克大学以及 IDna 遗传公司的研究人员对青蒿的所有 mRNA 进行了测序，并绘制出了有关基因组图谱，从图谱中识别出了与青蒿繁殖有关的特定基因和标记分子，此研究有助于改良青蒿品种，提高青蒿产量，降低青蒿素的生产成本。研究成果发表在《科学》杂志上。 2018 年 4 月 24 日，上海交通大学、西南大学、国家人类基因组南方研究中心等研究机构对青蒿品种沪蒿 1 号进行了全基因组测序，测出青蒿基因组大小约为 1.74 Gb，重复序列高达 61.57%，共有 63 226 个编码基因，这是已测序植物中编码基因数目最多的物种之一。研究发现，青蒿中存在菊科植物特有的许多基因和基因家族，参与萜烯合成的酶的相关基因在青蒿中存在显著的扩增和功能分化，这与青蒿素的生物合成通路有关。研究者分析了青蒿中复杂的青蒿素合成调控网络，构建了能够提升青蒿素合成效率的转基因青蒿株系。研究成果发表在《分子植物》（*Molecular Plant*）上。

参考文献

1. 邱念伟，王兴安 . 与植物生理学有关的诺贝尔奖简介 [J]. 植物生理学通讯 . 2007, 1: 160–164.
2. 任本命 . 芭芭拉・麦克林托克 [J]. 遗传 . 2003, 04: iX–X.
3. 百年寻觅维生素 [J]. 人人健康 . 2014 年 , 23: 22–23.
4. 尹传红 , 王叙 . 梅尔文・卡尔文 : 光合作用寻“碳”踪 [J]. 知识就是力量 . 2018, 09: 50–53.
5. 余凤高 . 从金鸡纳到青蒿素——疟疾治疗史 [J]. 世界文化 . 2016, 9: 61–63.
6. 屠呦呦 . 青蒿及青蒿素类药物 [M]. 北京 : 化学工业出版社 , 2009.
7. Tu Y. The discovery of artemisinin (qinghaosu) and gifts from Chinese medicine[J]. *Nat Med.* 2011 Oct 11, 17 (10): 1217–20.

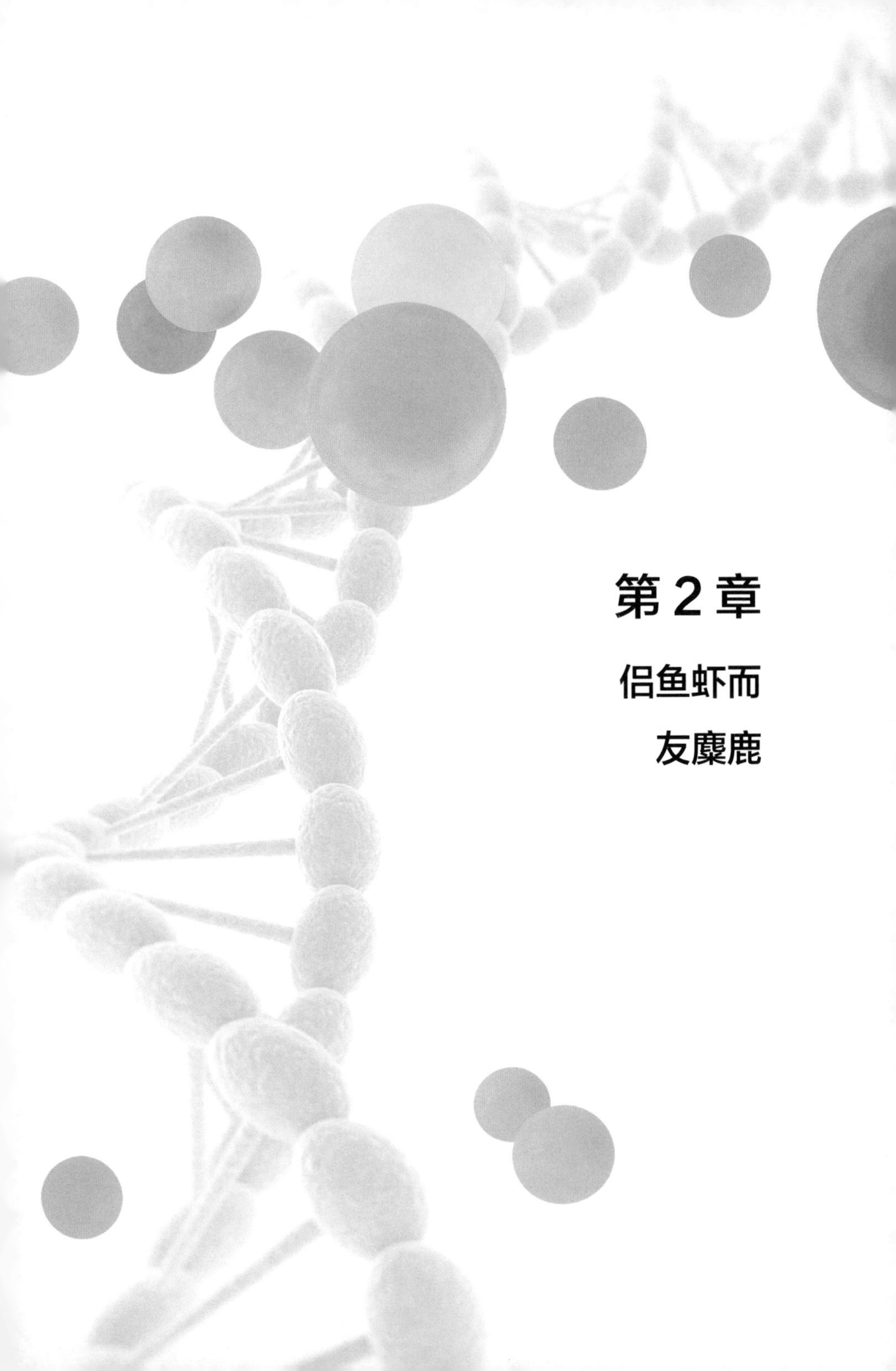

第 2 章

侣鱼虾而友麋鹿

一只蚕宝宝，荣光丝绸路

“衣食住行”，向来是人类的四大刚需，单单在“衣”方面，我们自古以来便煞费苦心：叶片蔽体，兽皮裹身，棉麻成衣，丝绸相亲……种种衣料之中，丝最为人推崇。

丝，从何而来？蚕结茧时，丝腺分泌的丝液凝固后就形成了晶亮柔韧的长纤维，也就是蚕丝。一个成年男子拇指大小的蚕茧，全由一根将近 1 公里长的蚕丝结成。将蚕茧缫丝、纺织，轻柔又耐穿的丝绸便诞生了。

“人靠衣装，佛靠金装。”华丽雅致的丝绸服饰给主人平添几分贵气，即使不懂爱美的幼儿，也知道丝绸衣服的好处，这种轻软透气的衣料能呵护他们娇嫩的皮肤，让他们备感舒适。

丝国荣光

渐渐地，丝绸除了彰显衣者的身份，更承载起了贸易和外交使命，上升为国力的象征。随之而来的，是一个国家的无上荣光。

论丝绸织造，中国人向来是先驱。相传，黄帝之妻嫘祖是养蚕缫丝的鼻祖。晋朝干宝在《搜神记》曾提到，蚕是马皮包裹的少女所化，民间蚕农供奉的蚕桑之神也被塑造成身披马皮的女子形象，被叫作马头娘。最早的丝织物出土于距今 5 500 多年前的河南仰韶文化遗址，这说明中国人早在新石器时代便学会了制造丝织品。远古时期的祖先如何学会缫丝纺织，我们已经无从知晓。也许，他们从桑树上摘下一个个野生蚕茧咬开，嚼食里面肥美的蚕蛹，吃完蚕蛹后发现嚼剩的那一团白丝看着倒也柔韧保暖，便用作了纺织原料。

早在 2 000 多年以前，远隔万里的中国和古罗马就由一条古老的丝绸之路连在了一起。在古罗马诗人维吉尔（Virgil）的诗篇中，在地理学家庞波尼乌斯（Pomponius）的妙笔下，“丝绸之国”的美名早已远扬。

公元前 1 世纪，当驼队载着精美丝绸穿过漫漫西域黄沙，到达欧洲的繁华中心——罗马城内的丝绸市场时，笑声、欢呼声和掌声都从四下升腾起来。在这个煊赫的国家里，无论达官贵人还是黎民百姓，都深深迷恋着中国丝绸。

恺撒大帝（Julius Caesar）和埃及艳后（Cleopatra）知道：身上新制的丝绸衣服将令他们在当晚的宴会中格外耀眼，萦绕在他们四周的将是宾客们愉悦的喧嚣。罗马民众对丝绸过分迷恋，甚至愿意为 1 磅（约 0.45 千克）丝绸付出 12 两黄金的天价，使这一进口的奢侈品靡费过多，甚至一度导致帝国颁发禁丝令。丝绸还曾被当作硬通货使用：公元 408 年，哥特人（Goths）围攻罗马城时，向罗马人索要的休战赔款是 4 000 件丝质短袍。

丝绸的魅力使中国赢得“丝国”的美称，更是催生出陆上和海上两条丝绸之路。这是中国最早的大规模海外发展战略，异国宗教文化、乐器典籍、珍奇异宝、异域植物也随丝绸之路传入中国。盛世昌荣的幕后功臣，是那一只只小小的蚕。

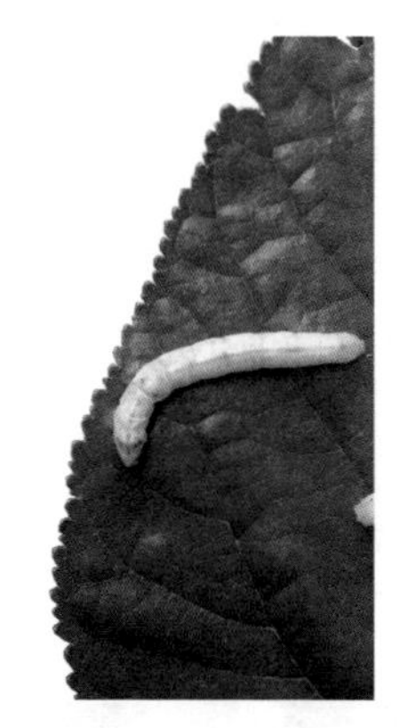

珍贵的丝绸，来自小小的家蚕

中国试图控制养蚕技术外流，然而这并不能阻止中亚、日本、东罗马相继成为产丝地，新兴产丝地往往都流传着使臣或远嫁而来的异国公主偷运蚕种的故事。尽管如此，无论从产量还是质量上看，中国丝绸仍然长期处于世界领先地位。即使日本已在公元3世纪从中国引进养蚕技术，遣唐使仍对中国产的华丽丝绸羡慕不已。日本平安朝将中国产的锦缎绫罗称为唐锦、唐绫，将中国丝织品制成的衣服称为唐衣。日本古代名著《源氏物语》中，美男子光源氏正是通过一件件中国丝绸礼服，展现自身的高贵地位和优雅风度的。

科技困境

中国是师傅，日本是徒弟，然徒弟却一直努力以期超越师傅。公元 19 世纪，两个国度的国运发生了交替。其中的一个关键，正是养蚕业和丝绸制品的兴与衰。

当时的中国，正值清朝末年，一切都渐渐走向衰落。在热兵器、舰船等科技领域落后于世界本来就足够可悲了，然而就连养蚕缫丝这门祖传技艺，中国也渐渐输掉了。当时，中国的养蚕缫丝业仍然以手工作业为主导，倡导“虫道主义”的中国人，为了保证产品的纯天然，不屑使用“蛮夷”的西方技术改造生产流程。然而，这样产出的丝粗细不均，逐渐失去了竞争的优势。而取代中国成为养蚕业霸主的，正是我们过去的学徒——日本。

传统的缫丝方法

明治维新开始后，为赚取工业大发展的资金，日本政府决定大量出口农业产品。恰好，此时的西方世界对生丝的需求量大幅提高，日本的养蚕缫丝业抓住了这个难得的历史机遇，一举奠定江湖地位。

在“师夷长技”方面，日本人并没有太多的心理负担。他们引进了西方技术，买来了优秀的蚕品种。蚕房的温度变得可控了，蚕宝宝可以更快地孵化成熟，生丝的产量不再是问题。烘烤蚕蛹、机器缫丝等技术又令日本蚕丝变得明亮均匀，大幅度提升了产品质量。日本成了最大的生丝出口国，大量外汇资金源源不断地收入囊中（包括甲午中日海战的炮舰所需外汇），积蓄起了前所未有的国力。这小小蚕儿立下了不世之功，养蚕缫丝业在日本国内成为“功勋产业”。

改革开放以来，中国超越日本，重新成为养蚕缫丝业的第一大国，生丝产量占到世界总量的 70% 以上。然而不幸的是，包括基因科技等高新技术革命带来的福利，并未惠及这个昔日的支柱产业。

更何况，掌握养蚕生产关键技术的依然是日本人。日本在 20 世纪 60 年代就发明了用于喂蚕的人工饲料，让养蚕业摆脱了桑叶饲料的限制。日本于 2002 年发起的“国际鳞翅目昆虫 / 家蚕基因组计划”，中国也没有获邀参与。日本满怀信心地提出要以家蚕基因组计划开创“由日本出发的新丝绸之路”，并将正式启动该计划的 2003 年命名为“日本丝绸之路元年”，当然不愿意中国这个竞争对手来分一杯羹。

丝绸复兴

“内忧外患”之下，我们如何重振丝业辉煌？

弄清蚕宝宝的基因密码，培养出更优质、高产的物种，应当是最有效的办法，唯有如此，才能真正提升蚕丝及丝绸制品的质量。既然技术领先者不乐意互通有无，中国人就只能靠自己的力量，努力解读出家蚕基因的奥秘。

其实早在 1995 年，西南农业大学（现合并为西南大学）的向仲怀院士就提出了家蚕基因组计划的设想，在寻求国际合作一再失败后，他和本校的夏庆友教授等于 2003 年决定与华大基因合作，启动中国人自己的家蚕基因组测序工作。经过数月不眠不休的奋斗后，中国科研人员抢在日本之前完成了家蚕基因组测序，向全世界公布了这一成果。此后，我国科学家又对家蚕进行多次基因组测序，在家蚕的基因组研究方面彻底领先了日本，奠定了在这个领域的领导地位。

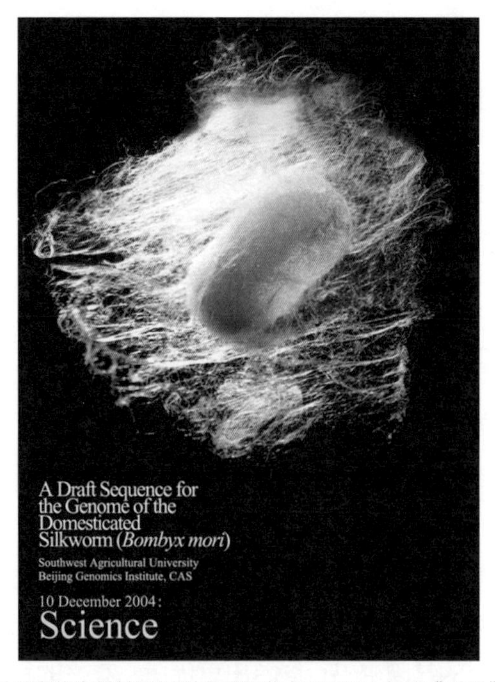

我国科学家的家蚕基因组测序成果发表于 2004 年的《科学》杂志

家蚕基因测序结果显示，如今遍布全球的蚕，都来自古代中国人对野生桑蚕的一次驯化，证实了中国是家蚕的原产国。与野蚕相比，家蚕蚕茧更大，生长速率、消化效率都有大幅提高，然而代价也是很明显的——它们失去了飞行能力，抗病能力也变得相对较弱。最初在中国被驯化的家蚕，沿着丝绸之路不断进行扩散，在沿途国家和地区产生了很多地方品种。如今，这些品种构成了丰富的家蚕品种资源。弄清了基因中的奥妙，优化蚕种就有了可能。经过多年养蚕的经验累积，中国的蚕物种库里保存了很多稳定的品系，有了大量可以用来指导育种的材料。

影响蚕丝质量的，除了蚕种，食物也是一个重要因素。家蚕一般吃桑叶，所以又称桑蚕，此外也吃一些莴苣、柘树、榆树等植物的叶子。古人认为用柘树（*Cudrania tricuspidata*）叶子喂蚕能让蚕丝坚韧，适合用来做琴弦，《齐民要术》提到“柘叶饲蚕，丝好，做琴瑟等弦，清名响徹”。因此古人用“桑柘”指代养蚕业。

虽说改良喂蚕饲料可以提高蚕丝质量，但蚕还是对桑叶情有独钟，对桑叶以外的饲料都食欲不振。那是因为家蚕76个味觉基因中的*GR66*基因让家蚕对桑叶以外的食物都敬谢不敏。而被改造过*GR66*基因的家蚕，面对苹果、梨、玉米、大豆、花生等食物都能大快朵颐。用基因科技帮家蚕改掉“挑食”毛病，不但能节省饲料成本，还有利于改进饲料配方，让家蚕生产高质量的蚕丝。

在几千年漫长的旅途中，中国都是毫无疑义的丝绸之国。然而，时代车轮的前行，对技术发展创新的忽视，都令这个曾经辉煌的行业蒙尘。在这一点上，保持对技术发展的好奇心和开放性的重要性已经得到了历史的验证。

我们大可以畅想，在基因技术的推动下，丝绸的价值在充满化学纤维的今天将被重新发现，而当年丝绸走过的海洋和陆地，将与今天的神州大地更加紧密地连在一起，为人类文明的交流和进步谱写新的篇章。

家蚕小贴士	
中文名	蚕
拉丁学名	*Bombyx mori L.*
英文名称	silkworm
别称	蚕宝宝、娘仔
物种分类	节肢动物门，昆虫纲，鳞翅目，蚕蛾科，蚕蛾属
基因组学研究进展	2003 年，向仲怀院士团队与华大基因合作，完成家蚕基因组“框架图”绘制及后期解读工作，研究成果发表于《科学》杂志。此次基因组测序共测得全基因组大小约 428.7Mb，约为人类基因组的七分之一。 2009 年，西南大学再次与华大基因联手，完成 40 个蚕基因组的重测序及分析。此次研究发现，所有家蚕都是野桑蚕经过单一驯化事件产生的。被驯化的家蚕与野蚕相比不但蚕茧增大，生长速率和消化效率也得到提高，但同时出现飞行能力丧失，抗病能力衰弱等特点。研究人员由此筛选出了人工驯化改造的 1 041 个基因组区域和 354 个蛋白编码基因。研究成果发表在《科学》杂志上。 2010 年，中国科学院昆明动物研究所、华大基因、西南大学、上海肿瘤所等机构又进一步合作，对家蚕基因组做甲基化研究。结果表明，家蚕的甲基化水平较低，与人类高度甲基化的基因组形成鲜明对比。研究成果发表于《自然·生物技术》（*Nature Biotechnology*）杂志。从此，中国彻底奠定了在家蚕基因组研究上的领导地位。 在 2018 年，中国科学家通过对 137 种代表性家蚕品系进行测序分析，解释了家蚕的传播和演化历程：家蚕最初在中国被驯化，然后沿着丝绸之路进行独立扩散，产生了大多数地方品种。研究成果发表在《自然·生态学与进化》（*Nature Ecology & Evolution*）杂志上。 2019 年，中国科学院谭安江研究组发现，家蚕有 76 个味觉受体基因，位于 3 号染色体上的唯一味觉受体基因 *GR66* 决定了家蚕对桑叶的专食性。研究成果发表在 *PLOS Biology* 杂志上。

参考文献

1. Ma, D.. Why Japan, not China, was the first to develop in East Asia: Lessons from sericulture, 1850—1937[J]. *Economic Development and Cultural Change*, 2004, 52(2), 369–394.
2. 黄君霆 . 日本养蚕业的盛衰 [J]. 世界农业 , 1984, (3), 49–51.
3. Xia Q., Zhou Z., Lu C., et al. A Draft Sequence for the Genome of the Domesticated Silkworm (*Bombyx mori*)[J]. *Science*. 2004 Dec 10, 306 (5703): 1937–40.
4. Xia Q., Guo Y., Zhang Z., et al. Complete resequencing of 40 genomes reveals domestication events and genes in silkworm (*Bombyx*)[J]. *Science*. 2009 Oct 16, 326 (5951): 433–6.
5. Xiang H., Zhu J., Chen Q., et al. Single base-resolution methylome of the silkworm reveals a sparse epigenomic map[J]. *Nat Biotechnol*. 2010 May, 28 (5): 516–20.
6. Xiang H., Liu X., Li M., et al. The evolutionary road from wild moth to domestic silkworm[J]. *Nat Ecol Evol*. 2018 Aug[J]. 2 (8): 1268–1279.
7. Zhang Z.J., and et al. A determining factor for insect feeding preference in the silkworm, *Bombyx mori*[J]. *PLOS Biol*. 2019 Feb 27, 17 (2): e3000162.
8. 蒋蕾 , 居新宇 , 徐海云 , 刘兴 , 潘钦栋 , 穆祥滨 . 向仲怀 夏庆友 抢占 21 世纪丝绸之路新起点 [J]. 2006, Z1: 40–43.

大吉大利，科学吃鸡

有一个口号，《绝地求生》游戏的玩家应该都很熟悉：“大吉大利，今晚吃鸡。”其实，这句口号源自赌桌术语，指玩家手风大盛，赢下的钱够买一份鸡肉饭，渐渐也就演变成一句求好运的经典口号了。

话说回来，家鸡（*Gallus gallus domesticus*）是人类最熟悉的鸟类，也是当今数量最多的鸟类，全世界共有200多亿只家鸡，其数量差不多是人类数量的3倍。哪怕数量第二多的鸟类红嘴奎利亚雀（*Quelea quelea*），数量也还不到家鸡的十分之一呢。

驯化家鸡

家鸡是世界上第一种被驯养的鸟类。达尔文曾提出印度是最早驯养家鸡的国家。不过，根据中国河北省磁山遗址出土的7 400多年前的家鸡骨头可以得知，中国人驯养家鸡的时间应该比印度人早了3 300多年，这也是目前发现的最早的家鸡遗迹。

很多人都以为家鸡是从野鸡驯化而来，其实野鸡和家鸡是两种完全不同的动物。野鸡的学名叫雉鸡（*Phasianus colchicus*），而家鸡的祖先叫原鸡（*Gallus*），外形与现代家鸡非常相似，只是毛色更鲜艳、更加健美善飞。

在一些热带、亚热带地区的丛林里，仍生活着野生的原鸡。云南人俗称的“茶花鸡”就是原鸡，当地家鸡在林中觅食时偶与原鸡杂交，其杂交后代比普通家鸡更加美味。

雉鸡

从“鸡犬升天”“鸡犬不留”“鸡犬不宁”等成语可知，鸡和狗这两种动物在古代非常常见，养狗可以看家护院，母鸡能下蛋换钱，公鸡可以报晓。“风雨如晦，鸡鸣不已”，家鸡的生物钟特别准确，即使在看不到阳光的阴雨天，清晨也能准时打鸣报时。

随着现代育种、养殖技术的发展，鸡肉价格越来越便宜，几乎人人都识鸡肉之味。在户外探险纪录片《荒野求生》中，主持人贝爷经常食虫充饥，一句“味道像鸡肉”就让观众理解了虫子的味道。鸡肉在营养学上被归类为白肉，与牛肉、猪肉等红肉相比脂肪含量更低，而且脂肪中也多是不饱和脂肪酸，更为健康。

“鸡”因探秘

原鸡共有红原鸡（*Gallus gallus*）、灰纹原鸡（*Gallus sonneratii*）、黑尾原鸡（*Gallus lafayetii*）和绿颈原鸡（*Gallus varius*）4 种。被达尔文指为家鸡祖先的是红原鸡，不少学者也赞同这个观点。然而，2004 年的家鸡基因测序结果揭示了不同的答案：现代家鸡乃是多地、多次起源，世界各地都曾把红原鸡驯化为家鸡，而且早期家鸡也多次和红原鸡以及其他原鸡发生过杂交，因此家鸡基因里也混杂了其他原鸡的基因，红原鸡并不是家鸡的唯一祖先。

但这个答案并不能满足人类对家鸡的探索欲。为了对家鸡及其世系有更多的了解，英国政府斥资 194 万英镑资助“鸡窝”科研项目，研究家鸡如何从当年的林中野禽成为世界上数量最多的家养动物。

泰国的红原鸡

科学家发现，现代家鸡产蛋产肉量远超原鸡，主要是因为 *TSHR* 和 *TBC1D1* 这两个基因的变异。*TSHR* 基因又称促甲状腺激素受体基因，影响家鸡的生育，*TSHR* 基因的变异使家鸡可以不分季节地全年下蛋；*TBC1D1* 基因则与糖代谢的调节有关，人类的 *TBC1D1* 基因发生突变会引起肥胖症，家鸡的 *TBC1D1* 基因突变也能让鸡多长肉。以上情况说明，人类在家鸡驯化过程中长期选育蛋、肉产量高的品种，对产蛋、产肉相关基因进行了正向选择——美味营养的鸡蛋、鸡肉，自然是多多益善。

除了人工选育，人类还积极对家鸡进行基因编辑，为的是让鸡对人类更加有用。2015 年 12 月，FDA 批准了一种基因编辑家鸡，这种鸡下的蛋中含有溶酶体酸性脂肪酶，从这些鸡蛋中提取脂肪酶，可以用于治疗脂肪酶基因缺陷患者——这类患者无法分解自身脂肪，死亡率非常高。另一边，英国罗斯林研究所则研究出了一种对禽流感具有免疫力的家鸡，可以最大限度地避免养鸡场发生禽流感。

体胖而且繁殖力强的家鸡　（摄影：尹烨）

当然，虽然科技发达，所谓的“六翅四腿”洋快餐转基因鸡也只是个 PS（绘图软件）图片谣言。要知道，让动物一出生就多长几个器官谈何容易，如果真有这种技术，必是器官移植者的福音，用于餐饮业实在是“大材小用”了。

科研“鸡”会

家鸡容易饲养、繁殖，是理想的实验动物，早与科研结下不解之缘。人人皆知“微生物学之父”路易斯·巴斯德（Louis Pasteur）发明了狂犬疫苗，其实在狂犬疫苗问世之前，他已经研制出鸡霍乱疫苗，那也是他研制出来的第一种疫苗。

多项获颁诺贝尔奖的科学成就也与家鸡有关。荷兰科学家克里斯蒂安·艾克曼（Christiaan Eijkman）发现被饲喂精米的家鸡容易得脚气病，当改喂糙米时，它们的脚气病又不药而愈。艾克曼便断定，糙米中含有某种可以预防脚气病的物质。后来，科学家们发现这种物质是维生素 B_1。

20 世纪初，美国病毒学家弗朗西斯·劳斯（Francis Rous）从患癌家鸡身上分离出一种病毒，并观察到这种病毒可以引起癌症。这是医学史上首次发现病毒可以引发癌症，劳斯也成为发现致癌病毒的第一人，这种病毒则以他的名字命名为劳斯肉瘤病毒（Rous sarcoma virus，RSV）。

在二战期间，意大利女生物学家丽塔·列维 - 蒙塔尔奇尼（Rita Levi-Montalcini）因为物资匮乏，只能以价廉易得的受精鸡蛋为实验材料。她发现：蛇毒和老鼠唾液腺都能促进鸡胚神经纤维生长。随后，她从这些物质中发现、提取了神经生长因子。

甚至，连搞笑诺贝尔奖也有家鸡的一席之地。智利大学的研究者发现，如果家鸡被一根棍子插入屁股，它的走路姿势会与霸王龙一模一样，这也难怪，毕竟家鸡是恐龙的直系后代嘛！

关于鸡屁股，还有一个重量级研究。17 世纪初的解剖学家发现鸡屁股里长着一个名为法氏囊（bursa of Fabricius）的腺体，但在此后的300多年里，一直无人知道这个腺体的作用。1952年，美国俄亥俄州立大学的研究生布鲁斯·格里克（Bruce Glick）决定研究法氏囊，但被他切除法氏囊的几只家鸡一切如常，看不出法氏囊对家鸡的影响。

为了废物利用，格里克把这些家鸡送给同学制造抗体。然而，他的同学却发现这些家鸡注射沙门氏菌抗原后难以产生抗体。于是格里克猜测，鸡的法氏囊可能与抗体形成有关。

格里克和同学据此写成的论文发表在《家禽科学》（*Poultry Science*）上。数年后，明尼苏达大学的免疫学家罗伯特·古德（Robert Good）偶尔看到这篇论文，大受启发：以前只知家鸡的胸腺有免疫作用，如今才知法氏囊也有免疫作用。古希腊哲学家柏拉图（Plato）曾云："人是没有羽毛的两足动物。"同是两足动物，人类会不会也像家鸡一样，有两套免疫系统呢？

法氏囊是鸟类特有的器官，人体的备用免疫器官当然不可能是法氏囊。1974年，古德发现小鼠胚胎肝脏细胞能产生B淋巴细胞，而其他多个研究团队也发现，骨髓也能产生B淋巴细胞。也就是说，造血系统就是哺乳动物的另一套免疫系统。

这些早期研究为临床上不少免疫疾病的治疗奠定了基础。如今，医学界已经能对不同的过敏进行针对性的治疗，骨髓移植也已经挽救了许多免疫缺陷疾病患者的生命。养殖业也相当注重法氏囊相关疾病的防治，以免家禽出现免疫相关疾病。

为了表彰格里克的贡献，美国科学促进会于2018年授予他金鹅奖。这个奖是用于奖励那些看似没用、实际上创造了重大价值的基础研究。

科学领域还有很多我们未知的奥秘，等待我们继续去探索。幸运的是，与我们相伴将近万年的老朋友——家鸡，会陪我们在这条探索之路上一直走下去。

家鸡小贴士	
中文名	家鸡
拉丁学名	*Gallus gallus domesticus*
英文名	chicken
别称	鸡、司晨、五德、鸣桑、金禽、钻篱菜、长鸣都尉
物种分类	脊索动物门、脊椎动物亚门、鸟纲、今鸟亚纲、鸡形目、雉科、原鸡属、原鸡种、家鸡亚种
基因组学研究进展	2004 年，华大基因联合美国华盛顿大学等研究机构对红原鸡和英国肉鸡、瑞典蛋鸡、中国乌鸡这三种现代家鸡进行了基因测序，研究结果以封面文章的形式发表于《自然》杂志。研究发现，现代家鸡是多地、多次起源，有 20 对染色体，基因组大小为 1.2 Gb，差不多只有人类基因组的三分之一，但有 60% 的基因与人类同源。与哺乳动物相比，家鸡缺乏分泌乳汁、唾液和牙齿发育相关的基因，而且味觉基因很少，嗅觉基因比较多。此研究还发现了多个与家鸡外貌、生长、体脂、产蛋量、抗病性有关的基因。

参考文献

1. 杨宁，李显耀．家鸡与原鸡．生物学通报 [J]. 2005, 1 (40): 15-17.

2. Wong G.K., Liu B., Wang J., et al. A genetic variation map for chicken with 2.8 million single-nucleotide polymorphisms[J]. *Nature*. 2004 Dec 9, 432 (7018):

717–22.

3. Girdland Flink L., Allen R., Barnett R., et al. Establishing the validity of domestication genes using DNA from ancient chickens.

4. Rubin C.J., Zody M.C., Eriksson J., et al. Whole-genome resequencing reveals loci under selection during chicken domestication[J]. *Nature*. 2010 Mar 25; 464 (7288): 587–91. *Proc Natl Acad Sci USA*. 2014 Apr 29; 111 (17): 6184–9.

5. 施祖灏 . 趣谈由“鸡”而生的诺贝尔奖 . 生命世界 [J]. 2013, 9: 88–93

6. 2018: The Goose Gland: Discoveries in Immunology, https://www.goldengooseaward.org/awardees/goose-gland-immunology

“三极”动物逆境求生史

南极、北极，世人皆知，但还有第三极，那便是世界的“高极”——青藏高原。世界屋脊、极地冰原，是世界上最纯净的地方。往往越是人迹罕至的地方，越能体现自然的壮美、生命的神奇。

2009 年 4 月，深圳华大基因研究院联合国内外多家研究机构，启动了“世界三极”动物基因组研究项目，对生长在南极、北极和青藏高原严酷环境下的动物企鹅、北极熊和藏羚羊展开基因组水平上的研究，解读它们的遗传信息，探索它们的演化进程和适应严酷环境的功能基因。

“梅花香自苦寒来”，这些长期生活在酷寒环境下的动物，都演化出了一系列独具一格的生理特征。

“肥而不病”北极熊

北极熊（*Ursus maritimus*）是最大的陆地肉食动物，生活在北极圈附近的严寒环境，以富含脂肪的海鱼、海豹为食。不光成年北极熊是高脂饮食，北极熊幼崽喝的母乳也是“高脂奶”——牛奶的含脂量一般是3%，北极熊乳汁的含脂量却高达30%，足足是牛奶的10倍。

吃得油腻当然长得胖。我们形容一个人胖瘦的时候常说“瘦得像猴”“胖得像猪”，黑猩猩的体脂率是3.6%，是当之无愧的瘦子，家猪的体脂率是15%，人类因为营养充足，体脂率为8%~35%，不少人的体脂率都超过了家猪。而北极熊的体脂率一般在50%左右，是家猪的好几倍，真正做到了“比猪还胖”。

北极熊

对北极熊来说，这样的体脂率才是正常的。北极圈环境恶劣，即使是高战斗力的北极熊也不能每天都捕到食物，尤其是在冬季，一连好几个月没有食物也是可能的。北极熊这身厚厚的脂肪，就是它们在挨饿的几个月里不致饿死的护身法宝。况且，北极熊和其他动物不同，它们从来不用担心肥胖造成的“三高”和心血管疾病。

2014年，科学家对来自瑞典、芬兰、美国阿拉斯加的79只北极熊和10只棕熊的基因组进行分析，发现北极熊的多个与脂肪运输和脂肪酸代谢相关的基因都发生了变异，不管它们吃多少高脂食物，长得多胖，身体依然健康。

在哺乳动物的脂肪代谢中，有个重要基因叫载脂蛋白 B 基因（*APOB*），这个基因合成的载脂蛋白 B 是低密度脂蛋白（LDL）中的主要蛋白，它结合的低密度胆固醇对身体有害，能引发高血脂和心血管疾病。跟其他动物不同，北极熊的 *APOB* 基因发生了变异，可以降低血液中的胆固醇。这是人类首次在北极熊身上发现可以预防高血脂和心血管疾病的基因。

现代人因为营养太好，“三高”和心血管疾病屡见不鲜。北极熊的这些脂肪代谢相关基因也许能为人类预防、治疗高血脂引起的心血管疾病提供新的方向和思路。

研究还发现，北极熊和温带的棕熊其实源自同一个祖先，它们在 34.3 万 ~47.9 万年前分道扬镳，而现代人类大约是在 50 万年前和尼安德特人“分家”的，也就是说，北极熊和棕熊的进化距离就跟现代人类和尼安德特人差不多。

几十万年前，地球上曾有一段气候温暖的时期，北极圈也没有如今寒冷，于是生活在温带的一些棕熊（*Ursus arctos*）便迁徙到北极圈。后来到了寒冷时期，这些生活在北极圈的棕熊为了适应严寒环境，被迫发生了一系列的演化，最终变成了今天的北极熊。一种体型庞大的哺乳动物，竟然能在极短的时间内完成这么大的变化，确实是一个极罕见的演化事件，具有重要研究价值。

除了能适应高脂饮食，北极熊还演化出很多异于棕熊的特征。比如，北极熊控制皮毛颜色的基因发生了改变，让它毛色晶莹接近透明，这些毛发反射自然光线时便呈现白色，这在冰天雪地是极好的保护色；另外，冰上寸草不生，想要觅食就得下海捕食鱼和海豹，所以北极熊也演化出流线型的身材，在水中游泳时能减少阻力，游得更快。

尽管北极熊的外形、生理都和棕熊有着极大差别，但它们在遗传学上确实是近亲，北极熊和棕熊甚至发生过多次杂交生下后代，这说明它们的亲缘关系很近，没有种间隔离。

随着全球气候的变暖，一些棕熊又开始涉足北极圈。从 2006 年开始，北极圈就出现一些外形特殊的北极熊，它们的头部比普通北极熊更大，而且爪子是棕色的。这就是棕熊和北极熊杂交生下的后代。

“高原精灵”藏羚羊

去西藏、青海旅游的“驴友”们，运气好的时候会看到在如洗碧空下成群奔跑的藏羚羊（*Pantholops hodgsonii*），这些美丽的精灵已经成了青藏高原一道独特的风景。

说起藏羚羊，很多人首先想起的就是它们闻名遐迩的珍贵羊绒。海拔 4 000 多米的青藏高原气候寒冷，冬季雪深及膝，藏羚羊能耐受这样的低温，是因为它们的羊毛下长了一层纤细轻软的绒毛，有极好的保温能力。然而，这层羊绒既是藏羚羊对抗严寒的护身法宝，也给它们带来了杀身之祸。

由于具有惊人的保暖能力和轻软质地，藏羚羊绒在国际市场价格不菲，被称为“软黄金”。藏羚羊绒织成的披肩被称为沙图什（shahtoosh），以轻薄柔软、外观华美著称，据说上好的沙图什薄软得可以穿过一枚指环，价格高达数万美元。欧美的富贾名流对沙图什十分推崇；而在印度北部，新娘的传统嫁妆就包括一条沙图什。

藏羚羊的羊绒紧贴羊皮，无法剪取，要获取羊绒，只能残忍地剥下整张羊皮取绒。通常，制作一条沙图什需要杀死 3~5 头藏羚羊。

为了谋财，偷猎者趁藏羚羊在繁殖季节结群活动时开枪扫射羚羊群，剥取羊皮，不少尚在母腹的藏羚羊胎儿和刚出生的幼崽也惨遭杀害。

藏羚羊

1998 年 12 月，中国国家林业局发布了《中国藏羚羊保护白皮书》，呼吁国际通力合作保护藏羚羊。在签署了《濒危野生动植物种国际贸易公约》的国家出售和拥有沙图什是违法的。次年，中国、法国、印度、意大利、尼泊尔、英国等 7 个国家正式发布了《西宁宣言》，形成国际间协作，共同打击盗猎藏羚羊的违法行为，制止藏羚羊绒制品非法贸易，保护藏羚羊资源。

通过国际合作，各国对藏羚羊开展了大力保护，藏羚羊的数目也从 1999 年的 7 万只增加到了 2014 年的将近 30 万只。2016 年，世界自然保护联盟宣布，由于数量的增长，藏羚羊受威胁程度由"濒危"降为"易危"。

除了极其保暖的羊绒，藏羚羊还有一个特异之处：即使在空气稀薄的高原，它们也奔跑如飞，能以 80 公里的时速连续奔跑好几个小时，毫不受缺氧环境的影响。2008 年北京奥运会吉祥物福娃"迎迎"

的原型就是藏羚羊。“迎迎”敏捷灵活，善于田径，这些都是藏羚羊的写照。

有经验的老藏民观察到，藏羚羊的每个鼻孔内都有一个小囊，四肢和躯体的连接处也各有一个气囊，起到储存空气的作用，有利于它们更好地呼吸、奔跑。

现代基因测序结果还发现，藏羚羊肌红蛋白和脑红蛋白的结构异于其他动物，携氧能力也更强，有利于缺氧环境下的氧交换和氧运输。藏羚羊有 9 个高原适应性基因和高原鼠兔相似，这说明这两种动物为了适应高原缺氧环境进行了趋同演化。

2019 年的诺贝尔生理学或医学奖，正是颁给了研究细胞感知、适应氧气供应的生理机制的三名科学家。而藏羚羊适应高原环境的相关基因，不但有助于研究这一生理机制，更是对人类预测、预防与治疗高原缺氧性疾病有着重大意义。因此，人类更应保护好野生动植物资源，而不是为了眼前利益将它们捕捉殆尽、赶尽杀绝。

“骨骼精奇”的企鹅

看过《帝企鹅日记》《快乐的大脚》《马达加斯加》等电影的人，一定对电影中黑背白腹、活像西装绅士的企鹅（*Spheniscidae*）印象深刻。它们滚圆可爱，憨态可掬，不能飞翔却善于潜泳，以鱼虾为食，经常成群结队活动。

很多人都以为企鹅只生活在白雪皑皑的南极。其实，全世界共有 18 种企鹅，大部分都只是生活在靠近南极的地方，加拉帕戈斯企鹅（*Spheniscus mendiculus*）甚至生活在赤道附近。真正生活在南极的，只有帝企鹅（*Aptenodytes forsteri*）和阿德利企鹅（*Pygoscelis adeliae*）两种。

企鹅　（拍摄：尹烨）

帝企鹅是现存体型最大的企鹅，身高在 1 米以上。阿德利企鹅虽然个头只有 70 多厘米，却凶猛好斗。BBC（英国广播公司）纪录片《卧底企鹅帮》（*Penguins Spy in the Huddle*）中有个镜头：当巨鹱（*Macronectes giganteus*）对着一群帝企鹅幼仔虎视眈眈，正要择肥而噬时，一只个头还不如帝企鹅幼仔的阿德利企鹅冲到帝企鹅幼仔前面，为它们赶走巨鹱。看到这一幕的观众也许会以为阿德利企鹅是帝企鹅的友好邻居，其实阿德利企鹅会为了占领地盘而把帝企鹅幼仔强行赶下海中，至于它们勇救帝企鹅幼仔，也许不过是一时兴起想要挑战巨鹱罢了。

然而，纵观两种企鹅的历史，忠厚老实的帝企鹅才是真正的赢家。阿德利企鹅的种群数量在大约 15 万年前因为气候温暖而迅速增长，但在大约 6 万年前，由于气候变得寒冷干燥，阿德利企鹅的种群数量下降了40%。相比之下，帝企鹅的种群数量更加稳定，因为它们能够更好地适应严寒环境。一个典型的例子就是孵化机制。帝企鹅会将蛋放在脚上孵化，这就提高了幼仔在寒冷环境中的孵化率和生存率；而阿德利企鹅把蛋产在石头砌成的鸟巢上，显然不如帝企鹅会育儿。

帝企鹅

阿德利企鹅

理论上说，动物体积越大，越有助于保持体温，北极熊和藏羚羊都是大型哺乳动物，即使生活在低温环境，体温也不易散失。个头相对较小的鸟类要保持体温就远比大型动物困难，寒冷地区往往是“千山鸟飞绝”。为了适应南极的环境，帝企鹅和阿德利企鹅也进行了一系列演化。

研究发现，这两种企鹅的基因组中都带有 β 角蛋白（β-Keratin）基因，它们体内至少有 13 个基因能产生单一类型的 β 角蛋白——相对于其他所有已知鸟类，它们这些基因的数量是最多的。β 角蛋白是鳞片、羽毛、爪子的主要成分，富含该蛋白的企鹅羽毛具有短、硬、密的特性，既保暖，又能在游泳时起到防水和减少阻力的作用。企鹅体内的 *DSG1* 基因也发生了突变，人类的该基因突变会导致手掌和脚底皮肤粗厚，企鹅的该基因突变可能导致了企鹅皮肤增厚，能更好地抵御寒冷。

企鹅体内储存的脂肪不但可以御寒，还是它们缺乏食物时的能量来源。帝企鹅和阿德利企鹅的脂质代谢方式不同，帝企鹅只有 3 个脂质代谢相关基因，阿德利企鹅的脂质代谢相关基因却高达 8 个。

大多数鸟类眼睛的视锥细胞有 4 种光敏蛋白，但这两种极地企鹅只有 3 种，也许是因为它们要忍受长达数月的极夜，要在光线昏暗的环境中生活，所以眼部构造也与其他鸟类有所不同。

企鹅与信天翁（*Diomedeidae*）是近亲，它们的祖先也曾翱翔天空。但因为南极风力猛烈，企鹅飞行殊为不易，加上经常潜水觅食，久而久之便放弃飞翔，长居海洋，翅膀也在演化过程中变小变短，以便在潜泳时减少水流阻力，变成了像霸王龙一样的“小短手”，以实现在海洋中的“飞翔”。

人类的 *EVC2* 基因突变会导致埃利伟氏综合征，症状表现为短肢侏儒症和短肋胸廓发育不良。企鹅基因组中有 17 个与前肢相关的基因发生了变化，跟其他鸟类相比，企鹅 *EVC2* 基因的改变尤为明显，这正是企鹅“小短手”的演化成因。

北极熊小贴士	
中文名	北极熊
拉丁学名	*Ursus maritimus*
英文名称	polar bear
别称	白熊
物种分类	脊索动物门、脊椎动物亚门、哺乳纲、真兽亚纲、食肉目、裂脚亚目、熊科、熊亚科、熊属
基因组学研究进展	2014年5月9日，来自深圳华大基因研究院、美国加利福尼亚大学、丹麦哥本哈根大学等科研院所的科学家们对北极熊基因组进行测序，揭示了北极熊适应北极极地气候之谜。研究成果以封面文章的形式发表在《细胞》杂志上。

藏羚羊小贴士	
中文名	藏羚羊
拉丁学名	*Pantholops hodgsonii*
英文名称	Tibetan antelope
别称	藏羚、长角羊
物种分类	脊索动物门、脊椎动物亚门、哺乳纲、真兽亚纲、偶蹄目、牛科、羚羊亚科、藏羚属
基因组学研究进展	2013年5月14日，青海大学、深圳华大基因研究院和中国科学院昆明动物研究所对藏羚羊进行基因测序，揭示了其适应高原环境的遗传机制。研究成果发表在《自然·通讯》杂志上。

企鹅小贴士	
中文名	企鹅
拉丁学名	*Spheniscidae*
英文名称	penguin
别称	海洋之舟
物种分类	脊索动物门、脊椎动物亚门、鸟纲、今鸟亚纲、企鹅目、企鹅科
基因组学研究进展	2014 年 12 月，华大基因和格里菲斯大学把两种南极企鹅（阿德利企鹅和帝企鹅）基因组与其他鸟类基因组进行比较分析，发现了与企鹅羽毛、翅膀、视觉以及脂肪代谢相关的基因变异。此外，研究人员还分析了两种企鹅的群体大小演化历史以及与气候变化的关系。研究成果发表在 *GigaScience* 上。

参考文献

1. Liu S., Lorenzen E.D., Fumagalli M., et al. Population genomics reveal recent speciation and rapid evolutionary adaptation in polar bears[J]. *Cell*. 2014 May 8, 157 (4): 785–94.
2. Ge R.L., Cai Q., Shen Y.Y., et al. Draft genome sequence of the Tibetan antelope[J]. *Nat Commun*. 2013, 4:1858.
3. Zhang G., Li B., Li C., et al. Comparative genomic data of the Avian Phylogenomics Project[J]. *Gigascience*. 2014 Dec 11, 3 (1): 26.
4. Li C., Zhang Y., Li J., et al. Two Antarctic penguin genomes reveal insights into their evolutionary history and molecular changes related to the Antarctic environment[J]. *Gigascience*. 2014 Dec 12, 3 (1): 27.

昆虫世界见闻录

昆虫是地球上数量最多的动物群体，目前发现的昆虫约有100万余种。古人根据这些小生灵数量众多的特点，给它们取名为昆虫——《大戴礼记》有云："昆，众也。"

亲眼见过昆虫迁徙的人，一定会惊叹于其数目之多。中国古代的蝗灾都是东亚飞蝗（*Locusta migratoria*）的集体迁飞造成的，蝗群来时遮天蔽日，所到之处寸草不生，古代民间甚至立了蝗神庙，祈求"蝗神"助他们躲过蝗灾。北美的黑脉金斑蝶（*Danaus plexippus*）为了觅食，也会在每年夏末的时候成群往南方迁徙，等到来年春天又飞回北方。黑脉金斑蝶的迁徙是美洲的一大盛景，过境之处漫天都是飞舞的橘色蝴蝶，仿佛童话场景；当它们在南方栖息产卵时，则又成群结队栖息在树上，宛如繁花堆满枝头。

昆虫之所以数量如此庞大，不仅仅是因为它们繁殖能力惊人（一次能产卵几十颗至几千颗，部分昆虫甚至可以在不经交配的情况下进行孤雌生殖），还因为它们对各种环境都有极强的适应能力。昆虫或飞翔于蓝天，或蛰伏于地底，或潜泳于水中，令天敌难以寻觅；部分昆虫不吃不喝也能活大半个月，甚至被切了头后还能活几天；被称作

“小强”的蟑螂生命力更是强悍，甚至能在高能核辐射后存活。

恐龙时代的小生灵

蟑螂有这样的生命力不足为奇，毕竟它诞生于 4 亿多年前的志留纪[①]，在地球上的资历比恐龙还老。恐龙早已灭绝，而蟑螂在经历了四次生命大灭绝后依然存活于世，实在是演化的奇迹。化石中的蟑螂与现代蟑螂相差无几，这说明蟑螂在诞生之初时环境适应能力已经接近完美，不需多加演化便能适应亿年来沧海桑田的变化。

其实，不少昆虫在恐龙时代之前都已经诞生，昆虫化石和包裹在树脂中形成琥珀的昆虫遗体记录下了它们当年的模样。比如蚊子，早在恐龙时代，它们就已经横行无忌，也许琥珀中某只蚊子的胃里，就装着当年吸食的恐龙鲜血。这正是电影《侏罗纪公园》的灵感来源：片中的科学家从琥珀中的象蚊（*Toxorhynchites rutilus*）胃里获取了恐龙的 DNA，克隆出大群恐龙……其实，象蚊以花蜜为食，并不吸食其他动物的鲜血，恐龙 DNA 更是不可能保存亿年，所以《侏罗纪公园》不大有机会成为现实。

因为远古时代的特殊环境，比如在高浓度氧气的条件下，也有不少昆虫长得与现代昆虫大相径庭。生活在石炭纪的巨脉蜻蜓（*Meganeura*）展翅长度能达到 70 多厘米，比现代的多数鸟类个头都大。如此庞然大物当然不是吃素的。在巨脉蜻蜓的食谱上，除了

---

① 志留纪是早古生代的最后一个纪，也是古生代第三个纪，约开始于 4.4 亿年前，结束于 4.1 亿年前。——编者注

其他昆虫，小型的鱼类、两栖动物及爬行动物也赫然在列。巨脉蜻蜓消逝于二叠纪末期的生命大灭绝，多数人认为它们的灭绝原因是空气含氧量的下降，毕竟在巨脉蜻蜓活跃的石炭纪，空气含氧量比现在高20%，而离开了高氧环境它们便无法存活。也有人认为，巨脉蜻蜓的灭绝是因为二叠纪末期食物减少，如此庞大的身躯食量自然不小，而当时正值生命大灭绝时期，食物来源是没法保障的。

不过巨型昆虫并非只存在于远古，现代也有翅展20厘米的乌桕大蚕蛾（*Attacus atlas*），翅展28厘米的亚历山大女皇鸟翼凤蝶（*Ornithoptera alexandrae*），体长61厘米的中国巨竹节虫（*Phryganistria chinensis Zhao*）等。

飞蝗身上的颜色属于化学色与结构色的结合

保存至今的琥珀和化石只能保留昆虫的形体，它们当年五彩缤纷的颜色已经无处可寻。幸好，现代科技找到了给部分远古昆虫还原“色相”的办法。大部分昆虫鲜艳的色彩其实是结构色和化学色的结合，比如飞蝗，活着的时候化学色和结构色同时展现，一旦死亡，化学色渐渐消失，身体的色彩也会变得暗淡。蝴蝶、蛾类等昆虫的色彩也都来自化学色与结构色的结合。所谓结构色，是和物理结构相关的：这些昆虫的体表具有极其精巧的三维微观结构，光线照射在虫体表面的微观结构上，就会产生折射、衍射及干扰，呈现出各种鲜艳的颜色，煞是好看。

和化学色不同，只要死后体表微观结构不受破坏，昆虫的结构色就不会消失。因此，甲虫和蝴蝶标本上的鲜艳颜色能够长久保存下去。通过分析化石中昆虫体表的三维微观结构，再和现代昆虫的体表微观结构与颜色进行比对，就可以把这些化石昆虫亿年前的颜色推测出来。

蝴蝶翅膀上的色彩，来自结构色 （摄影：尹烨）

吃与被吃

为了保证下一代的生活，昆虫都喜欢把卵产在食物充足的地方。如果找不到这样的“风水宝地”，一些昆虫会在产卵前给后代准备好食物。蜣螂（*Scarabaeidae*）和葬甲（*Silphidae*）会把幼虫爱吃的粪便和小动物尸体埋进土中，在上面产卵，让幼虫一出生便不愁吃喝。蝇类、阎甲（*Histeridae*）等食腐昆虫喜欢在尸体上产卵，法医在遇到凶杀案时，根据尸体上食腐昆虫的孵化情况，便可判断受害者的死亡时间，这种利用昆虫破案的学科叫法医昆虫学（forensic entomology）。

但多数昆虫都并非这样的“重口味”，比起腐食，它们更喜欢鲜肉。为了让挑嘴的后代吃到新鲜的食物，泥蜂（*Sphecoidea*）、姬蜂（*Ichneumon*）、姬小蜂（*Eulophidae*）、蛛蜂（*Pompilidae*）等寄生蜂会捕猎其他昆虫，用毒液将猎物麻醉后在它们身上产卵，幼虫孵化出来后便寄生在被麻醉的猎物身上，以活体猎物的血肉为食。

古人早就发现，蜾蠃会衔泥建巢，并带回螟蛉（*Naranga aenescens Moore*），放在泥巢中。在他们看来，这乃是因为蜾蠃无法生子，便收养螟蛉，将之变成自己的孩子。《诗经·小雅·小宛》有云“螟蛉有子，蜾蠃负之”，把蜾蠃带螟蛉回巢比喻收养别人的子女。其实，蜾蠃哪有这份慈悲心？它们把螟蛉捕捉回来，只是把它们当作幼虫的食物。一段时间后，泥巢便会飞出小蜾蠃来。

刻绒茧蜂（*Glyptapanteles*）则选择在毛虫身上产卵。其幼虫一边在毛虫身上吸食血肉，一边释放出化学物质操纵毛虫的行动。当茧蜂幼虫从毛虫身上钻出结茧时，被化学物质控制的毛虫就守在茧旁边，为它们驱走天敌。如果没有毛虫的保驾护航，刻绒茧蜂可能会被其他寄生蜂寄生，落得一个“二重寄生”（寄生生物身上又被其他生物寄生）的下场。

有些寄生昆虫甚至把主意打到了人类身上，人皮蝇（*Dermatobia hominis*）就是其中之一。它们会把卵产在人的衣服或者皮肤上，蝇蛆孵化出来后便钻进人体皮肤内寄生，蝇蛆在皮下组织移行的时候，路过的地方会出现红线状的水肿性隆起，而被它们长期寄生的部位会产生肿块。蝇蛆还在肿块顶端留了气孔供呼吸之用，等蝇蛆即将化蛹的时候，它们便会从气孔钻出来爬进地底，在泥土中化蛹。这种皮下蝇蛆病不但会让人皮肤疖肿发炎，难看不堪，还会令患者出现低热、头痛、恶心、乏力等病症，如果蝇蛆爬进眼组织，甚至能造成失明。

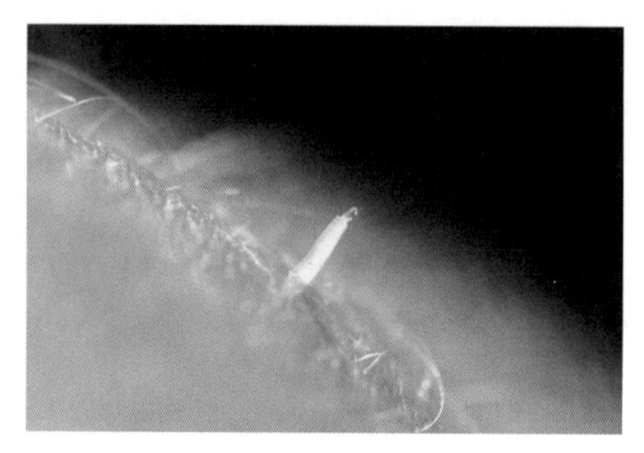

钻出人体皮肤的人皮蝇蝇蛆

昆虫能寄生于其他生物，也会被其他生物寄生。最常寄生在昆虫体内的生物便是真菌，中药中的冬虫夏草、蝉花，都是真菌侵袭昆虫后形成的真菌与昆虫的组合体。

冬虫夏草是虫体和真菌子实体的组合体

偏侧蛇虫草菌（*Ophiocordyceps unilateralis*）不但寄生、蚕食

蚂蚁的身体，还能操纵蚂蚁的肌肉，纵使蚂蚁依然大脑清醒，也只能眼睁睁看着自己的身躯在真菌的控制下身不由己地爬上高处草叶，此时它体内的真菌便从高处释放大量孢子，感染地面的其他蚂蚁，循环发动类似“种蛊”的生化战争以培养更多的傀儡。

无独有偶，被团孢霉属（*Massospora cicadina*）真菌感染的蝉，后半段身体都会被白花花的真菌包裹，这些真菌能释放裸盖菇素和卡西酮，让被感染的蝉热衷于交配，把真菌传染给更多的蝉。

除了真菌，寄生虫也有类似的特殊技能。铁线虫（*Gordiidae*）的幼虫生活在水体中，如果螳螂饮水时误饮了这些幼虫，便会被寄生。寄生在螳螂体内的铁线虫成年后，会释放出神经递质，让螳螂跳进水中自杀，铁线虫便从螳螂尸体钻出，在水中交配繁殖。更可怕的是，铁线虫甚至可以寄生于人类身上，幸好它们的能耐还不够大，被寄生的人类还不至于效仿螳螂，选择跳水了断自己。

与虫同行

人类是什么时候穿上衣服的？可以从体虱身上找到答案。正因为人类穿上了衣服，原本寄生在头发中的头虱才有一部分分化为体虱，在衣服褶皱中安营扎寨。美国佛罗里达大学的基因测序结果表明，体虱与头虱的分化大约发生在17万年前，这说明人类是在那个时候学会了穿衣遮体。

人类与昆虫相伴而行的历史其实远不止17万年。自古以来，人类既能享受昆虫生产的蜂蜜、蚕丝，又得饱受蚊蝇和食稼之虫的骚扰。人类根据昆虫对自己有益还是有害，将之划分为益虫或者害虫。其实所有的昆虫都是遵循天性吃喝繁衍，并无好坏之分，但一些昆虫的活动已经严重影响了人类的正常生活，为了自保，人类必须对它们痛下杀手。

譬如蚊子。当蚊子被疟原虫寄生后，叮咬人畜时就会把疟原虫传播到人畜体内，引发疟疾。因此，自古以来疟疾多发地带都是水源丰富的南方地区，毕竟温暖湿润的地方最容易滋生蚊虫。而南方地区地中海贫血症和镰刀型贫血症发病率较高，也与疟疾有关，因为这两种疾病的患者不易被疟原虫寄生，在疟疾多发地带更容易存活下来。于是在长期自然选择下，致病基因在当地人群中就扩散开来了。

在所有蚊子中，最凶残的当数伊蚊属的白纹伊蚊（*Aedes albopictus*），这种蚊子身体呈黑色，有白色斑纹，俗称花蚊子，不但让被叮者奇痒无比，而且一口气能在人身上叮好几个包，外国人把白纹伊蚊称为“亚洲虎蚊”，一是因为它身上的斑纹，二是因为它叮人的凶残程度。在中蒙边境的一些地方，白纹伊蚊特别凶猛，能把圈养的猪叮得痛痒难耐，甚至撞墙自杀。

白纹伊蚊

传统的除蚊方法就是使用各种灭蚊剂，甚至农药。但化学毒杀的方法不仅很难根治蚊虫，而且会污染环境。目前最理想的方法是生物防治：沃尔巴克氏菌（Wolbachia）能让蚊子绝育，把携带沃尔巴克氏菌的雄蚊放生到野外和野生雌蚊交配，产生的受精卵无法孵出后代，这样便能从源头灭蚊。

在广东的中山大学，就有一个世界最大的“蚊子工厂”。工厂有4个车间，每个车间每周能够生产500万只携带沃尔巴克氏菌的雄性白纹伊蚊。2014年，“蚊子工厂”生产的被感染蚊子在沙仔岛试点释放后，部分地区的成虫抑制率达到95%以上。

螳螂、瓢虫、白僵菌（*Beauveria*）、周氏啮小蜂（*Chouioia cunea Yang*）和赤眼蜂（*Trichogrammatid*）等生物也常被用于生物防治，它们能捕猎或者寄生于田间害虫，杀死害虫而又不危害其他动物。这种“以虫治虫”的方法最早见于北宋时期的《梦溪笔谈》。

除了“虫吃虫”，“人吃虫”也未尝不可。美国节目《荒野求生》中的探险家贝尔·格里尔斯，就曾多次在节目中大啖虫子。食用昆虫古已有之，距今4 400多年前的古埃及墓碑上就刻着食用蝗虫的场景。公元前8世纪的阿拉伯壁画上描绘了士兵如何把蝗虫串在树枝上烤串以补充蛋白质。《圣经》中的施洗者约翰在野外生活时，也是以蝗虫为食。《周礼·天官》中提到“蚳醢以供天子馈食”，蚳醢就是蚂蚁卵做成的酱，这在当时是天子享用的美食。清朝的《本草纲目拾遗》认为，蚂蚁卵具有强身健体、美容、催乳的功效。

时至今日，我国不少地区仍有食用蝗虫、蚂蚁、蚕蛹、知了、天牛幼虫的习惯。联合国粮农组织（Food and Agriculture Organization，FAO）指出，全世界可供人类食用的昆虫超过1 900种，昆虫富含蛋白质、维生素和矿物质，可以作为人类食物，食用昆虫有助于缓解当前全球粮食和饲料短缺的问题。

昆虫危机

虽然昆虫可被人类当成“储备粮”，但这个储备粮仓不大可靠，因为不少昆虫都面临灭绝的危机。在过去的几十年里，因为环境破坏、气候变化和杀虫剂的滥用，昆虫数量大量减少，更糟糕的是，受环境影响而灭绝的大多是对人类无害的昆虫，而蚊、蝇、蟑螂等有害昆虫因为它们强悍的生命力，所受影响有限，反倒在天敌和竞争对手大量灭绝的情况下大肆繁殖。

据英国《卫报》网站报道，昆虫的灭绝速度是哺乳动物、鸟类和爬行动物灭绝速度的 8 倍，昆虫的数目正在以每年 2.5% 的速度减少。如果不采取保护措施，也许昆虫会在 100 年内彻底灭绝，从而导致整个生态系统的崩溃！植物会因为失去授粉昆虫而灭绝，以昆虫为食的鸟类、蝙蝠、蛙类等动物将大量饿死，而以这些动物为食的大型食肉动物也势必随之减少。

与此同时，虽然目前环境让多种昆虫数量锐减，但这种气候温暖、二氧化碳含量较高的环境却有利于蚊子、蠓（*Ceratopogouidae*）、蚋（*Simuliidae*）等吸血昆虫形成更多的新物种。因为吸血昆虫喜欢温暖、高二氧化碳的环境，在环境适宜、食物充足的情况下，基因变异的吸血昆虫容易存活下去并形成新物种。这些新物种吸血昆虫可能会传播更多疾病，威胁人畜安全。

昆虫已在地球生存数亿年，但要让它们灭绝只需百年。人类在自身发展的同时，也应顾及其他生物的生存，否则到头来承担后果的还是人类自己。

黑脉金斑蝶小贴士	
中文名	黑脉金斑蝶
拉丁学名	*Danaus plexippus*
英文名称	Monarch butterfly
别称	大桦斑蝶、黑脉桦斑蝶、帝王蝶
物种分类	节肢动物门、昆虫纲、鳞翅目、蛱蝶科、斑蝶属、黑脉金斑蝶种
基因组学研究进展	2011 年 11 月 24 日，美国马萨诸塞大学（俗称麻省大学）医学院对黑脉金斑蝶进行基因测序，发现其基因组大小为 273 Mb，共有 16 866 个编码基因。本次测序揭示了黑脉金斑蝶长途迁徙的遗传和分子机制，分析了它们掌控视图、生物钟、方向性飞行的基因，以及保幼激素合成相关基因。保幼激素水平的调节能使初代迁徙蝴蝶关闭繁殖功能，并使其寿命延长到 9 个月。这是首个被破译的蝴蝶基因组，也是首个长途迁移相关基因组研究。研究成果以封面文章的形式发表在《细胞》杂志上。 2014 年 10 月 1 日，中科院与美国芝加哥大学、马萨诸塞大学医学院对黑脉金斑蝶进行了群体遗传学分析，发现黑脉金斑蝶起源于北美，祖先属于迁飞型，具有多套独特的代谢调节通路，与飞行相关的肌肉也演化得更为发达。黑脉金斑蝶的鲜艳颜色则来自一个肌球蛋白基因，之前并没发现昆虫的颜色和这个基因有关，但小鼠身上的一个同源基因也会影响皮毛的颜色，这说明无脊椎动物与脊椎动物的体色调节机制有一定的相似性。该研究成果发表在《自然》杂志上。

蝗虫小贴士	
中文名	蝗虫
拉丁学名	*Locustodea*
英文名称	locust
别称	蚱蜢、草蜢、蚂蚱
物种分类	节肢动物门，昆虫纲，直翅目，蝗亚目
基因组学研究进展	2014年1月14日，中科院动物研究所、华大基因研究院以及中科院北京生命科学研究院的科学家们对东亚飞蝗（*Locusta migratoria*）进行基因测序，发现其基因组大小为6.5 Gb，是人类基因组大小的两倍。东亚飞蝗拥有如此大的基因组是因为有大量的重复序列（占全基因组的60%），其中又含有多个DNA转座子和重复序列（LINE）反座子，在演化过程中这些重复序列从未被清除出去，留在基因组中，造就了如此庞大的基因组。东亚飞蝗含有多个与脂肪酸代谢相关的基因，能高效地为飞蝗提供能量；基因组中还含有68个编码糖苷键转移酶的基因，是所有昆虫中最多的，这类代谢解毒酶类能够降解植物中的有毒代谢物，让飞蝗吃植物时免于中毒。此项研究还发现了东亚飞蝗的数百个潜在的杀虫剂靶基因，有助于今后人工控制飞蝗数量。研究成果发表在《自然·通讯》杂志上。

蟑螂小贴士	
中文名	蟑螂
拉丁学名	*Blattodea*
英文名称	cockroach
别称	甲由、小强、黄婆娘、偷油婆、鞋板虫、油灶婆
物种分类	节肢动物门、昆虫纲、蜚蠊目、蜚蠊种

（续表）

蟑螂小贴士	
基因组学研究进展	2018年3月21日，中科院和华南师范大学的研究者对常见的蟑螂物种——美洲大蠊（*Periplaneta americana*）进行基因测序，测序结果显示，美洲大蠊基因组大小为3.38 Gb，与人类基因组大小相近，它们有2万多个基因，感受化学刺激和解毒、免疫相关的基因家族都发生了扩张，让它们具有极顽强的生命力。研究成果发表在《自然·通讯》杂志上。

体虱小贴士	
中文名	体虱
拉丁学名	*Pediculus humanus corporis*
英文名称	body louse
别称	衣虱、虱子
物种分类	节肢动物门、昆虫纲、有翅亚纲、虱目
基因组学研究进展	2010年7月，美国伊利诺伊大学厄巴纳-香槟分校、英国班戈大学等机构对人类体虱进行了基因测序，发现其基因组大小为110 Mb。研究成果发表在《美国国家科学院院刊》上。 2011年1月6日，美国佛罗里达大学研究人员通过测序发现，体虱大约17万年前从头虱中分化出来，人类应该是从那时起开始穿衣的。研究成果发表在《分子生物学与演化》（*Molecular Biology and Evolution*）杂志上。

白纹伊蚊小贴士	
中文名	白纹伊蚊
拉丁学名	*Aedes albopictus*
英文名称	Asian tiger mosquito
别称	亚洲虎蚊、花斑蚊、花蚊子
物种分类	节肢动物门、昆虫纲、双翅目、蚊科、库蚊亚科、伊蚊属
基因组学研究进展	2015 年 10 月 19 日，南方医科大学、华大基因和加州大学欧文分校对广东佛山的白纹伊蚊进行基因测序，测序结果表明，白纹伊蚊的基因组达到 1 967 Mb，是迄今测序的最大蚊子基因组。白纹伊蚊的庞大基因组主要是因为其中的 DNA 重复序列高达 64%。此外，涉及杀虫剂抗性、滞育、性别决定、免疫和嗅觉的基因也发生了扩增，使白纹伊蚊能够适应各种环境。白纹伊蚊和埃及伊蚊从 7 100 万年前开始分化，但白纹伊蚊比埃及伊蚊有更高的叮咬频率和更强的种间竞争优势。这项研究成果发表在《美国国家科学院院刊》杂志上。

参考文献

1. Zhan S., Zhang W., Niitepõld K., et al. The genetics of monarch butterfly migration and warning colouration[J]. *Nature*. 2014 Oct 16, 514 (7522): 317–21.
2. Zhang Q., Mey W., Ansorge J., et al. Fossil scales illuminate the early evolution of lepidopterans and structural colors[J]. *Sci Adv*. 2018 Apr 11, 4(4): e1700988.
3. Fredericksen M.A., Zhang Y., Hazen M.L., et al. Three-dimensional visualization and a deep-learning model reveal complex fungal parasite networks in behaviorally manipulated ants[J]. *Proc Natl Acad Sci U S A*. 2017 Nov 21, 114 (47): 12590–12595.

4. Grosman A.H., Janssen A., de Brito E.F., et al. Parasitoid increases survival of its pupae by inducing hosts to fight predators[J]. *PLOS One*. 2008 Jun 4, 3 (6): e2276.
5. Cooley J.R., Marshall D.C., Hill KBR. A specialized fungal parasite (Massospora cicadina) hijacks the sexual signals of periodical cicadas (Hemiptera: Cicadidae: Magicicada)[J]. *Sci Rep*. 2018 Jan 23, 8 (1): 1432.
6. Bian G., Joshi D., Dong Y., et al. Wolbachia invades Anopheles stephensi populations and induces refractoriness to Plasmodium infection[J]. *Science*. 2013 May 10, 340 (6133): 748–51.
7. 马聪 . 飞翔的蛋白质 [J]. 青年科学 .2007, 2: 38.
8. 郑兆飞 . 浅析食用昆虫的资源价值及其开发利用 [J]. 福建林业 . 2017, 1: 28–29.
9. Euan McKirdy. Massive insect decline could have "catastrophic" environmental impact, study says[BD/OL]. https://edition.cnn.com /2019/02/11/health/insect-decline-study-intl/index.html. 2019–02–12.
10. 参考消息 . 英媒：全球昆虫或在 100 年内灭绝 将导致生态灾难 [N]. 参考消息 . 2012–02–12.
11. Tang C., Davis K.E., Delmer C., et al. Elevated atmospheric CO2 promoted speciation in mosquitoes (Diptera, Culicidae) [J]. *Commun Biol*. 2018 Nov 5, 1:182.

夜访“鲨”先生——真实之梦？

夜行

当他们告诉我“大鲨鱼”要找我聊聊的时候，我是非常莫名其妙的。虽然知道“大鲨鱼”是 NBA（美国职业男子篮球联赛）前球员沙奎尔·奥尼尔（Shaquille O’ Neal）的绰号，但作为一个很少看 NBA 的理科男，我怎么会引起他的注意？

半个小时的车程后，我被带到了城郊的一处大房子。他们告诉我，从二号门进去后一直向里走，“大鲨鱼”就在最里面等着我。“这是你和‘大鲨鱼’先生的私人对话，我们就不进去了。”其中一个人说，同时他掏出了一副看起来很笨的墨镜，“来，你戴上这个。”

“戴这个干吗？难道黑夜会闪瞎我吗？”

“它能录音，记录你的对话，”他们只是冷笑，“毕竟，事后你可就不一定能记得发生什么了。”

我就在一种诡异的忐忑中戴上了这副又笨又傻的墨镜……在往里走的时候，我开始怀疑自己是不是太蠢了，就因为陌生人的几句话和一辆还算不错的车，就大半夜乖乖跟他们来了这么个地方。

我反省了一下，也许是觉得见体育明星机会难得吧。嗯，也许是个什么真人秀？哎呀我能上电视了，好激动……

在一片漆黑中，我终于摸索着穿过二号门，走到了最深处，玻璃幕墙背后似乎闪着微蓝的荧光。紧接着，我看到了“大鲨鱼”先生，没来得及惊讶，我就不省人事了……

事实证明，这个墨镜还是有用的。最后，那天晚上到底发生了些什么，我全是通过其中的录音才知道的。

对话

我：你，你是……

他：外面那些人已经告诉过你了。

我：天啊，我以为你是奥尼尔……他们称你是“大鲨鱼先生”！

他：这倒没错，我是男性，你要验一验吗？

我：不不不！不用了！谢谢！

他：你叫我“老沙”就好。

我：嗯好……老沙先生，您叫我来是……？

老沙：给你上一课。

我：……

老沙：吃过鱼翅吗？

我：吃过几次，不多。

老沙：吃过鲨鱼软骨制品吗？

我：呃，没有，不过给我父母买过。您要吗？我有朋友在搞代购……

老沙：不用了，谢谢。嗯，那这个课还是很有必要给你上的。你先离近点，看出来我是什么了吗？

我：呃，反正不是人……有点像，海怪？

老沙：……我是鲨鱼！

我：对对对！是有那么一点像那个大白鲨的样子！

老沙：你们给我起的“学名”是“姥鲨”，跟大白鲨一样都是鼠鲨目的。

我：啊，原来你是让我叫你“姥鲨”啊，不好意思，误会误会……呃，所以您找我来，是因为半夜饿了叫了一份外卖吗？

姥鲨：我不吃肉，谢谢。

我：鲨鱼竟然不吃肉？

姥鲨：准确来说，我和蓝鲸一样是滤食性动物，只吃浮游生物。你看我这么温柔，像是要吃你的样子吗？

我：像啊……

姥鲨：你这是外貌歧视！我本来就长这个样子。咳，说正经的啊，世界上体型数一数二的鲨鱼，就数鲸鲨和我们姥鲨了，我们能长到十几米、几十吨。别看我们体型这么大，实际上并不像大白鲨一样吃海豹什么的。

我：嗯，我也记得体型大的好像一般都吃草，比如大象什么的，但我没想过原因。

姥鲨：嗯，孺子可教也。其实，体型最大的动物往往不在食物链的顶端，比如大洋中的蓝鲸、陆地上的大象，一个吃小鱼小虾，一个则干脆就吃素。真正在食物链顶端的动物，体型反而不能特别大。你想想啊，假如大象要吃肉，那每天要吃多少才能满足那么大的食量啊？所以它们只能吃植物。

我：原来如此……可是这跟我有什么关系啊……

姥鲨：先别急，你刚才说你吃过鱼翅，还买过鲨鱼软骨制品对吧？

我：呃……是的，不好意思，当时不知道您的身份，冒犯了冒犯了……

姥鲨：唔，那你来说说，既然我们不吃你们，你们为什么要杀我们呢？

我：这个……当然是因为鱼翅好吃又大补，鲨鱼软骨又能养护关节……另外你说的也不对，你们姥鲨虽然不吃，可是大白鲨吃啊！你看过《大白鲨》和《深海狂鲨》没？吓死我了，简直是童年阴影啊！还有近年的《鲨滩》《巨齿鲨》……

姥鲨：唉，要不怎么都说你们人类愚昧呢，现在海洋重金属污染这么严重，一些肉食类鲨鱼又是食物链顶端的霸主，体内富集了大量重金属，吃鱼翅不但不能大补还伤身呀！我们鲨鱼富含软骨是没错，因为我们属于软骨鱼，骨架多由软骨组成，人类关节也属于软骨，但要指望吃鲨鱼软骨"以形补形"保养关节，你不如去吃点正规药物，便宜还管用。还有，我要纠正你，其实大白鲨并不吃人。

我：啊？

姥鲨：你刚才说我们挺好吃，但你们人类可不怎么好吃。鲨鱼爱咬人纯粹是你们的电影为了制造惊险刺激的情节而设计的，事实上大白鲨并不觉得你们好吃。食肉鲨鱼的食谱里主要是鱼、海龟、鲸、海狮和海豹，你们那点营养和口感还没资格出现在这份菜单上。

我：为什么？我们一直都还以为自己很好吃啊！呃，并不是说您可以尝尝啊，我就是这么一说，您别误会。

姥鲨：呸，鲨鱼的体型和运动量那么大，需要高质量的能量来源，你们跟那些富含不饱和脂肪酸、高蛋白的海洋动物比起来，差太多了。

我：啊，这我就放心了……诶？可是我记得确实有鲨鱼咬人的新闻啊！报纸上看到过的！

姥鲨：嗯，很多时候鲨鱼不是为了专门吃你们的，而是在捕猎的时候以为游泳的人类是食物，才试探性地咬一口。还有些时候，是你们冲浪的人在板子上的影子太像海豹了……而且，一般鲨鱼发现咬到的是人，通常掉头就走了。你只看过鲨鱼攻击人类的新闻，你看过哪个是鲨鱼把人吃了的啊？

我：这个……

姥鲨：唉，都是那些电影搞的，让你们觉得鲨鱼对海边的人来说是个莫大的威胁。实际上，美国加州的冲浪者，被鲨鱼袭击的概率是多少？一千七百万分之一，比中彩票的概率都低！你们与其担心被鲨鱼吃掉，不如小心一点防止溺水，或者注意别玩自拍作死。你知不知道，全球每年死于溺水的人类将近 40 万，而被鲨鱼无故攻击死亡的，只有几十个甚至是个位数，你们因为自拍死的人都比这多。

我：这我还真不知道！我这就回去跟我女朋友说！

姥鲨：……唉，总之啊，我们其实并没那么可怕，相反，你们人类才是我们的噩梦！你们连年捕杀，已经快把我们这个物种灭绝了。你想想，你们最常见到的鲨鱼，是在纪录片里？还是在水族馆里？大概是在餐桌上吧！一碗一碗的鱼翅，还有鲨鱼软骨做的保健品。过去十几年里，你们每年要杀死 1 亿条鲨鱼！

我：抱歉……

姥鲨：你说你吃过鱼翅对吧？你们获取鱼翅的手法实在太残忍。我们被活活割掉鱼鳍，然后像垃圾一样被扔回海里等死，你知道吗？只是香港一座城市，每年就要进口 5 000 吨鱼翅产品。你算算那得是多少条鲨鱼的性命！虽说《濒危野生动植物种国际贸易公约》对我和鲸鲨、大白鲨进行了保护，但还有将近 80 种处于易危、濒危、极危状态的鲨鱼未受保护！就连电影《大白鲨》的原著作者彼得·本奇利（Peter Benchley），在目睹鱼翅产业造成的惨状后，也投身于鲨鱼保护事业了！

示意图：人类潜水员和姥鲨　（绘图：柳叶刀）

我：这个，长期以来，我们的一些饮食传统确实有点……

姥鲨：从营养学上看，鱼翅并没有什么特殊的营养价值，还富含重金属和加工过程中的漂白剂，吃了反而伤身。你们要吃我们，还不如研究我们的基因。美国科学家发现大白鲨的 DNA 有极强的稳定性和自我修复能力，它的 DNA 突变和损伤远比其他动物少，所以大白鲨不但长寿而且极少得癌症。此外，大白鲨的伤口自愈能力也非常惊人，能在受伤后迅速生成新的组织修复伤口。如果能把相关基因的作用机理研究透彻，你们人类要健康、要长寿，不是小菜一碟吗？为什么非要把我们吃得濒临绝种呢？

我：不得不说，人类对待野生动物的一些行为，确实残忍而愚昧。

姥鲨：现在是你们统治地球，你们当然可以为所欲为。但如果你们愿意和其他物种和平共处，达到“共赢”的结果，也许会更好一些。好了，我想说的说完了，你可以回去了……

我：可是，姥鲨先生，我……

姥鲨：如果你听我讲完这么多，内心能有一点感触，我就感激不尽了。好了，谢谢你，再见吧！

醒来

这个世界依旧如常，那晚的经历如梦似幻。

我安慰自己说这个墨镜可能不只是录音这么简单，说不定是某种催眠加 VR（虚拟现实）的设备，那个录音可能是合成的，听自己的声音往往是判断不准的……可不知怎么的，我总愿相信这是真的。

后来，我再也没吃过鱼翅，也没再买过鲨鱼制品，还慢慢接触了一些动物保护组织的工作。有一次，我去给一个保护鲨鱼的讲座当志愿者，那个主讲人令我印象深刻，他对动物保护事业也充满了热情。活动结束后大家一起吃饭，我便和他随口聊起天来。

“您今天讲得真好，是我听过的最生动而又有理有据的演讲。”

“谢谢，你们做志愿者工作也辛苦了。”

“说来好笑哈，我上次听鲨鱼有关的知识，还是个挺奇怪的梦。”

他静静抿了一口茶，冲我微笑道：“是姥鲨先生吗？”

姥鲨小贴士	
中文名	姥鲨（象鲨）
拉丁学名	*Cetorhinus maximus*
英文名称	basking shark（elephant shark）
别称	姥鲛、赣鲨、蒙鲨、老鼠鲨、象鲛
物种分类	脊索动物门、软骨鱼纲、鼠鲨目、姥鲨科、姥鲨属、姥鲨种
基因组学研究进展	2014年，国际研究人员对姥鲨基因组的测序和分析结果发表在《自然》杂志上。在大约1 000个软骨鱼类物种中，选择姥鲨作为模型是因为它的基因组相对紧凑，大小只有人类基因组的三分之一。研究人员将其与人类和其他脊椎动物的基因组进行比较，揭示出了为何鲨鱼的骨架主要是由软骨构成，而不像人类的骨架一样是由骨骼构成，以及鲨鱼的免疫系统相比人类要简单得多的原因。研究还揭示了姥鲨基因组是所有脊椎动物中进化最慢的基因组，它有可能是很久以前灭绝的所有有颌脊椎动物祖先的最佳代表。

大白鲨小贴士	
中文名	大白鲨
拉丁学名	*Carcharodon carcharias*
英文名称	white shark
别称	食人鲨、白死鲨、白鲛、食人鲛、噬人鲨
物种分类	脊索动物门、软骨鱼纲、鼠鲨目、鲭鲨科、噬人鲨属、大白鲨种
基因组学研究进展	2019 年 2 月，美国诺瓦东南大学和康奈尔大学科学家领导的一个国际研究团队研究发现，大白鲨共有 41 对染色体，基因组大小为 4.63 Gb，是人类的 1.5 倍，GC 含量为 43.95%，重复序列占 58.55%，包括很大比例的转座子。该研究发现，大白鲨的基因组非常稳定，DNA 的修复和损伤耐受性极强，而且含有多个促进伤口愈合的基因，这使得大白鲨长寿、极少患癌症、伤口自愈能力极强。解码大白鲨基因组，揭开其抗癌、长寿、超强自愈能力背后的秘密，有助于人类抗击癌症、老年性疾病和难愈伤口。其研究结果发表在《美国国家科学院院刊》杂志上。

参考文献

1. Venkatesh B., Lee A.P., Ravi V., et al. Elephant shark genome provides unique insights into gnathostome evolution[J]. *Nature*. 2014 Jan 9, 505 (7482): 174–9.
2. Brendan Borrell. Why sharks have no bones [DB/OL]. http://www.nature.com/news/why-sharks-have-no-bones-1.14487, 2014–01–08.
3. 王声瑜 . (2002). 鱼类吉尼斯 [J]. 科学养鱼，2002, (3): 58.
4. Brian Clark Howard. 6 Shark Attack Myths from "The Shallows" [DB/OL]. http://www.nationalgeographic.com/adventure/lists/surfing/the-shallows-shark-myths/, 2016–06–30

5. 张艾京 . 统计显示2015全球因自拍丧命人数超鲨鱼攻击致死 [DB/OL]. http://www.chinanews.com/gj/2015/09-23/7539688.shtml, 2015-09-23

6. Megan Gannon. 100 Million Sharks Killed Each Year, Study Finds [DB/OL]. https://www.livescience.com/27575-100-million-sharks-killed-annually.html, 2013-03-01

7. Marra N.J., Stanhope M.J., Jue N.K., et al. White shark genome reveals ancient elasmobranch adaptations associated with wound healing and the maintenance of genome stability[J]. *Proc Natl Acad Sci U S A*. 2019 Feb 19, pii: 201819778.

为谁辛苦
为谁甜

“不论平地与山尖，无限风光尽被占。采得百花成蜜后，为谁辛苦为谁甜。”蜜蜂因为能采集、储存香甜醉人的花蜜，自古被人类广为称赞，被人类视为勤劳、无私奉献的象征。

不过，蜜蜂的“无私奉献”只是人类一厢情愿的想象。谁愿把自己的口粮拱手相让？只是蜜蜂无力抵挡人类的掠夺罢了。

说起来，蜜蜂在地球上出现的时间远比人类要早，它们的祖先诞生于第三纪，当时它们像胡蜂一样是肉食动物，主要靠捕食其他昆虫为生。到了白垩纪时期，随着有花植物的兴起，蜜蜂“放下屠刀”转而以花蜜和花粉为食，族群也和蚂蚁类似，演化成了社会性昆虫，它们的授粉对有花植物的发展有重要意义。尽管人类在蜜蜂面前属于很晚很晚的后辈，但这并不影响他们对野蜂的掠夺：在距今 4 万年前的欧洲洞穴壁画上，就绘有人类采摘野蜂蜂巢的场景。

蜜蜂王国

白居易在诗中写道：“蜂巢与蚁穴，随分有君臣。”跟蚂蚁一样，蜜蜂也属于社会性昆虫，蜂群中的成员地位有别，分工不同，古人认为它们像人一样有君臣之别。

蜂群成员一般包括一只蜂王、少数雄蜂和大量工蜂。蜂王又称蜂后、雌蜂，是生殖系统发育完善、能繁育后代的雌性蜜蜂，个头比较大，负责产卵繁殖后代，寿命长达数年。工蜂则是生殖系统不完善的雌性蜜蜂，个头较小，负责喂养幼虫、修建蜂巢、采集食物、攻击敌人，寿命只有几个月。

蜂王和工蜂都是受精卵发育而成的双倍体个体，基因型完全一样，是什么造成它们身体状况、寿命等方面出现种种差异？关键因素乃是食物。

青年工蜂会分泌蜂王浆，喂给刚孵化的蜜蜂幼虫，但对多数幼虫只喂 3 天的蜂王浆，此后便给它们喂食蜂蜜和花粉，这些幼虫日后发育为工蜂；而被选定成为未来蜂王的幼虫则居于王台，终身食用蜂王浆，发育为蜂王，壮硕长寿，子孙繁盛。

当蜂王意外死亡时，工蜂便把 3 日龄以下的幼虫移到王台，给它喂食蜂王浆，让它成长为新的蜂王。如果没有合适的幼虫，它们只能给某只成年工蜂喂食蜂王浆，工蜂无法交配，只能孤雌生殖，产下未受精卵。这些卵只能孵化出单倍体的雄蜂，这个蜂群最终还是会因为无法繁殖而消亡。

蜂王浆造成了蜂王和工蜂截然不同的身体状况，让人类对这种神奇的液体心生向往：其中是不是有增强生育能力、延长寿命的功效？人类服用蜂王浆是不是也能健康长寿？因为传说有着神奇的保健功效，加上产量少，采集困难，蜂王浆逐渐被捧为价格不菲的高级保健品。

然而，蜂王浆真的如此神奇吗？其中主要的有效物质又是什么？研究人员给动物喂食了蜂王浆，发现这种物质确实能在一定程度上提高动物的生殖能力。2011 年，日本科学家在新鲜的蜂王浆中发现了一种叫作 royalactin 的蛋白质，能促进生长激素的分泌，但这种物质不是十分稳定，长期储存的话可能降解。

后来，学者发现蜜蜂幼虫能发育成蜂王，不仅与吃蜂王浆有关，还因为它避开了蜂蜜和花粉中的对香豆酸和 miRNA（小分子 RNA），miRNA 可以对蜜蜂产生表观遗传学方面的影响。对香豆酸和 miRNA 对人畜无害，却会影响蜜蜂的生长发育。如果幼虫能一直食用不含这两种物质的蜂王浆，便能正常发育。总之，蜂王浆有一定保健功效，可以适当服用，但它也并非神药，不宜对它的功效过于迷信。

雄蜂的基因型则与蜂王、工蜂不同，它是由未受精卵孵化出来的单倍体个体，唯一的任务就是和蜂王交配。一旦蜂王成功受精产卵，雄蜂便被工蜂逐出蜂巢，因饥寒而死。古人又把雄蜂称为将蜂或者相蜂，认为它能辅佐君王，而它这种“狡兔死，走狗烹”的命运，也跟史书上的不少名臣命运颇为相似。

蜂巢宝藏

工蜂最主要的工作是采蜜。每天清晨，少数工蜂总是率先离巢寻找蜜源。科学家们发现，这些担任“侦察员”的工蜂，儿茶酚胺、谷氨酸和 GABA 的分泌水平远超普通工蜂，所以表现出更强的探索能力。

蜜蜂的视觉对黄色和蓝色比较敏感，所以它们偏爱这些颜色的鲜花（包括能明显看到黄色花粉的鲜花）。另外，红花因为容易吸热而温度较高，容易被蜜蜂注意，香气浓郁的鲜花也能以气味吸引蜜蜂，也受到了蜜蜂的青睐。

当侦查蜂发现蜜源花丛后，便返回蜂巢用舞蹈动作通知工蜂大部队前来采蜜。奥地利科学家卡尔·弗里希（Karl Frisch）经过多年研究发现，如果侦查蜂跳的是圆圈舞，说明蜜源离蜂巢不到百米；如果侦查蜂跳的是8字形舞蹈，说明蜜源离蜂巢百米以外，而且舞蹈动作越慢，说明蜜源越远。另外，侦查蜂跳舞时头部的朝向则指明了蜜源的方向。凭着这一发现，弗里希获得了1973年的诺贝尔生理学或医学奖。后来，德国科学家发现，侦查蜂除了运用舞蹈，还会用振翅的声波向同伴传递信息，曾有科学家让机器蜂给蜂群指点蜜源，结果因为机器蜂无法发出振翅声波，被蜂群识破：既然“非我族类”，自有一顿痛殴。

在蜂巢酿蜜的蜜蜂

蜜蜂把采到的花蜜储存在蜜囊里，回巢后把花蜜吐到各蜂房里，一边扇翅让水分蒸发，一边反复吞吐蜂蜜，让体内的酶把蜂蜜的蔗糖转化为容易吸收的葡萄糖和果糖。这个加工过程就叫酿蜜。酿造好的蜂蜜，含水量不到 20%，不但味道更加甘美，而且久存不坏。据说，在古埃及金字塔中还有 3 000 多年前埋藏的蜂蜜，至今仍未变质，甚至可以食用。

蜂蜜在古代是上等美食，宋人梅尧臣称赞蜂蜜“调和露与英，凝甘滑於髓”，三国时期的袁术临死前还念念不忘要喝蜂蜜水。原始人类一般靠采摘野蜂巢获取蜂蜜，就连蜂巢里的蜂蛹也成了他们口中的美食。后来人类开始驯养蜜蜂，为蜜蜂赶走老鼠等偷蜜者，在冬天百花凋零时为蜜蜂准备糖水充当口粮，而蜜蜂也让人类取走部分蜂蜜作为回报。

除了蜂蜜和蜂王浆，蜂巢中的花粉、蜂蜡、蜂胶对人类也大有用处。采蜜时，蜜蜂会沾染一身花粉；随后，则用后腿的花粉刷把身上的花粉扫入后腿的花粉筐中（蜜蜂身上的花粉刷和花粉筐均由粗毛组成），攒成一个花粉团；而蜜蜂身上没被收集的零散花粉，便随它们四处采蜜时落在其他花朵上，完成帮植物传宗接代的任务。古人早就注意到蜜蜂后腿上所携带的花粉团,古诗中也有“採华香负蜜蜂股”的句子。被蜜蜂采回的花粉团又称蜂花粉，含有丰富的维生素、氨基酸和微量元素，可被加工为食品和保健品。

年纪略大的工蜂可以分泌蜂蜡修建蜂巢，工蜂腹部有 4 对蜡腺，分泌的液状蜡质与空气接触后便凝结成固体蜡。蜂蜡可用于制作蜡烛、蜡丸、蜡染布料，在药丸外面包裹蜡衣制成蜡丸，可以长期保存，而军中传递机密文书时，也会把书帛封在蜡丸中，防止外人偷窥泄密。

当蜂巢受损的时候，工蜂会用树脂加工而成的蜂胶来修补蜂巢，如果蜂箱里有无法移出的昆虫尸体，工蜂也会用蜂胶包裹昆虫尸体，免得昆虫尸体腐烂污染环境。因为其强大的杀菌防腐功能，蜂胶被誉为“紫色黄金”，市场上形形色色的蜂胶保健品也不少，有人把蜂胶当成可以抗衰老、抗肿瘤、提高免疫力的保健品长期服用。其实蜂胶的主要功能是抗菌消炎，健康人长期服用并没有好处，过敏体质者服用蜂胶甚至可能引起过敏。

蜂巢不但是储存美食的宝库，还自带“中央空调”。为了让幼虫健康成长，工蜂要保持蜂巢温度稳定，在天气炎热的时候需要寻找水源，并把水洒在蜂巢上，用翅膀扇风，通过水分的蒸发降低蜂巢温度；而在寒冷时期，蜂群会群聚在蜂巢中央，加速代谢产热，为蜂巢保温。

蜂毒妙用

人类虽然陶醉于蜂蜜的美味，但也惧怕有毒的蜂刺。当有外敌掠夺蜂蜜时，蜜蜂会奋力抵抗外敌，用尾部的蜂刺痛蛰来敌，并把蜂刺留在对方身体中，蜂刺在脱离蜜蜂身体后，连在其上的毒囊还会继续把其中的蜂毒注入敌人体内。蜜蜂毒液呈弱酸性，会引发炎性反应，使被蛰处皮肤红肿，痛痒难当。

蜜蜂毒液成分复杂，其中含量最高的是一种叫蜂毒素（melittin）的小分子多肽。这种多肽会激活人体中的TRPV1通道，使人感到火烧般的灼热感。蜂刺的毒液让人敬而远之，《诗经·周颂·小毖》就有“莫予荓蜂，自求辛螫”的句子。

但古人发现，蜂毒虽然让人痛苦，但也是治病的良药。距今2 000多年的《黄帝内经》中记载“蜂螯有毒可疗疾”，民间传说，蜂毒有治疗风湿性及类风湿性关节炎、三叉神经痛等功效。

蜜蜂用尾部的蜂刺蜇人

现代科学发现，蜂毒素可以杀灭多种细菌、真菌和病毒，包括艾滋病病毒——蜂毒素能损坏艾滋病病毒的包膜，同时不伤害人类细胞，它也许能成为治疗艾滋病的新型靶向药物。

但蜂毒也可能致人死命。20 世纪 50 年代，巴西为了发展养蜂业，从非洲引进产蜜量高但攻击性强的野蜂进行育种。不料，非洲野蜂逃逸到野外，与当地早前引进的意大利蜜蜂杂交，繁育出凶猛好斗的后代。这种杂交蜂的攻击是致命的，根据不完全统计，目前已有千人死于它们的蜇刺，而且它们生命力极强，难以捕杀消灭。这种蜜蜂被称为非洲化蜜蜂（Africanized honeybee，AHB），而大众对它们的俗称是“杀人蜂”。

然而，“杀人蜂”并非完全有害无利，墨西哥蜂农发现“杀人蜂”抗病害能力极强而且产蜜量高，如果管理得当，完全可以把它们当家蜂饲养；而传播到波多黎各的“杀人蜂”更是发生了基因变异，性情和意大利蜜蜂一样温和，但又像其他“杀人蜂”一样强壮且高产。

蜜蜂危机

蜂蜜固然甜美诱人，但蜜蜂对人类最重要的意义不是生产蜂蜜，而是为经济作物授粉。光是美国，每年依靠蜜蜂授粉的农产品产值就高达150亿美元。传说爱因斯坦曾预言：“如果蜜蜂从地球上消失，人类只能活4年。”虽然爱因斯坦并没有说过这句话，此话很可能是来自比利时养蜂人的一场罢工，但这也在一定程度上反映了蜜蜂对生态系统的重要性。

然而从近代起，常有成年工蜂大量消失，这种情况被称为蜂群崩溃综合征。一旦蜜蜂真的在这世上灭绝，不光人类失去了甜美的蜂蜜，整个生态系统也会因为植物缺乏授粉昆虫、繁殖困难而崩溃。蜂群崩溃综合征的成因众说纷纭，有人认为这是病毒造成的，有人认为是滥用杀虫剂和农药的后果，虽然真正的原因还没有定论，但可以确定的是，滥用农药确实对蜜蜂有影响。

蜜蜂其实是“瘾君子”，采蜜时更偏爱含有咖啡因的花蜜。同样，含有农药的花蜜对蜜蜂也具有致命的诱惑力。蜜蜂像毒品上瘾一样采集被农药污染的花蜜，而被它们带回蜂巢的有毒蜂蜜，最终会毒害所有蜜蜂和幼虫。

此外，蜜蜂的多样性也在缩减。中国原产的蜜蜂品种是中华蜜蜂（简称中蜂），产蜜量不算高，但具有抗病害能力强、食量小、擅长采集零散蜜源等优点；后来，意大利蜜蜂（简称意蜂）被引入了国内，不但产蜜量高，还能大量出产蜂王浆、花粉、蜂胶等副产品。于是，蜂农为了经济利益大量饲养意蜂，家养的中蜂越来越少，中蜂在2006年甚至被列入农业部国家级畜禽遗传资源保护品种。

不但中国，世界各地的原产蜜蜂也纷纷不敌进口蜂种，数量剧减，这对养蜂业的长期发展非常不利。万一主流蜂种被病害侵袭，一时也难以寻觅足够的当地野蜂填补空缺。

蜜蜂虽有蜂刺防身，但还是无法摆脱灭绝的危机，而数千年来一直享用蜂蜜的人类，也理应保护生态、发展物种多样性，让人与蜜蜂的这段甜蜜关系能延续下去。

蜜蜂小贴士	
中文名	蜜蜂
拉丁学名	*Apidae*
英文名称	bee
别称	蜂
物种分类	节肢动物门，昆虫纲，膜翅目，细腰亚目，蜜蜂总科，蜜蜂科
基因组学研究进展	2006 年 10 月 26 日，来自 13 个国家数十个科研机构的蜜蜂基因组测序联盟，公布了它们对蜜蜂基因组的测序结果和分析。蜜蜂共有 16 对染色体，染色体大小为 2.6 Gb，大约有 1 万个有效基因。蜜蜂的祖先来自非洲。尽管蜜蜂是极其古老、进化缓慢的生物，但它体内控制生理节奏、衰老、RNA（核糖核酸）干扰的基因，与果蝇等昆虫的同类基因相差较大，反而与人类等脊椎动物的同类基因更为接近。此外，基因组分析还表明，蜜蜂控制嗅觉的基因极为发达，数量超过果蝇和蚊子的同类基因，而控制味觉的基因明显较少，这说明，嗅觉是影响蜜蜂觅食和与同类通信的主要因素。科学家们还发现，基因可能决定蜜蜂的社会分工。比如，工蜂神经中枢里一些“主控基因”的开启或关闭，会使工蜂由照料蜂王的“护工”转变成以攻击为主的“守卫”。研究结果发表在《自然》杂志上。 2015 年 5 月 15 日，华大基因与伊利诺伊大学厄巴纳－香槟分校合作完成了对具有不同社会组织形态的 10 种蜂类的比较基因

（续表）

蜜蜂小贴士	
基因组学研究进展	组学研究，并从分子水平上阐明了社会性组织形态的演化过程及分子机制。研究人员发现社会化程度越高的物种，其转录因子结合潜能和被甲基化调控的基因越多。转录因子的结合以及甲基化修饰是真核生物中两种主要的基因调控作用方式。同时，在基因区研究还发现参与基因表达调控相关的基因在高程度社会化的物种中具有更快的分子演化速率。研究成果发表在《科学》杂志上。 2017 年 11 月 16 日，深圳国家基因库、哥本哈根大学、中国科学院昆明动物研究所和伊利诺伊大学厄巴纳－香槟分校组成的研究团队合作完成了关于蜜蜂攻击行为快速演化的分子机制研究，提出了波多黎各岛上蜜蜂的攻击性在几代内急剧下降的演化机制，研究成果发表在《自然·通讯》杂志上。

参考文献

1. A fossil bee from Early Cretaceous Burmese amber. Poinar GO Jr, Danforth BN[J]. *Science*. 2006 Oct. 27, 314 (5799): 614.
2. 云无心 . 万物皆有理 [M]. 北京 : 中信出版社 . 2018.
3. Kamakura M. Royalactin induces queen differentiation in honeybees[J]. *Nature*. 2011 May 26, 473 (7348): 478–83.
4. Shahid S., Kim G., Johnson N.R., et al. MicroRNAs from the parasitic plant Cuscuta campestris target host messenger RNAs[J]. *Nature*. 2018 Jan 3, 553 (7686): 82–85.
5. Liang Z.S., Nguyen T., Mattila H.R., et al. Molecular determinants of scouting behavior in honey bees[J]. *Science*. 2012 Mar 9, 335 (6073): 1225–8.
6. 卡尔 · 冯 · 弗里希 (奥). 蜜蜂 [M]. 北京: 中国友谊出版公司 . 2017.
7. Avalos A., Pan H., Li C., et al. A soft selective sweep during rapid evolution of

gentle behaviour in an Africanized honeybee[J]. *Nat Commun*. 2017 Nov 16, 8 (1): 1550.

8. Kessler S., Tiedeken E.J., Simcock K.L., et al. Bees prefer foods containing neonicotinoid pesticides[J]. *Nature*. 2015 May 7, 521 (7550): 74–76.

失落的恐龙世界

不少人对恐龙的认知和兴趣都来自《侏罗纪公园》和“侏罗纪世界”系列电影。毕业于哈佛大学医学院的原著作者迈克尔·克莱顿（Michael Crichton）用自己扎实的科研基础和大胆的想象力，为全世界构建了一个栩栩如生的恐龙世界。在电影中，人类最终还是无法控制亲手复活的恐龙，后者在人类世界横冲直撞，证明了自己才是地球的真正霸主。

史前世界霸主

恐龙（dinosaur）一词原意是“恐怖的蜥蜴”，古生物学家把希腊单词 *Dinos* 和 *Sauros* 组合起来，汉语则简洁地将其翻译为“恐龙”。化石证据证明，最早的恐龙诞生于距今 2.4 亿 ~2.47 亿年的三叠纪中后期。在此之前，地球上已有多种蜥蜴类爬行动物，也许它们就是恐龙的祖先。在三叠纪末期的生物大灭绝中，生态系统经历了一次大洗牌，不少原有物种都宣告灭绝，而恐龙却幸存下来成为优势物种。发现于阿根廷西北部的黑瑞龙（*Herrerasaurus*）是世界上最早出现的恐龙之一，它跟后来出现的大部分恐龙相比还很原始，是从蜥蜴向恐龙演化过程中的一个过渡物种。

因为《侏罗纪公园》等电影的深入人心，多数人可能以为侏罗纪是恐龙最繁盛的时期，其实恐龙是在侏罗纪后期发展为地球上的统治者的，随后的白垩纪才是恐龙种类最多、最繁盛的时期。在侏罗纪时期，不但有多种陆生恐龙出现，还出现了飞行的翼龙（*Pterosauria*），生活在海中的鱼龙（*Ichthyosauria*）等品种，恐龙正式成为海陆空的主宰。

示意图：恐龙曾是地球的主宰

世界上已发现的最大的恐龙也出现于侏罗纪时期，这种恐龙化石的神经弓特别容易碎，所以发现者爱德华·科普（Edward Cope）给它取名为易碎双腔龙（*Amphicoelias fragilimus*）。由于易碎双腔龙过于庞大，直到今天，仍未有人发现它的完整骨骼，只能通过部分骨骼的大小推测它是最大的恐龙。

易碎双腔龙属于梁龙科（*Diplodocoidae*），体型也与梁龙（*Diplodocus*）相似。1994 年，科学家葛瑞格利·保罗（Gregory Paul）以梁龙为模型，推断出易碎双腔龙的股骨可能长达 3~4 米，身长 40~60 米。2006 年，肯尼思·卡彭特（Kenneth Carpenter）推断，假如易碎双腔龙和梁龙体型比例相同，它的身长大概会达到58米。所以从体型来看，易碎双腔龙应该是有史以来最大的动物，体型超过了蓝鲸。古生物学界普遍认为，易碎双腔龙的体重可能超过200吨。

《侏罗纪公园》中登场的不少恐龙种类都是白垩纪才出现的，包括吓坏了无数小朋友的霸王龙（*Tyrannosaurus rex*，简称*T. rex*）。霸王龙又名雷克斯暴龙，是暴龙科（*Tyrannosaurus*）中体型最大的一种。霸王龙的属名*Tyrannosaurus*在古希腊文中的意思是“残暴的蜥蜴王”，种名*rex*在拉丁文中的意思是“国王”，从名字便可知它“王中王”的凶猛和霸气。

虽然有人认为，霸王龙的战斗力可能不如棘背龙（*Spinosaurus*）等体型更大、嘴巴更大的恐龙，但评价动物的凶猛程度，除了体型之外，咬合力（动物上下颚咬紧时的力量）也是一个重要指标。霸王龙的咬合力为8 526~34 522牛顿，是棘背龙的两倍有余。

霸王龙是天生的“小短手”，前肢长度只有后肢的22%。一头体长10米的霸王龙，前肢只有80~100厘米，跟普通人手臂长度差不多。考古学家们根据霸王龙四肢长度，推断它不可能四肢着地行走，只能靠后肢支撑体重，直立行走，前肢在走路时起平衡作用。现代人也经常利用这个特点开霸王龙的玩笑，比如“霸王龙接吻时就不能拥抱，拥抱时就不能接吻”。

《侏罗纪公园》里还有一种小型恐龙，虽然它们没有霸王龙的庞大身躯和惊人体力，但它们智慧惊人，懂得群体作战，还会开门入室，令人不寒而栗。电影中的这些恐龙叫迅猛龙（*Velociraptor*），但真实的迅猛龙并没有那样的智力和战斗力，它们只是一种长着羽毛、体重十来公斤的恐龙，跟人类单打独斗只有被拔光羽毛下汤锅的份儿。

霸王龙化石

恐龙中真正的天才，是和迅猛龙同处白垩纪的伤齿龙（*Troodon*）。伤齿龙的体重约为 60 千克，和一个成年人差不多，四肢修长，奔跑速度快。前肢可以像鸟类一样向后折起，手部具有可以握物的拇指，而第二脚趾长着可伸缩的镰刀型趾爪。这种可伸缩的趾爪和猫的爪子很像，奔跑时会缩回，方便行走；而捕猎、搏斗的时候，又能伸出来当作武器。它们眼睛很大，视力也比多数恐龙更好，甚至可能在夜间活动，以夜间行动的哺乳动物为食。从身体情况来看，伤齿龙的战斗力显然比迅猛龙强。

伤齿龙大脑和身体的比例在恐龙中是最大的，智力估计也是最高的。人类平均 IQ（智商）是 90~100，按人类的 IQ 来衡量的话，袋鼠的 IQ 只有 0.7，伤齿龙的 IQ 可能高达 5.3，接近现代鸟类的智商。现代一些鸟类经过训练后可以进行杂技表演，或者模仿人类说话，伤齿龙的智商可能与它们相差无几。

恐龙在白垩纪晚期的生物大灭绝中消亡殆尽。加拿大古生物学家戴尔·罗素（Dale Russell）曾经认为，如果恐龙没有灭绝，伤齿龙也许会演化成有智慧的“恐龙人”，替代人类成为地球的主宰，这就是著名的“恐人学说”（Dinosauroid）。

恐龙化石之争

我们现在看到的千姿百态的恐龙还原图，都是根据出土的恐龙化石还原出来的。当然，科幻电影中的部分恐龙形象会经过艺术加工，从而达到更震撼的视觉效果。

古人其实早已发现了恐龙化石，只是他们并不知道这是何物。《史记·孔子世家》记载，春秋战国时期，吴国发现了一节像车子一样大的骨骼，派使者请教孔子，孔子认为这是传说中的巨人族——防风氏的遗骨。晋朝的《华阳国志》也记载：“山出龙骨。传云龙升其山，值天门闭，不达，堕死于此，后没地中，故掘取得龙骨。”古人从未见过如此巨大的骨骼，只能猜测这是神话中巨人或者龙的遗骨。

1822年，英国苏塞克斯郡的曼特尔（Mantell）夫人在新修公路两旁的岩层发现巨大的动物牙齿化石，出于好奇，她把这些牙齿化石挖出来带回家给自己丈夫——乡村医生吉迪恩·曼特尔（Gideon Mantell）看。

曼特尔先生在发现牙齿化石的地方又挖出了一些巨大的骨骼化石，把这些化石寄给法国著名博物学家乔治·居维叶（Georges Cuvier）进行鉴定，居维叶认为牙齿化石属于犀牛，骨骼化石属于河马。这个结论并未能使曼特尔信服。

两年后，曼特尔在伦敦皇家学院博物馆看到了美洲鬣蜥的牙齿，发现它们跟自己发现的牙齿化石非常相似，他坚信这些化石属于一种灭绝的古代爬行动物。于是，他把这种生物命名为禽龙（*Iguanodon*），这个词在拉丁文中的意思是“鬣蜥的牙齿”。

虽然曼特尔是第一个发现恐龙化石的人，但他没有及时把此发现写成论文发表。1824年，牛津大学教授威廉·巴克兰（William Buckland）把他发现的一种恐龙化石命名为斑龙（*Megalosaurus*），并发表了世界上第一篇关于恐龙的论文。所以，巴克兰才是学术界公认的发现恐龙的第一人。

虽然遭受打击，曼特尔对恐龙化石的热情丝毫不减，他放弃了行医的工作，专心收集各种恐龙化石，出版关于恐龙的学术著作，还把自家改装成恐龙化石博物馆。然而曼特尔并非富豪，购买化石和自费出书使他债台高筑，妻离子散，最后只能卖掉化石藏品还债。

屋漏偏遭连夜雨，当时的学术名人理查德·欧文（Richard Owen）也盯上了曼特尔的学术成果。他迅速把这类爬行动物正式命名为“恐龙”（dinosaur），并趁曼特尔贫病交加，将他多年前命名的恐龙品种改个名字，便宣称这是自己的学术成果。为了打压曼特尔，他还串通学术杂志把曼特尔投稿的研究论文统统拒稿。

就这样，在失去了医生工作、妻儿、大部分藏品后，曼特尔苦心经营多年的学术成果也被掠夺，他本人也于1852年含恨离世。

曼特尔逝世6年后，大洋彼岸的美国也爆发了一场被载入史册的化石战争（The Bone Wars），这也是一场令人扼腕的恶性竞争。战争的双方，便是上文中发现了易碎双腔龙的美国院士爱德华·科普和哈佛教授奥塞内尔·马什（Othniel Marsh）。这是一场没有赢家的战争，马什依仗财势，大搞不公平竞争，两人一生明争暗斗，最后双双在挖掘化石的过程中耗尽家财，不得善终。

虽然此事已经过去百年，但我们也应以史为鉴，尽可能让科学研究向健康、有序的方向发展。

灭绝之谜

虽然恐龙留下了化石，可供人类推测它们生前的体型和习性，然而化石能诉说的信息实在太少，无法解答这种史前地球霸主给我们留下的无数不解之谜。比如，恐龙是如何灭绝的？

恐龙灭绝的原因众说纷纭，最为人信服的说法是陨石撞击。1980年，美国科学家在6 500万年前的白垩纪晚期地层发现了高浓度的铱元素，而这一元素只存在于天外行星，这说明当时地球很可能经历了一次小行星撞击。根据铱元素的分布状况推测，撞击地球的小行星直径至少有10公里。

墨西哥的希克苏鲁伯陨石坑被认为是那颗小行星撞击的痕迹。不幸的是，小行星撞击的中美洲地区，地表浅层含有大量的烃类和硫化物，在小行星撞击造成的高温中，烃类和硫化物大量燃烧，造成严重雾霾和气温剧变。同时，硫化物燃烧导致的酸雨使植物大量死亡，引发了整个食物链的崩溃。

有科学家推测，如果小行星撞击在地球上烃类含量不高的地区，未必会造成这样的毁灭性后果，恐龙也能得以幸存。时也，命也，小行星偏偏击中了地球的死穴，恐龙也就在劫难逃了。

此外，也有一些观点认为，恐龙是死于气候变化或者大规模火山爆发造成的环境失衡。就连白垩纪晚期被子植物的兴起，也可能与恐龙灭绝有关——某些被子植物为了防止被动物所食，在体内产生了生物碱等毒性物质，毒死了大批植食恐龙，食肉恐龙也因而死于食物匮乏。无论真相是什么，恐龙的灭绝已是既成的事实。

恐龙与鸟

电影中的恐龙形象都是皮肤粗糙、身披鳞片，跟现代的巨蜥、鳄鱼差不多，但科学家从化石中发现，许多恐龙都像鸟类一样长着羽毛，《侏罗纪公园》的两大主角霸王龙和迅猛龙，其实都是“毛茸茸”的。此外，翼龙、始祖鸟（*Archaeopteryx*）、镰刀龙（*Therizinosaurus*）、窃蛋龙（*Oviraptor*）、驰龙（*Dromae-osaurus*）、鹦鹉嘴龙（*Psittacosaurus*）、天羽龙（*Tianyulong*）等恐龙的化石中也发现了羽毛的痕迹。

现代鸟类身上有多种羽毛，功能各异，比如正羽可以辅助飞行和保护身体，绒羽可以保暖，毛羽感受外界环境等。翼龙身上也有 4 种结构不同的羽毛，分别用于保暖、辅助飞行、感应猎物等。即使是不会飞行的霸王龙、迅猛龙等品种，也有羽毛护体，它们的羽毛可能起到保暖、成为保护色、求偶、炫耀等作用。

科学家曾认为恐龙羽毛的颜色是个千古之谜，因为化石无法看出羽毛原本的颜色。但随着技术的发展，科学家现在可以通过扫描电子显微镜观察到恐龙羽毛化石中的色素体，再把这些色素体和现代鸟类羽毛的色素体做比对，就可以复原出恐龙羽毛的颜色。

恐龙的羽毛具有重要研究意义。因为蛇、蜥蜴等冷血动物的体温都随外界温度变化，不需要毛发保暖，在低温状态下会出现行动迟缓、冬眠等表现。而部分恐龙具有能保暖的羽毛，说明它们是温血动物，活动能力也比冷血爬行动物更强，在自然竞争中更有优势。

恐龙身上的羽毛，也证明了它们和现代鸟类有莫大的血缘关系。现代鸟类是由一些小型恐龙演化而来的，化石也证明，部分小型恐龙除了长着能辅助飞行的羽毛，还具有前肢加长、前脑增大、骨骼中空、体内有气囊等与鸟类相似的特征。始祖鸟和中华龙鸟（*Sinosauropteryx*）都是具有鸟类特征的恐龙，属于恐龙向鸟类演化的过渡型动物，因为外形和鸟类太相似，它们甚至一度被认为是原始的鸟类——尤其是始祖鸟，它的化石出土于1861年，当时达尔文的首版《物种起源》已经问世两年，所以它成了支持生命演化中“缺失的一环”的有力证据。最早的鸟类之一孔子鸟（*Confuciusornis*），也有不少类似爬行动物的特征，比如胸骨没有龙骨突、翅膀上有爪子。

始祖鸟复原图

物竞天择，虽然恐龙已经在生存竞争中谢幕离场，但它们的后裔鸟类却已在地球繁衍生息上亿年。从恐龙嘶鸣到鸟语啁啾，实在令人感叹生物演化的无限可能。恐龙已逝，与其不计成本地考虑将其复活，远不如珍惜、善待现存于世的鳄、龟、蛇、蜥蜴等同时代的爬行动物，正所谓“满目山河空念远，何不怜取眼前人”。

参考文献

1. Gignac P.M., Erickson G.M. The Biomechanics Behind Extreme Osteophagy in *Tyrannosaurus rex*[J]. *Sci Rep*. 2017 May 17, 7 (1): 2012.
2. Jeff Hecht. “Smartasaurus” . *Cosmos* Magazine. Retrieved 1 June 2017.
3. Kaiho K., Oshima N. Site of asteroid impact changed the history of life on Earth: the low probability of mass extinction[J]. *Sci Rep*. 2017 Nov 9, 7 (1): 14855.
4. Xu X., Wang K., Zhang K., et al. A gigantic feathered dinosaur from the lower cretaceous of China[J]. *Nature*. 2012 Apr 4, 484 (7392): 92–5.
5. Kellner A.W., Wang X., Tischlinger H., et al. The soft tissue of Jeholopterus (Pterosauria, Anurognathidae, Batrachognathinae) and the structure of the pterosaur wing membrane[J]. *Proc Biol Sci*. 2010 Jan 22, 277 (1679): 321–9.
6. Li Q., Gao K.Q., Meng Q., et al. Reconstruction of Microraptor and the evolution of iridescent plumage[J]. *Science*. 2012 Mar 9, 335 (6073): 1215–9.
7. Xu X., Zhou Z., Dudley R., et al. An integrative approach to understanding bird origins[J]. *Science*. 2014 Dec 12, 346 (6215): 1253293.

且放白鹿
青崖间

鹿因其美丽优雅的形象，自古就被人类当成瑞祥神兽。在中国传统神话中，鹿往往是寿星等仙人的坐骑，唐朝诗人李白曾写下“且放白鹿青崖间，须行即骑访名山”的诗句。无独有偶，西方民间传说中的圣诞老人，在平安夜给孩子们发放礼物时，乘坐的正是驯鹿拉的雪橇。

既然鹿常与仙人为伴，古代的王公贵族、达官贵人自然也喜欢在自家园林养鹿，取其吉祥之意。《诗经》中的《大雅·灵台》就描写了周文王园林“王在灵囿，麀鹿攸伏。麀鹿濯濯，白鸟翯翯”的情景。

鹿角长生

当然，不少人养鹿除了观赏，更是为了鹿茸。鹿茸是鹿刚长出不久尚未骨化的嫩角，外覆茸皮，内含软骨、血管。其中梅花鹿（*Cervus nippon*）和马鹿（*Cervus elaphus*）的鹿茸都可供药用，据《本草纲目》记载，鹿茸有“补肾壮阳、生精益血、补髓健骨”的功效，是强身健体的上好补品。但如果不及时锯取鹿茸，任其继续生长，鹿茸便会褪掉茸皮，逐渐骨化为坚硬的鹿角。此时养鹿者只能再等一年，等鹿角在秋冬时脱落，于次年春季长出新的鹿茸，再进行收割。

带茸皮的鹿茸（上）和切片的鹿茸（下）

反刍动物是现存唯一具有骨颅附属物（角）的哺乳动物，具体种类包括鹿、羚羊、牛、羊等。反刍动物一共有瘤胃、网胃、瓣胃、皱胃四个胃，其中只有最后面的皱胃是能分泌胃液、进行化学性消化的真正意义上的胃，前面三个胃其实只是食道的异化。吃火锅时涮的毛肚、金钱肚、牛百叶，其实分别是牛的瘤胃、网胃、瓣胃。

因为反刍动物都是植食动物，在野生环境下进食时容易被食肉兽捕猎，所以它们只能匆匆把食物咽下储存于瘤胃，等处在安全环境下时才把在瘤胃中浸泡和软化的食物逆呕回口腔，经过细细咀嚼后依次经过瘤胃、网胃、瓣胃，最后来到皱胃中。这种消化方式叫反刍，反刍动物因此得名。

牛羊等反刍动物的角都是中空的，而且一般终身不脱落；而鹿角是实心的骨质，每年都会脱落旧角，长出新角。其实鹿的老祖宗在3 500万年前问世时，并不长角，经过了1 000万年的演化，中新世早期的鹿才发育出骨质的角，但这种角既没有分叉也不脱落。直到1 300万年后的上新世，鹿角才出现了类似现代鹿角的分叉。

全世界目前共有38种鹿科动物（长颈鹿不属于鹿科，而属于独立的长颈鹿科），多数种类的鹿都是只有雄性才长角，在交配时节用于吸引雌性、与竞争者搏斗。然而巨大的鹿角虽有助于雄鹿获得生殖优势，但这也不利于它们的生存。鹿角越大，生长时所需的养分越多，而且过大的鹿角容易被卡在树枝上，被卡住失去行动能力的鹿往往葬身于天敌之口，或者困在原地活活被饿死。猎人也更喜欢捕猎长着巨大鹿角的鹿，因为鹿角做的装饰品可以卖出好价钱。如今非洲象为了逃避偷猎者对象牙的掠夺，象牙在代代演化下变得越来越短，也许在将来，野鹿们的鹿角也会像象牙一样演化得越来越小。

为了减少营养消耗和被捕猎的风险，獐（*Hydropot*）和麝（*Noschus noschiferus*）等体型较小的鹿科动物，无论雌雄都不长角。而生活在北极圈的驯鹿（*Rangifer tarandus*）需要用鹿角把冰雪下的地衣（lichens）刨出来充饥，因此雌雄都长角。多数鹿科动物的雄性都是通过雄激素促进鹿角的生长，而驯鹿的*CCND1*基因上游发生了突变，使其雄激素受体可以被其他信号分子激活，导致雌鹿的雄激素受体在缺乏雄激素的状态下也能促进鹿角生长，如能把变异的基因引入其他品种的雌鹿体内，便可以让雌鹿也长出鹿茸，增加鹿茸产量。

鹿角生长需要大量的钙和其他营养成分。众所周知，阳光对动物体内维生素 D 的合成起着关键作用，而维生素 D 又能促进钙的吸收。驯鹿生活在北极圈，当地的阳光强度和光照时长都不如低纬度地区，驯鹿要吸收足够的钙满足鹿角生长的需要，自身必须有极强的合成维生素 D 的能力。研究发现，驯鹿体内基因发生了变异，维生素 D 代谢途径中的 CYP27B1 和 POR 两种关键酶活性比其他动物的更高，有助于维生素 D 的合成。

越是高等的生物，肢体再生就越难。人类一旦身体受损，便只能抱憾终身，再无可能让失去的器官、组织重生。然而鹿每年都能长出新的鹿茸并发育为鹿角，是唯一能实现器官再生的哺乳动物。鹿茸的再生源自角柄处的骨膜干细胞团的生长、分化，这种干细胞团能发育为鹿茸的软骨、血管、神经、皮肤等组织。如果把鹿茸再生的机理研究透彻，不但能生产更多鹿茸，更重要的是，将此研究用于临床，有望使肢体受损的患者实现肢体再生。

生活在北极圈的驯鹿

防癌有术

古人把鹿当成神兽，认为通灵性的“神鹿”寿命极长，是长寿的象征。《述异记》中提到：“鹿一千年为苍鹿，又五百年化为白鹿，又五百年化为玄鹿。”相传唐玄宗曾猎到一头大鹿，八仙之一张果老告诉他，这头鹿已经将近千岁，自己曾在汉朝时与汉武帝猎到此鹿并将之放生，放生前在鹿角下系了一块铜牌作为标记。唐玄宗检查鹿头，果然发现了这块铜牌。这些传说，都为鹿的长寿蒙上了一层神秘的色彩。

事实证明，鹿科动物的寿命只有二三十年，在动物界并不算特别长寿。但鹿有个过人的优势，就是不容易得癌症。鹿茸生长速度极快，最快时每天都能生长 1.7~2 厘米，生长速度甚至超过了肿瘤组织。而鹿茸中也确有多个原癌基因的表达，与骨癌组织中的原癌基因表达相似，也许这些原癌基因在调控鹿茸快速再生过程中起了重要作用。

然而，即使体内的原癌基因大量表达，也不会增加鹿科动物罹患肿瘤的概率，相反，鹿科动物的肿瘤发病率甚至远低于其他动物。原来，鹿体内除了有原癌基因的高效表达，*PML*、*NMT2*、*CD2AP*、*ELOVL6*、*S100A8*、*ISG15*、*CNOT3*、*CCDC69* 等抑癌基因也大量表达，抑制肿瘤的生成，使鹿的细胞在迅速生长的同时又不会引发肿瘤。

鹿科动物的肿瘤抑制机制，可以为临床肿瘤的预防和治疗提供新的思路和方法。鹿虽不是传说中的“祥瑞神兽”，但仍然是健康、吉祥的象征，为人类的健康长寿带来了更多的希望。

驯鹿小贴士	
中文名	驯鹿
拉丁学名	*Rangifer tarandus*
英文名称	reindeer
别称	角鹿
物种分类	脊索动物门、脊椎动物亚门、哺乳纲、真兽亚纲、偶蹄目、反刍亚目、鹿科、空齿鹿亚科、驯鹿属、驯鹿种
基因组学研究进展	2019 年 6 月 21 日，西北工业大学、西北农林科技大学、华大基因等研究机构对驯鹿进行了基因测序。驯鹿是目前唯一一种被完全驯化的鹿科动物，基因组大小为 2.6 Gb。该研究揭示了北极鹿的广泛特征的遗传基础，并为理解哺乳动物对北极的适应性策略提供了基础。比较基因组研究和功能分析鉴定了许多基因，这些基因具有与昼夜节律性心律失常、维生素 D 代谢、顺应性和鹿茸生长相关的功能，以及独特突变和 / 或正选择的基因。该结果可能提供与人类健康相关的见解，包括驯鹿中维生素 D 的遗传反应如何影响骨骼和脂肪代谢及基因如何影响昼夜节律性心律失常。研究结果以封面文章的形式发表在《科学》杂志上。

参考文献

1. 宋胜利 , 刘国世 , 宋文辉 , 史文清 , 刘久田 . 鹿角及其文化现象——中国鹿与鹿文化研究 [A]. 2013 中国鹿业进展 [C]. 北京：中国畜牧业协会 , 2013. 286–295.
2. 李佳 . 仙鹿长寿意义考辨 [J]. 华夏文化 . 2015, 4: 54–55.
3. Lin Z., Chen L., Chen X., et al. Biological adaptations in the Arctic cervid, the reindeer (*Rangifer tarandus*)[J]. *Science*. 2019 Jun 21; 364 (6446).

4. 奇云 . 鹿角再生的秘密 [J]. 科学与文化 . 2006, 4: 19.

5. Wang Y., Zhang C., Wang N., et al. Genetic basis of ruminant headgear and rapid antler regeneration[J]. *Science*. 2019 Jun 21; 364 (6446).

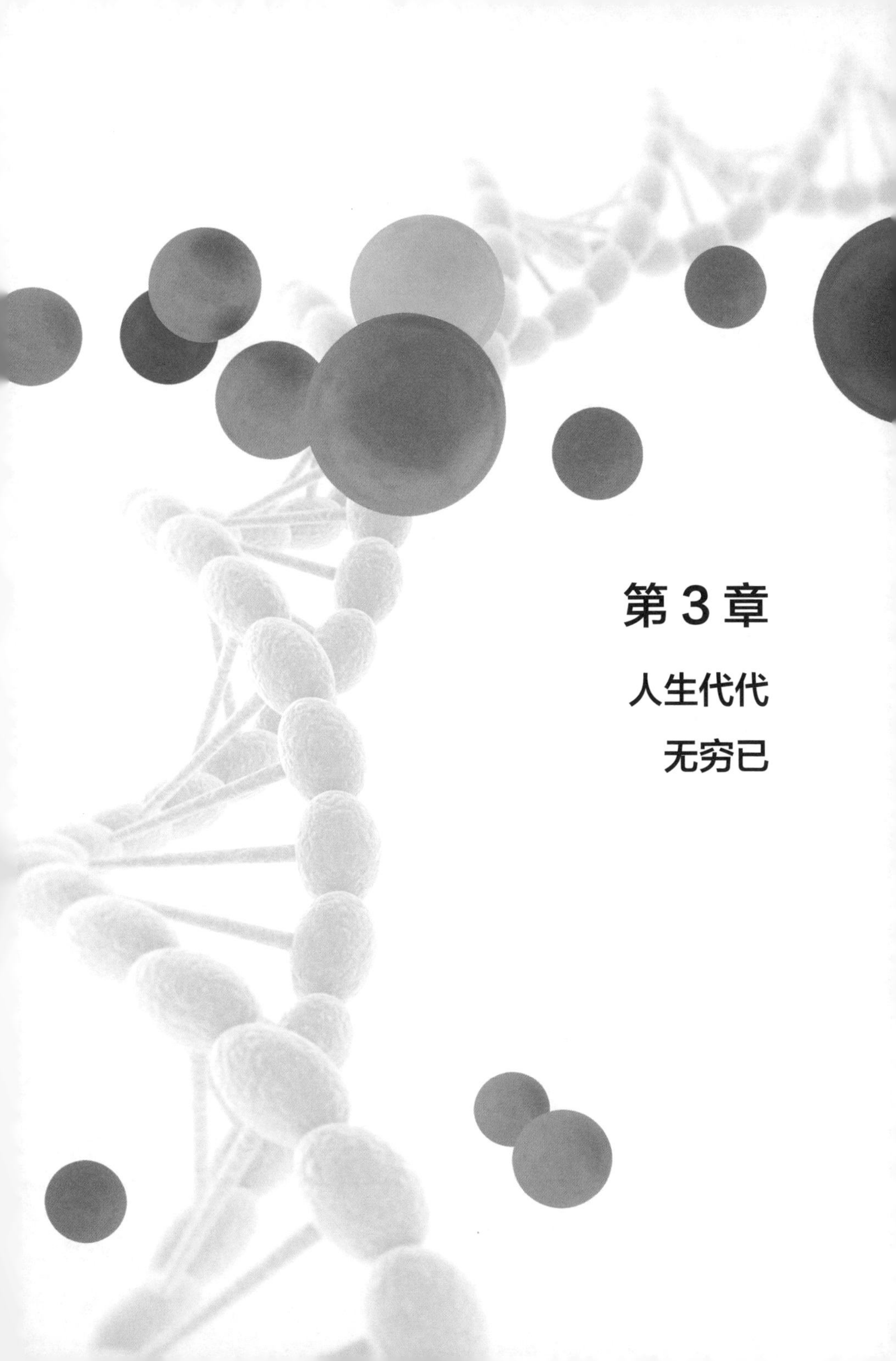

第 3 章

人生代代
无穷已

肠道菌群：身体代谢的指挥家

肠道菌群相当于我们后天获得的一个重要“器官”，它们为我们提供人体自身不具备的酶和生化代谢通路，影响人体的消化、营养及药物代谢、肠屏障功能、免疫及维生素合成等。

New Scientist 网站上曾有一则新闻：一位原本健康的 46 岁美国男性，2011 年开始莫名出现精神恍惚、眩晕与记忆衰退等症状，严重干扰生活，最后不得不辞掉工作。虽然他曾多次就医，但医生根本查不出有任何问题，2014 年甚至有心理医生给他开了抗抑郁药，但依然无效。

而这一切的根本原因让人啼笑皆非：原来机缘巧合之下，一些酿酒酵母菌（*Saccharomyces cerevisiae*）在他的肠道里成功存活并繁衍生息了！按常理，肠道里各种菌群会互相帮助或牵制，形成动态又微妙的平衡，酿酒酵母菌本是无法在肠道中“安居乐业”的。也许是这名男子在 2011 年初时服用的抗生素，破坏了他肠道菌群的平衡，导致酿酒酵母菌能在他肠道中存活、繁殖，并利用他肠道中的淀粉食物发酵产生酒精，导致他长期处于“醉酒”的状态，引起了这一系列的困扰。

虽然这属于罕见个例，但《生命密码》中曾提到，人体本身就是一个和菌群休戚与共的巨大生态系统。食物、肠道菌群及其产物对我们身体、心理健康的影响之大，由此可见一斑。

肥胖、代谢综合征与肠道“指挥家”

一般认为，超重和肥胖是能量摄入过多、消耗减少，造成能量代谢不平衡的后果。而近几年越来越多的研究表明，肠道菌群参与人体能量代谢的调控，并与肥胖症等代谢性疾病有关。

2012 年，上海交通大学赵立平教授团队实验室通过实验发现，一种叫阴沟肠杆菌（*Enterobacter cloacae*）的条件致病菌可以在肠道中产生内毒素，能促使小鼠关闭消耗脂肪需要的基因，激活合成脂肪的基因，还能引起小鼠炎症和胰岛素抵抗，让小鼠患上严重的肥胖症。2015 年，赵立平教授通过饮食干预来调整肠道菌群，使因患有小胖威利（Prader-Willi）综合征而暴食、肥胖的儿童成功减重，证明了肠道菌群和肥胖之间具有直接因果关系，而且通过调整肠道菌群能够达到控制体重的目的。

脂肪积累和全身系统性慢性低度炎症，是肥胖等代谢性疾病患者普遍具有的两大临床表征。在脂肪积累方面，肠道菌群帮助人体消化自身无法分解的复杂碳水化合物，使我们从食物中获得更多能量，通过调控能量代谢相关基因的表达，控制脂肪的积累；在慢性炎症方面，肠道菌群抵御有害菌入侵，降低有害菌引起慢性低度炎症的概率。

试想，假如体内有“肥胖助力菌”，让人患上肥胖症，从而引发糖尿病、高脂血症、高血压、高血尿酸、非酒精性肝病、心血管疾病、动脉粥样硬化和某些癌症，就像体内安放了不定时炸弹一样危险。

然而携带“肥胖助力菌”的人是否都受其所害，与健康饮食与否有密切关系。这个“害菌害己”的因果顺序大致如下：长期不合理的饮食（高脂、高糖）破坏肠道菌群平衡→肠道益生菌减少→肠道屏障功能减弱→内毒素（脂多糖等）进入血液循环→导致全身性慢性炎症→引发胰岛素抵抗、脂肪过度积累等后果。

希望通过调整肠道菌群来保持健康体重？当然可行。我们首先需要了解摄入不同的食物后，肠道菌群会受到什么样的影响，继而身体代谢会产生什么变化。简单来说，远离高油高糖的加工食品，多食用天然蔬果杂粮等，就能促进肠道益生菌的生长，优化身体代谢。

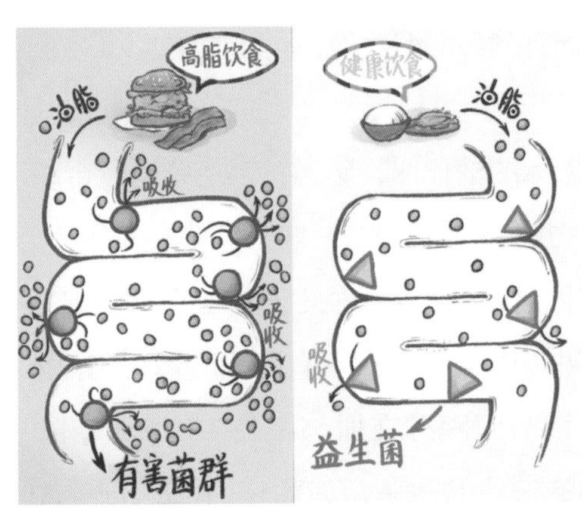

示意图：高脂饮食会促进肠道内有害菌群繁殖和脂质吸收；而健康饮食则会促进肠道内益生菌生长，阻止脂质吸收　（绘图：傅坤元）

Ⅱ型糖尿病是由于血糖平衡失调而表现出的高血糖症状，此病往往是肥胖症的并发症，又是一系列代谢相关性疾病的糖代谢异常表现，伴有全身慢性轻度炎症。2012 年，华大基因与深圳市第二人民医院联合对 345 名中国人的肠道菌群进行宏基因组关联分析，共鉴定出约 6 万个与Ⅱ型糖尿病相关的分子标记，从分子层面上明确了Ⅱ型糖尿病患者与健康人群在肠道菌群上的差异。

肠道菌群紊乱导致的糖代谢异常，与两种重要物质有关：一是脂多糖（Lipopolysaccharide，LPS），高脂饮食造成肠道菌群失调，有害菌中的 LPS 进入血液循环，引起胰岛组织慢性炎症以及血管内皮结构、功能异常，导致胰岛素分泌不足和胰岛素抵抗；二是短链脂肪酸（Short-chain Fatty Acids，SCFA），肠道益生菌减少后，其代谢产物 SCFA 也随之减少，肠上皮细胞缺少 SCFA 的诱导，导致脑肠肽和各种生长因子的分泌受抑，引起胰岛组织功能受损和胰岛素抵抗。

总的来说，肠道中有害菌太多、益生菌太少会使肠道菌群失去平衡，结果都是损害胰岛组织功能和胰岛素作用，最终导致Ⅱ型糖尿病的发生。

除了影响人体的糖代谢，肠道菌群还能通过合成代谢酶等方式，参与人体其他物质的代谢，调控“四高”（高血脂、高血压、高血糖、高尿酸）的发生，因此肠道菌群又被称为“身体代谢指挥家”。

肠道菌群基因的编码蛋白含有胆固醇氧化酶，能抑制肝脂肪合成酶的活性，调节胆固醇在血与肝脏中的分布，影响胆盐的肠肝循环。肠道中的一些益生菌，如乳杆菌（*Lactobacillus*）、双歧杆菌（*Bifidobacterium*）、肠球菌（*Enterococcus*）直接参与胆固醇代谢。

当长期高脂饮食破坏肠道微环境时，肠道菌群中脂代谢相关酶的活性也会改变，造成人体脂代谢紊乱，引起血脂异常。因此，通过调整饮食结构、补充肠道益生菌，便能对高血脂达到“治本”的效果。

近年来高尿酸在沿海地区越来越高发，在各年龄层人群中蔓延，甚至越来越多20来岁的青年因为饮食不节制而患上高尿酸，并发展为严重痛风。目前临床上对痛风的治疗干预还十分有限，要想防治高尿酸和痛风,还得在与代谢密切相关的肠道菌群上做文章。研究证明，高尿酸人群的肠道菌群确实与健康人群的菌群不同，也许今后通过干预肠道菌群，支援“身体代谢指挥家”，便能有效控制“四高”。

益生菌、益生元与代谢综合征

既然要给“身体代谢指挥家”增加帮手，除了从饮食营养上改变，还要重点说说两个以肠道菌群为靶点的“小助手”——益生菌和益生元。

益生菌在某些人体临床试验中效果斐然。目前已有研究发现，服用适合种类的益生菌可降低血脂异常人群的总胆固醇、低密度脂蛋白胆固醇（Low Density Lipoprotein Cholesterol，LDL-C）和三酰甘油，降低初诊Ⅱ型糖尿病患者的空腹血糖，改善初诊高血压患者的收缩压和舒张压。

这并不是说益生菌就是万能灵药，而且使用益生菌改善肥胖症和代谢性疾病也是讲究方法的，例如干预时间要长于8周、益生菌制剂效果优于含益生菌的酸奶、多菌株复合制剂优于单一菌株制剂等。这些治疗策略对代谢性疾病的治疗具有非常重要的参考意义。

益生元的知名度可能不如益生菌，有人甚至不知道益生元是什么。2017年国际益生菌与益生元科学协会（International Scientific Association for Probiotics and Prebiotics，ISAPP）对益生元的定义是：一类能够被宿主体内的菌群选择性利用并有益于宿主健康的物质。换句话说，肠道益生菌喜欢“吃”的植物纤维、低聚糖等物质，都属于益生元。

益生元通过滋养肠道菌群，可以选择性提高肠道益生菌群丰度，激活肠上皮黏膜固有免疫作用，强化肠道黏膜屏障，减少内毒素进入血液循环，改善体内低水平炎症。此外，它还能诱导肠道菌群分泌一些肠激素，增加饱腹感、减少摄食量，有助于“吃货”们减肥。

因为益生元一直是益生菌的好搭档，不少优质益生菌产品中都会专门添加乳杆菌或者双歧杆菌偏爱的益生元，有时甚至不止添加一种，都是为了这对“最佳搭档”进入人体后可以充分发挥作用。

不同人群对益生元食品的代谢也不同，若想通过益生元食品干预健康，应使用适合自己的益生元食品配方，做到精准营养和精准干预。

肠道菌群与健康

除了在代谢综合征方面起着重要作用，肠道菌群还在其他方面影响着人体健康，同时也被人体健康状态所影响。

除了不良饮食，心理压力也会引起肠道菌群失调，如双歧杆菌等益生菌数量下降、链球菌（*Streptococcus*）等有害菌数量升高，从而损害身体健康。法国国家健康与医学研究院的研究人员发现，心理压力可能会影响肠道菌群的种类和活跃程度，使肠道菌群制造一种抑制食欲的蛋白质（热激蛋白 ClpB），而食欲受抑又会催生人体产生抗体蛋白抵制热激蛋白 ClpB，这两种蛋白的分泌失调会影响人体的饮食行为，导致贪食症或厌食症。

幸运的是，某些益生菌及其代谢产物可以逆转这些不良影响，食用富含益生元的食物和体育锻炼都能增加肠道中这些益生菌的数量，帮助宿主对抗压力造成的饮食失调。

肠道菌群还能逆转癌症治疗对身体造成的伤害。传统的化疗会增加肠道炎症、削弱肠道屏障功能，使肠道菌群多样性下降、抗炎类菌群减少。肠道菌群的变化还会经过“肠–脑轴”影响大脑功能和炎症状况，从而影响情感样行为和认知功能、造成乏力和睡眠障碍。因此，化疗患者往往会出现肠道不适和行为的改变，这种化疗造成的不良行为改变又称行为合并症。而通过调节肠道菌群，可以减轻化疗造成的一些行为合并症。

近年比较热门的免疫治疗则对身体伤害相对较小，更加利于癌症病人康复。越来越多的临床反馈也显示，免疫治疗的效果与肠道菌群有关，其中 AKK 菌（*Akkermansia muciniphila*）、双歧杆菌等益生菌尤其能促进免疫治疗的效果。

如何治疗肠道菌群失衡造成的种种症状？科学家从移植器官中得到灵感——移植肠道菌群！这又称粪菌移植技术，具体做法是将健康人的粪便移植到经过反复冲洗处理的病患肠道中。南京医科大学第二附属医院、第四军医大学西京消化病医院等机构现已成立粪菌移植平台，曾在临床上通过粪菌移植拯救过因术后肠道菌群失调导致急性结直肠炎的患者。但目前进行粪菌移植仍然面临很多挑战，包括适应性的选择、粪便供体的安全性把控、供体和受体的配对等。跟器官移植一样，临床上的粪菌移植可能引入病原菌、毒素基因或耐药基因，从而对受体造成不可预知的危害，2019 年曾出现粪菌移植引起受体死亡的案例。虽然此技术已在治疗艰难梭菌感染、肠道炎症、肥胖症、自闭症等疾病上都有不俗的效果，但仍然不会成为治疗肠道菌群失衡的首选方式。

那有没有相对安全的干预肠道菌群的方式？有。那就是口服益生菌。为此，国家市场监督管理局加快了益生菌在国内市场的运行工作，并于 2019 年 3 月发布了《益生菌类保健食品申报与审评规定（征求意见稿）》。中国的益生菌相关法规是最为保守的，其菌株安全性的把控也相对于欧美国家更为严格，要求对人体完全无副作用，这也是国产益生菌的菌株种类相对较少的原因。

服用特定种类益生菌可以在一定程度上安全缓慢地达到粪菌移植的效果，并避免移植手术的风险。生长在人体肠道的菌株，有的是控制体重的，有的是放飞体重的，不过大多数都是中性菌株。直接服用控制体重的菌株难以得到显著、安全的效果，但那些控制体重的菌株却能和乳杆菌、双歧杆菌等益生菌协同生存。也就是说，服用这些益生菌可以促进控制体重的菌株的生长，从而达到治疗肥胖症的目的。

但服用益生菌不能像粪菌移植那样可以“一次性根治”，所以其疗程相对较长，肠道环境较好的人群可能服用益生菌一个月左右就可以改善肠道菌群，但有些人可能需要服用更长时间。

我们与肠道菌群初见于新生时，终身相伴、福祸相依。想要身体健康，还得从善待肠道菌群开始，逐渐改善生活习惯和饮食结构，让体内的益生菌更好地发挥作用。

参考文献

1. Gregg E.W., Shaw J.E.. Global Health Effects of Overweight and Obesity[J]. *N Engl J Med*. 2017 Jul 6, 377 (1): 80–81.
2. NCD Risk Factor Collaboration. Worldwide trends in body-mass index,

underweight, overweight, and obesity from 1975 to 2016: a pooled analysis of 2416 population-based measurement studies in 128. 9 million children, adolescents, and adults[J]. *Lancet*. 2017 Dec 16, 390 (10113): 2627–2642.

3. Amar J., Burcelin R., Ruidavets J.B., et al. Energy intake is associated with endotoxemia in apparently healthy men[J]. *Am J Clin Nutr*. 2018, 87: 1219–1223.
4. Cani P. D., Amar J., Iglesias M.A., et al. Metabolic endotoxemia initiates obestiy and insulin resistance[J]. *Diabetes*. 2017, 56: 1761–1772.
5. Cani P.D., Bililoni R., Knauf C., et al. Changes in gut microbiota control metabolic endotoxemia induced inflammation in high-fat diet-induced obesity and diabetes in mice[J]. *Diabetes*, 2018, 57: 1480–1481.
6. Pan F., Zhang L., Li M., et al. Predominant gut Lactobacillus murinus strain mediates anti-inflammaging effects in calorie-restricted mice[J]. *Microbiome*. 2018, 6: 54–71.
7. Liping Zhao, Feng Zhang, Chenhong Zhang, et al. Gut bacteria selectively promoted by dietary fibers alleviate type 2 diabetes[J]. *Science*. 2018, 359: 1151–1156.
8. Li G., Xie C., Lu S., Nichols R.G., et al. Intermittent Fasting Promotes White Adipose Browning and Decreases Obesity by Shaping the Gut Microbiota[J]. *Cell Metab*. 2017 Nov 7; 26 (5): 801.
9. Szuli' nska M., Łoniewski I., Bogda' nski P., et al. Dose-Dependent Effects of Multispecies Probiotic Supplementation on the Lipopolysaccharide (LPS) Level and Cardiometabolic Profile in Obese Postmenopausal Women: A 12-Week Randomized Clinical Trial[J]. *Nutrients*. 2018 Jun 15, 10 (6). pii: E773.

10. John G.K., Lin Wang, Mullin G., et al. Dietary Alteration of the Gut Microbiome and Its Impact on Weight and Fat Mass: A Systematic Review and Meta-Analysis[J]. *Genes*. 2018, 9: 167

11. Yamamoto J.F., Kellett J.E., Corcoy R., et al. Gestational Diabetes Mellitus and Diet: A Systematic Review and Meta-analysis of Randomized Controlled Trials Examining the Impact of Modified Dietary Interventions onMaternal Glucose Control andNeonatal BirthWeight[J]. *Diabetes Care*. 2018, 41:1346–1361

12. Guo Z., Zhang J., Wang Z., et al. Intestinal microbiota distinguish gout patients from healthy humans[J]. *Sci Rep*. 2016 Feb 8, 6: 20602.

13. Zeevi D., Korem T., Zmora N., et al. Personalized nutrition by prediction of glycemic responses[J]. *Cell*. 2015 Nov 19, 163 (5): 1079–1094.

14. Zmora, N., Bashiardes S., Elinav E. The Role of the Immune System in Metabolic Health and Disease[J]. *Cell Metabolism*. 2017, 25:506–521.

15. Soto M., Herzog C., Ronald Kahn C., et al. Gut microbiota modulate neurobehavior through changes in brain insulin sensitivity and metabolism[J]. *Molecular Psychiatry. Mol Psychiatry*. 2018 Dec, 23 (12): 2287–2301.

16. Makki K., Deehan E.C., Backhed F., et al. The Impact of Dietary Fiber on Gut Microbiota in Host Health and Disease[J]. *Cell Host & Microbe*. 2018, 23: 705–715.

17. Mackos A.R., Varaljay V.A., Maltz R., et al. Role of the Intestinal Microbiota in H ost Responses to Stressor Exposure[J]. *Int Rev Neurobiol*. 2016, 131: 1–19.

18. Mika A., Rumian N., Loughridge A.B., et al.Exercise and Prebiotics Produce Stress Resistance: Converging Impacts on Stress-Protective and Butyrate-Producing Gut Bacteria[J].*Int Rev Neurobiol*. 2016, 131: 165–191.

19. Soto M., Herzog C., Pacheco J.A., et al. Gut microbes may shape response to cancer immunotherapy[J]. *Mol Psychiatry*. 2018 Dec, 23 (12): 2287–2301.

20. Owens B.. Gut bacteria link to immunotherapy sparks interest[J]. *Nat Biotechnol*. 2018 Feb 6, 36 (2): 121–123.

21. Jordan K.R., Loman B.R., Bailey M.T., et al. Gut microbiota-immune-brain interactions in chemotherapy-associated behavioral comorbidities[J]. *Cancer*. 2018 Oct 15, 124 (20): 3990–3999.

22. Lee C.H., Steiner T., Petrof E.O., et al. Frozen vs fresh fecal microbiota transplantation and clinical resolution of diarrhea in patients with recurrent Clostridium difficile infection: a randomized clinical trial[J]. *JAMA*. 2016 Jan 12, 315 (2): 142–9.

23. Gupta A., Khanna S.. Fecal microbiota transplantation[J]. *JAMA*. 2017 Jul 4, 318 (1): 102.

24. Zhao, L. The gut microbiota and obesity: from correlation to causality[J]. *Nat Rev Microbiol*. 2013 Sep, 11 (9): 639–47.

“众病之王”史事

癌症因为难以治愈和高死亡率，被称为“众病之王”，上至社会名流，下至平民百姓，没人能逃脱癌症的威胁。苹果公司的创始人史蒂夫·乔布斯（Steve Jobs）就是因癌症去世的，而好莱坞明星安吉丽娜·朱莉（Angelina Jolie）为了避免患乳腺癌，未雨绸缪，不惜切除自己的乳腺。

在现代社会，由于环境污染、医疗卫生、人口老龄化等原因，癌症的发病率越来越高，成为人类最大的健康杀手。但癌症并非只对现代人“情有独钟”，生活在远古时代的人类，甚至自然界的野生动物，都有可能罹患癌症。古生物学家在多种恐龙化石上都找到了它们生前曾患癌症的迹象。

历史的阴霾

“今天又见到那种奇怪的病变……已经是第八例了，巨大的致密肿块包裹在胸膛上，伤口在腐烂，没有比这更可怕的了，灼烧也没有效果，没有任何办法可以治疗……”

伊姆霍特普（Imhotep）医生抬头看看昏暗的落日，叹了口气，在莎草纸上记录下这一段新的病历。在公元前1600年的埃及，身兼大祭司的伊姆霍特普留下了人类历史上第一次对乳腺癌的记载。

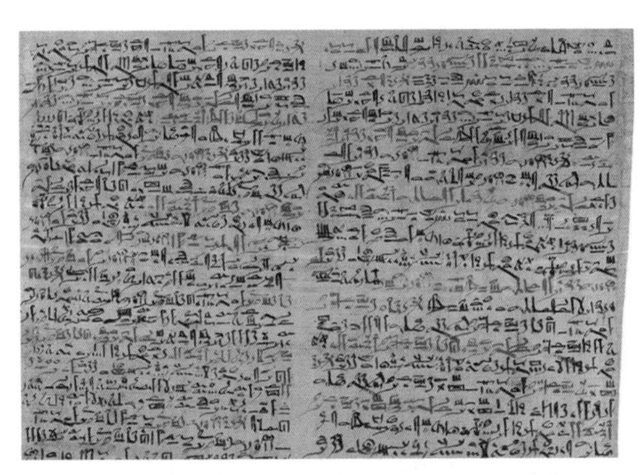

伊姆霍特普写在莎草纸上的乳腺癌观察手稿

“帮我把它切掉！”

大约在公元前500年，波斯王后阿托莎（Atossa）发现自己身患乳腺癌时表现出惊人的决绝和勇气，命令奴隶用刀把她患病的乳房切掉。史书并未记载这位王后在术后存活了多久。事实上，当时的医生对是否要对癌症病人施行手术，也是众说纷纭。

“不要切除肿块。切除肿块的人很快便会死亡，而不切除的人活得更长。”

“肿块在向周围的组织延伸，像螃蟹的脚爪，得把正常组织也切掉才行！”

在公元前400年的古希腊和公元前168年的古罗马，希波克拉底（Hippocrates）和克劳迪亚斯·盖伦（Claudius Galenus）先后提出癌症的治疗观点。希波克拉底还给癌症起了个沿用至今的名字——carcinoma，这个词在古希腊文中是“螃蟹”的意思，意为患者身上的肿瘤会蔓延到周围器官，像螃蟹的脚爪一样。在拉丁文中，“癌症”一词是 cancer，这个词也有“螃蟹”的意思。他们认为癌症是由身体里一种叫“黑胆汁”的体液造成的，这种衰败病变的体液在体内积聚，变成了巨大的恶性肿瘤。

“癌者，上高下深，岩穴之状，颗颗累垂，裂如瞽眼，其中带青，由是簇头，各露一舌，毒根深藏，穿孔通里，男则多发于腹，女则多发于乳，或项或肩或臂，外证令人昏迷。”

南宋的《仁斋直指方》用中文记录了什么是“癌”。“颗颗累垂”“毒根深藏”，恐怖的症状让历代名医束手无策。火山口样、石榴籽样的溃疡暴露在外，只能拿刀去割、用火去烧，但是都无济于事。

“若夫不得于夫，不得于舅姑，忧怒郁闷，昕夕积累，脾气消阻，肝气横逆，遂成隐核，如大棋子，不痛不痒，数十年后方为疮陷。”

元朝医学家朱震亨发现癌症的起因与心情抑郁有关，在《格致余论·乳硬论》中描述了妇女因为心情抑郁导致乳腺结节，最后发展为乳腺癌的全过程。

1761 年，在文艺复兴的发祥地意大利，现代解剖病理学之父乔瓦尼·莫干尼（Giovanni Morgagni）在其著作《论疾病的位置与病因》中记载了 17 例与恶性肿瘤相关的尸检结果，这是人类历史上有据可查的关于恶性肿瘤转移的最早记录，为现代肿瘤研究的发展奠定了基础。

1838 年，德国动物学家西奥多·施旺（Theodor Schwann）提出细胞学说。同年，德国生理学家约翰内斯·缪勒（Johannes

Muller）发表《恶性肿瘤的结构细节》，首次绘制了肿瘤细胞的显微图像，并提出肿瘤是由生长异常的细胞而不是体液造成的，颠覆了肿瘤成因的体液说。

缪勒的学生鲁道夫·菲尔绍（Rudolf Virchow）因首次发现、报道白血病而闪亮登上历史舞台。他认为生病是因为某些细胞而非整个器官发生了病变，由此创立了细胞病理学。值得一提的是，他还是血管栓塞机制的发现者及比较病理学和人类学的创立者。

至此，人类对癌症的认知终于接近了真相。此时，距伊姆霍特普在莎草纸上记录癌症观察手稿（这份手稿在20世纪初根据其收藏者的名字被命名为《艾德温·史密斯纸草》）已经过去了近3 500年。

近代的曙光

“如今癌症病理学最杰出的工作是由那些研究种子的人完成的。他们就像植物学家，反复翻阅癌症病例记录的人也许只是个犁地的农夫，但是他对土壤性质的观察可能同样有用。”

1889年，英国医学家斯蒂芬·佩吉特（Stephen Paget）在写下这段话的时候，对自己的准确形容深感满意。癌细胞就像种子，人体各处组织就像土壤，种子可以四处播撒，但只有在肥沃的土壤里才会肆意生长。这个结论是反复翻阅了735个死于乳腺癌妇女的解剖记录后得出来的，完美描述了癌症转移的规律。这一年，他的论文《论乳腺癌二次生长的分布》（The Distribution of Secondary Growths in Cancer of the Breast）发表在著名医学杂志《柳叶刀》上。

在这100年里，治疗恶性肿瘤的临床实践也没有停滞。1809年，美国医学家埃夫拉伊姆·麦克道尔（McDowell，Ephraim）完成了首例无麻醉卵巢癌摘除手术，宣告可以通过手术切除肿瘤，达到治疗的目的。此后，麻醉在外科手术中的应用，更是让此类手术得到了飞跃式的发展。

THE
DISTRIBUTION OF SECONDARY GROWTHS IN CANCER OF THE BREAST.
BY STEPHEN PAGET, F.R.C.S.,
ASSISTANT SURGEON TO THE WEST LONDON HOSPITAL AND THE METROPOLITAN HOSPITAL.

AN attempt is made in this paper to consider "metastasis" in malignant disease, and to show that the distribution of the secondary growths is not a matter of chance. It is urged both by Langenbeck and by Billroth that the question ought to be asked, and, if possible, answered: "What is it that decides what organs shall suffer in a case of disseminated cancer?" If the remote organs in such a

发表在《柳叶刀》杂志上的论文《论乳腺癌二次生长的分布》

而到1882年，被称为“现代美国外科学之父”的医学家威廉·霍尔斯特德（William Halsted）发现乳腺癌的复发位置往往是以往手术部位的边缘，并据此创立了乳腺癌根治术。这种手术不仅切除整个乳房，还会切除周围的部分肌肉、淋巴结甚至锁骨。这种切除肿瘤及周边正常组织、确保肿瘤细胞彻底无残留的做法，在癌症治疗史上具有里程碑的意义，成为当时治疗癌症的主要方法。但彻底的清除也意味着彻底的破坏，大范围的切割严重损毁了患者的身体。然而在生或死面前，人身尊严显得那么微不足道。

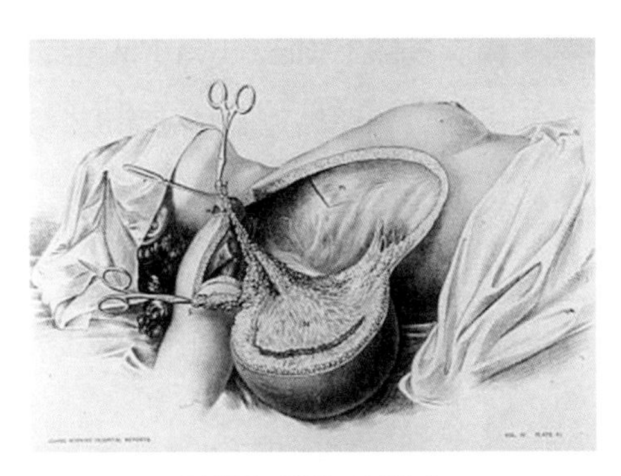

示意图：乳腺癌根治术

然而，即使付出如此巨大的代价，很多患者术后也没能存活多久。看来，只靠手术切除并不能真正战胜癌症。医学家也在不断尝试其他治疗方法。1893 年，美国医学家威廉·科利（William Coley）首次使用免疫疗法，用灭活的化脓性链球菌（*Streptococcus pyogenes*）和黏质沙雷氏菌（*Serratia marcescens*）配制的菌液治疗肉瘤患者。1895 年，德国物理学家威廉·伦琴（Wilhelm Rontgen）发现了 X 射线，两年后 X 射线被用于治疗乳腺癌，开了放疗的先河。1941 年，查尔斯·哈金斯（Charles Huggins）发现给前列腺癌患者补充雌激素或者切除睾丸以减少体内睾酮，都可以治疗前列腺癌。伦琴和哈金斯先后因为他们各自的研究成果获得了诺贝尔奖。这些疗法有一定的效果，但此时人类还没认识到癌症发病的真正原因。

癌症到底为什么会发生？细胞层面的病理变化是怎么出现的，又是怎么发展的？癌症的“种子”怎么选择“土壤”，又如何扎根？对这一系列问题，科学一直都在艰难地探索着。

1775 年，英国医生珀西瓦尔·波特（Perceval Pott）发现烟囱清扫工容易患阴囊癌，从而推测癌症是由于长期接触煤烟引起的。1915

年，日本病理学家山极胜三郎（Yamagiwa Katsusaburo）和市川厚一（Ichikawa Koichi）通过长期给兔子耳朵涂擦煤焦油，诱发兔子患皮肤癌，这是世界上最早的癌症动物模型，这证明了化学物质可以致癌。

1902 年，首例由放射性物质引起的皮肤癌出现，世人认识到物理因素也可能致癌。

1911 年，美国病毒学家弗朗西斯·劳斯（Francis Rous）宣布从患癌家鸡身上发现了可以引起癌症的病毒，并将之命名为劳斯肉瘤病毒（*Rous sarcoma virus*，RSV）。55 年后，他凭此发现获得了诺贝尔生理学或医学奖。

劳斯肉瘤病毒这种反转录病毒是通过干扰宿主的 DNA 引发癌症的，学术界意识到癌症发病的根本原因是遗传物质的改变。不管是化学物质、物理因素还是病毒致癌因素，都是通过改变遗传物质引发癌症的。

1914 年，德国生物学家西奥多·鲍维里（Theodor Boveri）出版了《关于恶性肿瘤的起源》，提出癌变可能由染色体变异的单细胞引起，染色体的变异导致细胞分裂失控，从而形成癌症。

近代科学经过一个半世纪的快速发展，终于将人类对癌症病原的认知和治疗癌症的战斗带入了崭新的时期。更加波澜壮阔的医学发展浪潮，逐渐拉开序幕。

现代的号角

1948 年，被誉为“现代化疗之父”的美国医学家西德尼·法伯

（Sidney Farbe）通过使用抗代谢药物氨基喋呤（Aminopterin），暂时缓解了儿童急性白血病。抗代谢药物与细胞代谢所必需的重要化学物质结构相似，能竞争性地阻断重要的代谢过程，从而导致细胞死亡。1960年，甲氨喋呤（Methotrexate，MTX）、强的松（Prednisone）、6-羟基嘌呤（6-hydroxypurine）和长春新碱（Vincristine，VCR）四种药物联合治疗法（VAMP 疗法）问世。

对癌症病因的研究同样进展迅速。经过近50年的观察和研究，美国外科医生协会在1964年发表了第一份吸烟与健康报告，指出吸烟与肺癌有关，引发了后续一系列的禁烟行动。同年，科学家首次发现EB病毒与伯基特淋巴瘤（Burkitt's lymphoma）有关，随后发现它与鼻咽癌也密切相关。

1976年，美国科学家迈克尔·毕晓普（Michael Bishop）和哈罗德·瓦慕斯（Harold Varmus）发现动物体内普遍存在原癌基因（Proto-oncogene），而且会被致癌物质激活成为癌基因（Oncogene）。1982年，巴里·马歇尔（Barry Marshall）和罗宾·沃伦（Robin Warren）发现幽门螺杆菌（*Helicobacter pylori*）能够引发胃癌。1983年，哈拉尔德·豪森（Harald Hausen）发现人乳头瘤状病毒（*Human Papillomavirus*，HPV）能够引发宫颈癌。这些科学家都因他们在癌症领域的重大发现先后获得了诺贝尔生理学或医学奖。

此时，科学家已经认识到癌症的发生与基因有关，新的癌症相关基因不断被发现，针对癌症基因的靶向治疗也应运而生。比如：1985年 *HER2* 基因被发现后，医学家发现很多乳腺癌患者 *HER2* 的表达远远高于正常水平，而使用阻断 *HER2* 的药物能够有效减少死亡率。1998年上市的赫赛汀（又名曲妥珠单抗，Herceptin）就属于这类药物，这种单克隆抗体药可以攻击 *HER2* 表达过量的癌细胞，治疗 *HER2* 阳性转移性乳腺癌患者。

21 世纪初，用于治疗慢性粒细胞白血病（Chronic Myelocytic Leukemia，CML）的格列卫（Gleevec），治疗 *EGFR* 基因缺陷肺癌的络氨酸激酶抑制剂 EGFR-TKI，治疗转移性结直肠癌的贝伐单抗（Bevacizumab）陆续在美国上市。2005 年，一代 EGFR-TKI 在中国上市。有趣的是，因为人群间肿瘤基因组变化的差异，中国肺癌患者中的 *EGFR* 基因突变比例远远高于美国患者，这使诞生于美国的 EGFR-TKI 反而对更大比例的中国患者起效。靶向治疗只对基因变异的肿瘤细胞进行特异性杀伤，并不损害正常细胞，安全性远高于化疗和放疗，因此也成为极受欢迎的新型肿瘤疗法。

免疫治疗（Immunotherapy）也在悄然兴起。1992 年，日本的本庶佑（Tasuku Honjo）团队通过消减杂交技术从凋亡的 B 细胞系中发现了日后大放异彩的 PD-1 蛋白。同年，美籍华人科学家陈列平团队发现了 B7 共刺激分子，并首次将之引入到肿瘤领域，验证了共刺激分子在肿瘤免疫领域的巨大潜力。后来，该团队更是在 1999 年发现了 PD-1 的配体蛋白 PD-L1，建立了以 PD-1/PD-L1 通路为靶向的癌症免疫疗法。

1996 年，美国科学家詹姆斯·艾利森（James Alison）发现，用抗体阻断 T 细胞表面 CTLA-4 受体的作用可以抑制小鼠的肿瘤。他敏锐地意识到这一研究的价值，并致力于将 CTLA-4 抑制剂用于肿瘤的临床治疗。

历史的车轮滚滚向前，一个划时代的技术革命于此刻爆发，恰逢其时，再次加速了医学战车向癌症的冲锋。

未来的希望

1986年，曾发现逆转录酶的诺贝尔奖得主雷纳托·杜尔贝科（Renato Dulbecco）在《科学》杂志发表短文《癌症研究的转折点——人类基因组测序》（A Turning Point of Cancer Research-Sequencing the Human Genome），提出癌症研究应该从研究单个致癌基因，改为在整个人体基因组的基础上寻找攻克癌症的新思路。这篇文章被认为是“人类基因组计划标书”。

基因组是生命所有遗传信息的根本，对基因组的精准解析是所有遗传机制研究的前提条件。人类基因组计划的成功让科学家看到了通过基因测序诊断疾病的希望，但当时低下的基因测序效率和高昂的测序成本严重阻碍了这一领域的发展，基因诊断也被视为看似美好却不实用的“屠龙之术”。

技术的进步和积累水到渠成，总在最需要的关头应运而生。高通量测序技术（Next Generation Sequencing，NGS）在21世纪初，承载着万千期待闪亮登场，大大降低了测序所需的经济和时间成本。

“屠龙之术”正在走向应用，技术的东风催生了一系列大规模科学研究计划。2006年，美国国立卫生研究院（National Institutes of Health，NIH）与美国国家癌症中心（National Cancer Institute，NCI）共同启动癌症基因组图谱（The Cancer Genome Atlas，TCGA）计划。2008年，已完成第一个亚洲人基因组研究“炎黄计划”的华大基因，与多家顶尖机构共同发起了国际癌症基因组联盟（International Cancer Genome Consortium，ICGC），该联盟囊括了20余个国家和地区的上百个研究团队，致力于对250种以上癌症基因组进行大规模研究。不同人群所患的不同种类、不同亚型的癌症在基因组层面的秘密被快速、全面地揭示出来。据不完全统计，10 年来已有超过 20 万例癌症患者的肿瘤细胞基因组得到测序和解析，人类对癌症内在机制有了前所未有的深入认识。

医疗方法的发展也不甘落后，新突破不断。在 2006 年和 2009 年，FDA 相继批准两款预防 HPV 病毒感染的宫颈癌疫苗，癌症变得像传染病一样可预防。2010 年，首个也是目前唯一一个癌症治疗性疫苗 Provenge（sipuleucel-T）获批。这个疫苗利用患者自身树突细胞的免疫功能来治疗转移性前列腺癌，不必再用传统的激素疗法。

2011 年，首个免疫检查点抑制剂、针对 CTLA-4 分子的 Yevory（Ipilimumab）获批。癌症免疫治疗以其独特创新的治疗机制和令人振奋的治疗效果，成为当时最火热的名词，无可争议地当选《科学》杂志评选的 2013 年十大世界突破性科学成就之首。2014 年，临床效果更好、针对 PD-1 的免疫检查点抑制剂 Keytruda 和 Opvido 上市。2018 年，最早应用 CTLA-4 抗体治疗癌症的艾利森和最早发现 PD-1 的本庶佑双双加入星光熠熠的诺贝尔奖得主名单。

以 CAR-T 疗法、Neoantigen 疗法为代表的细胞免疫疗法也在飞速发展。2017 年，改造患者 T 细胞以增加其对肿瘤细胞杀伤能力的 CAR-T 疗法（Chimeric Antigen Receptor T-Cell 疗法）获批上市。2014 年，Neoantigen 疗法的临床试验宣告成功，这种疗法从患者体内筛选出能识别、杀伤具体种类肿瘤细胞的特异性抗原蛋白的 T 细胞，对其进行扩增培养并输送回患者体内，针对特定种类的肿瘤细胞进行个性化治疗。

从“束手无策”到“尽力而为”，再到“因病制宜”，人类与癌症的抗争之路日渐光明，人类也终于来到了“因人而异、精准治疗”的阶段。2016年，时任美国总统奥巴马宣布启动“抗癌登月计划”，其目的是降低癌症的发病率和死亡率，实现癌症的可防、可控、可治。探索太空的登月计划是一项艰难而耗时长久的任务，攻克癌症亦是这样的任务。登月计划的结局是人类最终登上了月球，而人类也有信心最终攻克癌症。

“癌症精准医学”的理念，如一剑长虹，刺穿了癌症前的重重纱幔，开辟了我们在20年前甚至10年前都不敢想象的新局面。

如今的癌症防控，已经形成传统医疗技术和新技术结合的体系。随着社会发展、科技进步，尽管癌症作为老年病、富贵病，发生率居高不下，但癌症患者的治疗水平和长期生存率都因医疗技术的发展而逐年提升。在癌症的诊断和治疗中，基因科技的力量至关重要，科幻电影里通过快速测定个人基因组来指导医疗决策的想象正在成为现实。

我们可以从女性隐私处取得样品快速鉴定HPV病毒的感染情况和病毒类型，做好预防和早期干预，以避免宫颈癌的发生和发展；我们可以从唾沫里的少许口腔脱落细胞检测到卵巢癌和乳腺癌的患病概率；我们可以从粪便中的一点微弱信号判断结直肠癌的相关风险；我们可以从尿液中的蛛丝马迹来检测人们是否有膀胱癌等泌尿系统肿瘤；我们可以检测手术切除的肿瘤组织，甚至穿刺样本里肿瘤细胞的基因变异，从而准确选择适合患者的药物；我们可以抽一管血检测其中微弱的癌症信号，及时提醒患者复发和转移的危险。这些科技的“魔术”在人类历史上都不曾有过，此刻却成了现实。

人类对癌症的探索和抗击，5 000年来不曾止歇。而今曙光已现，科学家、医务人员、患者和我们每一个普通人，都是这个时代幸运的见证者和受益者。

基因即因，未来已来。

参考文献

1. 悉达多・穆克吉 . 众病之王：癌症传 [M]. 北京 : 中信出版社 . 2013.
2. Cohen Tervaert J.W., Ye C., Yacyshyn E.. Adverse Events Associated with Immune Checkpoint Blockade[J]. *N Engl J Med*. 2018 Mar 22, 378 (12): 1164–5.
3. Ott PA, Hu Z., Keskin D.B., et al. Corrigendum: An immunogenic personal neoantigen vaccine for patients with melanoma[J]. *Nature*. 2018 Mar 14, 555 (7696): 402.
4. 李治中 . 癌症・新知：科学终结恐慌 [M]. 北京 : 清华大学出版社 . 2017.

遗传的厄运

遗传病（Genetic Diseases）是由基因突变导致的疾病。在人类历史上，受遗传病之苦者不计其数，就连不少名人也是遗传病的受害者。

“欧洲老祖母”（Grandmother of Europe）——亚历山德里娜·维多利亚（Alexandrina Victoria）女王便是血友病基因变异携带者，其幼子利奥波德（Leopold）亲王是血友病患者，凝血功能有缺陷，31岁时因不慎摔伤，流血不止而死。女王所生的公主虽个个健康美丽，但次女艾丽斯（Alice）公主和幼女贝亚特丽克丝（Beatrix）公主是血友病基因变异携带者，她们与欧洲王室联姻的结果是使这一疾病在欧洲王室中蔓延，很多王室成员因此病去世，这也被称为王室的“诅咒”。这位维多利亚女王，一度被段子手戏称为“凭借一己之力，祸害了整个欧洲王室”。

“我即使被关在果壳之中，仍自以为是无限空间之王。”著名的物理学家斯蒂芬·威廉·霍金（Stephen William Hawking）如是说。自称“诞生在伽利略逝世300年后的幸运儿”的他一生致力于探索宇宙的奥秘，创作了为世人熟知的《时间简史》（*A Brief History of Time*），21岁时却不幸被诊断患有肌萎缩性侧索硬化症（amyotrophic lateral sclerosis，ALS），逐渐失去行动能力，身体被困于小小的轮椅之中。

荷兰后印象派画家文森特·威廉·凡·高 (Vincent Willem van Gogh)，凭借对绘画的热情及超强的创造力，留下了《向日葵》《星空》等不朽的杰作。基于史料的研究发现，凡·高极可能患有一种由常染色体显性遗传引发的疾病——急性间歇性卟啉病 (Acute Intermittent Porphyria，AIP)。这种代谢异常会破坏患者的神经系统，患者易出现幻觉、狂躁和持续的癫痫等精神症状，甚至对颜色都未必能够正确认知，“就像陡然陷入醒着的梦魇中”。

第十六任美国总统亚伯拉罕·林肯（Abraham Lincoln），美国政治家、思想家，黑人奴隶制的废除者。有人认为林肯患有一种罕见的常染色体显性遗传病——多发性内分泌腺瘤病（Multiple Endocrine Neoplasia，MEN）Ⅱ型，这导致他受甲状腺髓样癌（Medullary Thyroid Carcinoma，MTC）、黏膜神经瘤（Mucosal Neuromas）和类马凡氏综合征（Marfan's Syndrome）的影响。有人根据他的身高和细长纤弱的手指，怀疑其患马凡氏综合征（也有人否认其患有马凡氏综合征）。但以上只是猜测，尚未有定论，因为美国国家医药卫生博物馆一直拒绝对他的遗体进行 DNA 检测。

让伟大的生命折翼的，只是小小的基因变异。其实在我们的身边，如血友病、“渐冻症”（Amyotrophic Lateral Sclerosis，ALS）、“卟啉病”（Porphyria）一样因遗传物质改变所导致的遗传病并不少见，如“不食人间烟火”的苯丙酮尿症（Phenylketonuria，PKU）患者、脆弱的“瓷娃娃”——成骨不全（Osteogenesis Imperfecta）患者、白皙又畏光的“月亮的孩子”——白化病（Albinism）患者……

文森特·威廉·凡·高画像

亚伯拉罕·林肯肖像

截至2019年7月，OMIM（在线《人类孟德尔遗传》）中记录已被发现的遗传性疾病8 893种，其中常染色体遗传病8 288种，性染色体连锁疾病572种，线粒体基因相关遗传病33种。

过去：遗传病的发现及大事件

关于遗传病的最早记录出现于1645年，英国内科医生肯奈姆·迪格比（Kenelm Digby）记录了阿尔及利亚一个穆斯林家族的双拇指畸形遗传。但史上第一种被正式记载为遗传性疾病的是尿黑酸尿症（Alcaptonuria，AKU），此病是由尿黑酸1, 2-双加氧酶（Homogentisate 1, 2-dioxygenase）基因突变导致，主要表现为尿黑酸、黄褐病（多在30岁以后发病）及关节炎（20岁之后出现）。

1902年，英国医生阿奇博尔德·加洛德（Archibald Garrod）在治疗尿黑酸尿症患者时，发现该病在患者家族中存在一定的遗传规律，患者的兄弟姐妹更容易患病，而且该病在近亲结婚的家族中更为常见。加洛德在著名遗传学家威廉·贝特森（William Bateson）的帮助下，最终发现 AKU 是一种符合孟德尔遗传规律的遗传性疾病。加洛德在其著作《先天性代谢缺陷》一书中，进一步分析认为，AKU 患者体内应该缺乏某种物质，从而导致体内化学反应在某处中断，使尿黑酸无法顺利代谢，所以尿液呈现黑色。现代研究已证实加洛德的推测是正确的，患者体内缺乏的物质正是尿黑酸 1, 2- 双加氧酶。

加洛德与贝特森提出这种疾病可以遗传，而且与某种化合物相关，这一理论在 20 世纪初是开创性的，对后世遗传病的发现与研究起着重要作用。尿黑酸尿症也被学术界公认为历史上第一种被发现的遗传病。

1925 年，意大利医生库利（Cooley）和李（Lee）首次报道了一种特殊的贫血病，由于他们最早观察的患者都出身于地中海沿岸，所以他们把这种病命名为地中海贫血（Thalassemia）。1938 年，地中海贫血被确认为遗传性疾病。到了 1946 年，医学界明确了该病是由血红蛋白异常导致的。

现代统计发现，全球约有 3.5 亿人携带地中海贫血致病基因，约占总人口的 2%。2015 年《中国地中海贫血蓝皮书》数据显示，我国有 3 000 万人是地中海贫血致病基因携带者，其中，重型地贫患儿多达 30 万人。

为什么地中海贫血如此高发？这与疟疾有关。疟疾是一种在温暖湿润地区肆虐的虫媒疾病，蚊子叮咬人体时把寄生于体内的疟原虫传播到人体内，疟原虫在人体红细胞中生活繁殖，引发疾病。对于地中海贫血者（或镰刀型贫血者）而言，他们的红细胞比一般人的红细胞更加脆弱，疟原虫无法在他们体内大量繁殖。在这种情况下，地中海贫血患者因为拥有对疟疾的抵抗力而有更高的生存概率，从而提高了人群中地中海贫血基因的携带率，这是一种“两害相衡取其轻”的策略。从全球范围来看，地中海贫血的高发区几乎与疟疾高发区一致，主要位于地中海沿岸、北非、东南亚等地区。而在我国，地中海贫血和疟疾高发区主要为长江以南的广东、广西及周围的云南、贵州、四川、湖南、湖北、江西、安徽等省份。

随着科技的发展，人类对遗传病的认知也在不断深入。1952 年，葡萄糖-6-磷酸脱氢酶缺乏症（Glucose-6-Phosphate Dehydrogenase deficiency，G-6-PD）成为首例被证实的酶缺乏遗传疾病，这种病又称蚕豆病，部分患者在食用蚕豆或者某些药物后会发病。1953 年，医学界证实了给患者食用不含苯丙氨酸的饮食，可以有效地改善苯丙酮尿症的临床症状，这是史上第一种针对遗传病的饮食疗法。而第一种被定位基因的遗传病则是亨廷顿舞蹈症（Huntington Disease，HD）。1983 年，研究者利用连锁分析，将亨廷顿舞蹈症的致病基因定位于 4 号染色体的一个 DNA 多态性位点附近。

随着基因克隆、转基因等技术的发展，1990 年，美国国立卫生研究院（NIH）实施了史上首例成功的基因疗法，为一名因 *ADA* 基因缺陷导致严重免疫缺损（Severe Combined Immunodeficiency，SCID）的 4 岁女孩进行治疗。医生利用逆转录病毒载体将正常的 *ADA* 基因整合到患者的白细胞染色体中，再将白细胞输回患者体内，有效改善了患者的病情。这次史无前例的成功使人类第一次看到了修复基因的可能性，促使世界各国都掀起了基因治疗的研究热潮。

现在：遗传病的现状

到了 2009 年，学术界首次将全外显子测序技术（WES）应用于遗传病致病基因的鉴定。研究者用 WES 对 4 名无亲缘关系的弗里曼谢尔登综合征（Freeman-Sheldon syndrome）患者及 8 名正常人的 DNA 样本进行外显子组测序，成功找到致病基因 *MYH3*。2010 年，研究者又利用 WES 技术发现了米勒综合征（Miller syndrome）的致病基因 *DHODH*。

2014 年，中国国家食品药品监督管理总局审查、批准了华大基因的无创产前基因检测相关产品，这是全球首例获批的基于高通量测序技术的无创产前基因检测。无创产前基因检测技术只要采集约 5 毫升的孕妇外周血，就可以从中提取出胎儿的游离 DNA，继而采用高通量测序技术，结合生物信息技术分析胎儿发生染色体缺陷的风险。这种方法不仅比传统唐筛更安全，灵敏度和特异性也相对更高。

除了唐氏综合征，无创产前检测还能检测地中海贫血、耳聋等遗传病。除了指导遗传病患者谨慎生育，无创产前检测更多是保障健康夫妇的后代健康，因为唐氏综合征和不少遗传疾病患者的父母都是健康人，但染色体减数分裂异常、基因突变、父母双方隐性基因组合等原因导致了患儿的诞生。每个正常人都可能是遗传病隐性基因的携带者，携带隐性致病基因并不可怕，可怕的是遇上携带同样隐性致病基因的结婚对象，在不知情的情况下孕育了患病的后代。幸好，基因检测技术可以对高危群体或者健康夫妇进行常见遗传病检测，从而指导他们优生优育。

2017 年，FDA 宣布批准 Spark Therapeutics 的创新基因疗法

Luxturna 上市，治疗由 *RPE65* 基因突变导致的莱伯氏先天性黑矇 (Leber's Congenital Amaurosis，LCA) 患者。这是 FDA 批准的首例针对遗传疾病的基因治疗药物，也是首例在美国获批的针对特定基因突变的“直接给药型”基因疗法。LCA 是严重的视网膜疾病，一般在患者 1 岁之内就会对其视力造成严重影响。从 1993 年美国科学家首先发现 *RPE65* 基因，确认该基因与 LCA 相关，再到找到合适的转基因方法、建立动物模型、启动人体临床试验，直至最终被 FDA 批准正式上市，这是一条艰辛的漫漫长路。该项目成为基因治疗史上的又一里程碑，为罹患此类遗传性眼病的患者带来希望的曙光。

2019 年 5 月，诺华公司治疗Ⅰ型脊髓性肌萎缩（Spinal muscular atrophy 1，SMA1）的基因疗法 Zolgensma 获得 FDA 批准，并以 1 465 万元人民币的天价进入市场，被称为“史上最贵药”。此消息一出，立马引起了社会各界关于“救命神药”与“用不起药”的舆论争议。

一针治愈的神奇疗效让世人看到了基因治疗在遗传疾病领域的巨大潜力，但是高昂研发费用所导致的天价治疗费用让多数病患家庭望而却步。这也正是目前基因治疗的最大挑战，各国的科学家也在不断努力优化技术、降低成本，希望在不久的将来能造福更多遗传病患者。

未来：基因组计划助力遗传病研究

基因上无人完美。据统计，每个人生来平均都有 7~10 组存在缺陷的基因，携带约 2.8 个隐性遗传病的致病基因。所以，哪怕夫妻双方表面看来都非常健康，但只要都是同一种致病基因的隐性携带者，生下的孩子就可能罹患遗传病。“祖上没病后代就没病”的说法并不科学。

2019 年，健康中国行动推进委员会发行了《健康中国行动（2019—2030 年）》，其中第 36 条是“积极参加婚前、孕前健康检查”。其实，遗传病的预防分三个阶段：一级预防是孕前预防，也就是上述的“积极参加婚前、孕前健康检查”，检查夫妇双方是否携带严重遗传病的致病基因，并评价其后代罹患遗传病的概率；二级预防是产前预防，因为即使夫妻双方不携带某种遗传病的致病基因，其后代还是可能因为基因突变患上该种遗传病，因此在胎儿出生前要做无创产前检测，以了解胎儿自身是否携带遗传病基因；三级预防是新生儿筛查，因为以上两级预防只检测严重遗传病的致病基因，而一些不太严重的遗传病，只要及早对患者进行干预、日常生活多加注意，就可以减少疾病带来的影响。比如葡萄糖-6-磷酸脱氢酶缺乏症，即蚕豆病，患者食用新鲜蚕豆或者服用某些药物时都能诱发不良反应。新生儿筛查正是检测初生婴儿的这类遗传病，让其家人能及早注意、干预，保证其能健康成长。

随着全基因组测序技术的发展及其成本的降低，该技术在临床上发挥了越来越重要的作用，比如用于寻找遗传病的致病基因。

国际人类基因组组织（HUGO）主席查尔斯·李（Charles Lee）博士表示：“单个人类基因组对于我们了解人类基因组的多样性来说远远不够，为了弄清基因变异与疾病间的关系，来自世界各地不同种族、地区的患者和健康群体的基因组数据的价值日益彰显。”

目前，冰岛、新加坡、加拿大、英国、法国、美国、韩国、澳大利亚、土耳其、阿联酋、爱沙尼亚和中国等多个国家正在积极推进本国的基因组计划，建立数据库，运用大数据分析遗传病的致病基因。

2019 年 11 月，英国提出计划在将来对所有新生儿进行基因组测序，免费检测新生儿的遗传病风险，并为患病新生儿提供个体化的护理。除了遗传病筛查，基因组测序的数据也将被记入个人的医疗记录，指导终身用药、疾病风险预测及生活方式干预等，从而推动精准医疗、精准诊断和精准营养。

未来，越来越多的国家都会参与到基因组数据库构建的大项目中来，届时海量的数据信息和重大研究成果将不断涌现。数据库和知识库建设是未来最重要的任务，还需要协调好基因隐私与数据共享的问题，最大化地发挥基因大数据的价值，使其更好地应用于遗传病的预防、诊断和治疗。

参考文献

1. Weatherall D.J.. The definition and epidemiology of non-transfusion-dependent thalassemia[J]. *Blood reviews*, 2012, 26: S3–S6.
2. Bickel H.. Influence of phenylalanine intake on pheny-lketonuria. Lancet ii, 1953, 812.
3. Gusella J.F., Wexler N.S., Conneally P.M., Naylor S.L., Anderson M.A., Tanzi R.E., Watkins P.C., Ottina K., Wallace M.R., Sakaguchi A.Y.: A polymorphic DNA marker genetically linked to Huntington's disease[J]. *Nature*. 1983, 306: 234–238.
4. Anderson W.F., Blaese R.M., Culver K., et al. The ADA human gene therapy clinical protocol: points to consider response with clinical protocol[J]. *Hum Gene Ther*, 1990, 1: 331–362.

5. Ng S.B., Turner E.H., Robertson P.D., et al. Targeted capture and massively parallel sequencing of 12 human exomes[J]. *Nature*, 2009, 461 (7261): 272.
6. Ng S.B., Buckingham K.J., Lee C., et al. Exome sequencing identifies the cause of a mendelian disorder[J]. *Nature genetics*, 2010, 42 (1): 30.
7. Russell S.. *et al*. Efficacy and safety of voretigene neparvovec (AAV2-hRPE65v2) in patients with RPE65-mediated inherited retinal dystrophy: a randomised, controlled, open-label, phase 3 trial[J]. *Lancet*. 2017 Aug 26, 390 (10097): 849–860.
8. The American Journal of Human Genetics 2017 100, 695–705
9. Michael M.. Kaback. Screening and Prevention inTay-Sachs Disease: Origins, Update, and Impact. Advances in Genetics, Vol. 44
10. Bell C.J., Dinwiddie D.L., Miller N.A., et al. Carrier testing for severe childhood recessive diseases by next-generation sequencing[J]. *Science translational medicine,* 2011, 3 (65): 65ra4–65ra4.
11. MLADooley, Joseph, *et al*. Duchenne muscular dystrophy: a 30-year population-based incidence study.Clinical pediatrics 49.2 (2010): 177–179.
12. Shao Q., Jiang Y., Wu J.. Whole-genome sequencing and its application in the research and diagnoses of genetic diseases[J]. *Yi chuan=Hereditas*, 2014, 36 (11): 1087–1098.
13. Gudbjartsson D.F., Helgason H., Gudjonsson S.A., et al. Large-scale whole-genome sequencing of the Icelandic population[J]. *Nature genetics*, 2015, 47 (5): 435.
14. The 100000 Genomes Project: bringing whole genome sequencing to the NHS-May 02, 2018.

世人应无“恙”

古人在久别重逢时，一般都会问候一句“别来无恙”，询问对方是否平安健康。“恙”指疾病，其来源之一是恙螨（*Trombiculidae*），它能寄生在人畜体表，吸食人畜血液，并传播恙虫病、肾综合征出血热等虫媒疾病。

除了恙螨，自然界还有多种人体寄生虫，包括约300种蠕虫和70多种原生动物，还有虱子等节肢动物。它们吞食人体血液、组织和肠道食物，同时引发种种寄生虫相关疾病，严重损害人体健康。不同于细菌和病毒，寄生虫属于比较复杂的多细胞生物，研发安全、有效的寄生虫疫苗有一定的难度。所以时至今日，人用寄生虫疫苗仍未能成功上市。

寄生虫不止侵袭人类，还滋扰其他动物，好在它们一般不会直接杀害宿主，因为它们要保住自己的栖息之处。日本东京的目黑寄生虫博物馆是世界唯一的以寄生虫为主题的博物馆，每位参观者在这里都会大开眼界，比如：亲、子、孙三代同在的“三代虫”（类似俄罗斯套娃一样的嵌套怀孕），寄生在寄生虫身上的“重寄生物”……当然参观者也要做好心理准备，因为他们也会看到很多让人不适的寄生虫。如此种种，让人不禁惊叹自然竟是如此神奇！

华佗无奈小虫何

关于寄生虫最早的记载，也许能追溯到公元前 1500 多年古埃及的埃伯斯氏古医籍（Ebers' papyrus），书中描述了龙线虫（*Dracunculus medinensis*）病。这种疾病从 1674 年开始被系统性地研究，但直到 1870 年，寄生虫学家才把龙线虫的生命周期研究清楚。

这种寄生虫的幼虫生活在水体中，被水蚤吞食，寄生在水蚤体内。如果人类在饮用生水时饮下寄生了龙线虫的水蚤，龙线虫便会从水蚤体内钻出，穿过人体肠壁，在皮下结缔组织生长发育，最大的能长到 1 米左右。龙线虫的幼虫必须在水中孵化，所以寄生的雌性龙线虫产卵前在人体中一路移行到下肢皮肤下，并分泌代谢产物使周围皮肤形成水泡、灼痛难忍。此时，患者往往会把下肢浸泡在水中以缓解灼痛，这时雌性龙线虫便从皮肤下钻出，在水中产卵。在外科手术技术不成熟的年代，要想除去患者体内的龙线虫，只能等它们从下肢出来产卵时，把它们钻出皮肤的那部分虫体卷在小棒上，然后慢慢把后半段虫体从人体中一点点抽卷出来。要把将近 1 米的虫体完全抽出体内，不仅耗时很长，而且会给患者带来极大的痛苦。

我国古籍《黄帝内经》中，记载了包括蛔虫病、蛲虫病、疟疾在内的多种寄生虫疾病。虽然疟疾自古便有文字记载，但人类一直没搞清楚疟疾的真正病因。直到 19 世纪末，科学家才发现疟疾是由蚊子传播的寄生虫——疟原虫引起的。疟原虫属于原生动物，能寄生在人体红细胞中，引发疟疾。除了疟原虫，寄生虫中的阿米巴虫（*Amoeba*）

也属于原生动物，当有人饮用生水或者在野外游泳时，水中的阿米巴虫便有机会侵入人体。某些种类的阿米巴虫能引起阿米巴痢疾、肝脓肿、肺脓肿、角膜炎、皮肤病等症状，福氏纳格里阿米巴虫（*Naegleria fowleri*）尤其可怕，它能从人体鼻黏膜侵入嗅神经，从而入侵中枢神经系统，引发脑膜炎，致人死亡。因此，这种阿米巴虫又被称为“食脑虫”。

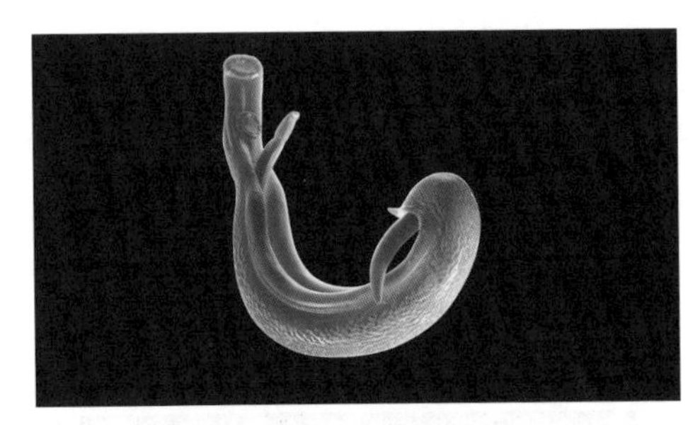

示意图：雌雄合抱的血吸虫

古尸里也记录着寄生虫的种种信息。公元前 1000 多年前的古埃及木乃伊和西汉时期的长沙马王堆汉墓中的女尸，体内都有血吸虫（*Schistosome*）。血吸虫的幼虫生活在水中，在人类接触水体时伺机穿透皮肤进入人体，寄生在肝、肠附近的静脉内，引发肠道病变。成虫在人体内交配、产卵，虫卵则聚集在肝脏，造成肝硬化。从古尸的尸检结果来看，在古代，即使养尊处优的王公贵族也会感染血吸虫，更不必说终日在水边耕种、洗衣、捕鱼的平民百姓了。

其实，寄生虫对人类的寄生与人类的生活方式息息相关。在以捕猎、采集为生的原生社会，人类较少感染血吸虫、蛔虫（*Ascaris lumbricoides*）、猪肉绦虫（*Taenia solium*）等寄生虫。但自从人类进入农业社会后，因为开始过定居生活并以粪便为肥料，接触他人排泄物的概率大大提高，一旦有人感染蛔虫，其粪便中的虫卵很容易就通过粪口途径传到周围其他人体内，蛔虫也因此成为最常见的人体寄生虫之一。而耕种时需要挖掘沟渠引水灌溉，水流缓慢的灌溉渠正是血吸虫幼虫喜爱的生活环境，同时，灌溉渠也容易被血吸虫感染者带有虫卵的粪便污染，从而引发血吸虫疫情。同理，在开始驯养牲畜之后，因为经常接触、食用家畜，人类更容易感染家畜身上的寄生虫，圈养的家畜也因为聚居生活而增加了相互传染寄生虫的概率。猪肉绦虫就是人类因食用含虫卵猪肉而感染的寄生虫，幼虫在人体孵化后生活在皮下组织和肌肉中，也可能钻入脑部或者眼部，引发癫痫、痴呆、偏瘫、失明等严重病症，甚至危及人类的生命。

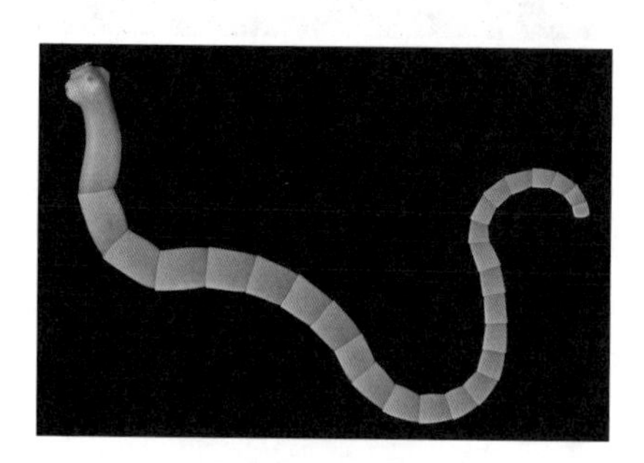

示意图：猪肉绦虫的外形

现代医学证明，一些寄生虫常驻人体，其活动过程容易造成人体慢性炎症，再加上寄生虫本身会分泌有害物质，可能导致炎症部位形成肿瘤。寄生虫甚至能把自身肿瘤传染给人类。2013 年，美国一位艾滋病患者体内检出多处肿瘤，但检查结果显示这些肿瘤并非人类细胞，而是患者体内寄生绦虫的肿瘤细胞进入了人体，由于患者身患艾滋病免疫力低下，体内免疫系统未能清除绦虫的肿瘤细胞，这些肿瘤细胞便在人体内大肆繁殖。这是首例人类被寄生虫传染肿瘤的病例。

寄生虫虽能导致肿瘤，但也能抑制肿瘤。人体内的疟原虫、弓形虫（*Toxoplasma Gondii*）、肝片吸虫（*Fasciola hepatica*）等寄生虫可以激活人体免疫系统，或者分泌特殊蛋白促进肿瘤细胞凋亡。所谓“一山不容二虎”，寄生虫和肿瘤细胞都要消耗人体大量营养，而寄生虫把肿瘤细胞干掉就能独享更多营养。

此外，寄生虫也许还能抑制过敏性哮喘、湿疹、鼻炎、炎性肠病等自身免疫疾病。因为这些疾病都是人类自身免疫系统反应过度，免疫细胞“误伤”人体自身细胞所致，而钩形虫（*Ancylostoma duodenale*）、猪鞭虫（*Trichuris muris*）等寄生虫为了躲过人体免疫系统的攻击，会适当抑制免疫系统，从而减少这些免疫系统疾病的发生。可见寄生虫对人体并非完全有害无利，它们甚至能抑制某些疾病的发生，只是目前寄生虫抑制肿瘤、自身免疫疾病的具体机理尚未研究清楚，因此此类临床试验要在医生指导下进行。普通人自行吞食寄生虫来治病是极危险的，一些减肥人士想要吞食蛔虫卵来达到减肥的目的，更是有害身体、得不偿失。

送瘟神

无论如何，多数寄生虫对人体来说都是弊大于利，严重者甚至会致人死亡。1949 年后，国家投入大量人力物力开展寄生虫疾病防治工作，多种常见寄生虫病都得到了控制。

血吸虫曾在南方地区肆虐横行，一旦入侵人体便难以治疗，严重影响民众身体健康。由于血吸虫大多生活在灌溉沟渠中，在生命早期需要寄生在中间宿主——钉螺体内，因此消灭血吸虫最有效的方法便是填埋旧沟渠，捕捞、消灭钉螺。1958 年，本是血吸虫重疫区的江西省余江县宣布消灭了血吸虫，毛泽东主席得知这个喜讯后，欣然写下了两首七律诗歌《送瘟神》，感慨人民终于战胜了这一恶魔。

引起疟疾的疟原虫主要是由蚊子传播的，因此想要杜绝疟疾，便要从源头做起，大力开展灭蚊工作。而对于已经感染疟原虫的患者，则要进行药物治疗。但在长期用药过程中，疟原虫容易对某种常用药物产生抗药性，从而增加治疗的难度。1967 年，因为多地疟原虫对奎宁、氯喹等疟疾药物都产生了抗药性，中国政府开展了“5 · 23 抗疟计划”，以研发抗疟疾的新药。1972 年，该计划的研究人员屠呦呦率领研究小组从青蒿中提纯了能杀灭疟原虫的活性物质——青蒿素，有效治愈了广大疟疾患者。

跟疟疾一样，丝虫病也是由蚊子等昆虫传播的寄生虫疾病。蚊子在丝虫病患者身上吸血，患者血液中的丝虫幼虫会随血液进入蚊子胃中，在蚊子叮咬健康人时，它体内的丝虫幼虫由口器进入被叮咬者体内。在中国，常见的丝虫为班氏丝虫（*Wuchereria bancrofti Cobbold*）和马来丝虫（*Brugia malayi Brug*），它们进入人体后生活在淋巴组织和皮下组织，会堵塞淋巴管，引发淋巴管炎和淋巴结炎、乳糜尿、象皮病等疾病。而非洲的旋盘尾丝虫（*Onchocerca volvulus Leukart*）还会入侵患者的眼部组织，引起眼部病变甚至失明，由旋盘尾丝虫引起的眼病又称河盲症。中国曾是受丝虫病危害最严重的国家之一，但从 20 世纪 50 年代开始，中国各地便大力杀灭蚊虫清除丝虫传染媒介，同时送药下乡防治疾病，在将近半个世纪的努力下，如今中国已在全世界范围内率先消除了丝虫病。

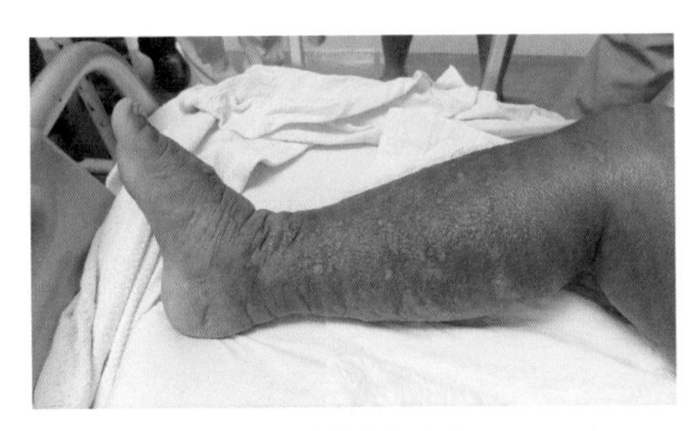

丝虫引发的象皮病

还有一种虫媒寄生虫病，叫黑热病。这种疾病常见于北方地区，由利什曼原虫（*Leishmania* spp.）引起，主要由吸血昆虫白蛉（*Phlebotomus*）传播，可以感染人畜。患者表现为脾、肝及淋巴结肿大、贫血、皮肤病等，而患病犬只表现为皮肤病变，也就是所谓的“癞皮狗”。通过对患者进行药物治疗，同时消灭病畜和病媒昆虫，便可消灭此病。

蛔虫、蛲虫一般是由于人类误食虫卵而寄生人体。要想阻止这类寄生虫传播，除了勤洗手、注意饮食卫生、定期服用驱虫药，更重要的是，在把粪肥施放到田间前要先让其进行发酵腐熟，把其中的虫卵杀死。近年来，随着生活水平的提高和化肥的使用，蛔虫病和蛲虫病发病率也大幅度降低了。

棘球绦虫（*Echinococcus*）能寄生于人畜体内，中间宿主主要是牛、羊、猪、人等，终宿主主要是狗、狼、豺、狐等食肉动物。棘球绦虫的虫卵被人类等中间宿主吞食后，在其体内孵化出幼虫，幼虫群居在覆盖着角质层的包囊之中，所以棘球绦虫病又被称为包虫病。根据棘球绦虫的不同种类，包虫病可以分为囊型包虫病（单房型包虫病，包囊呈球形或不规则形，大小从豌豆大到人头大不等）、泡型包虫病（多房型包虫病，包囊小且成群密集）和混合型包虫病等。其中，泡型包虫病发病时对肝、肺、脑及骨骼等器官都会造成严重损害，而且致死率高。泡型包虫病患者在 5 年内的死亡率为 70%，10 年内的死亡率超过 90%，所以又被称为“虫癌”。

蛔虫

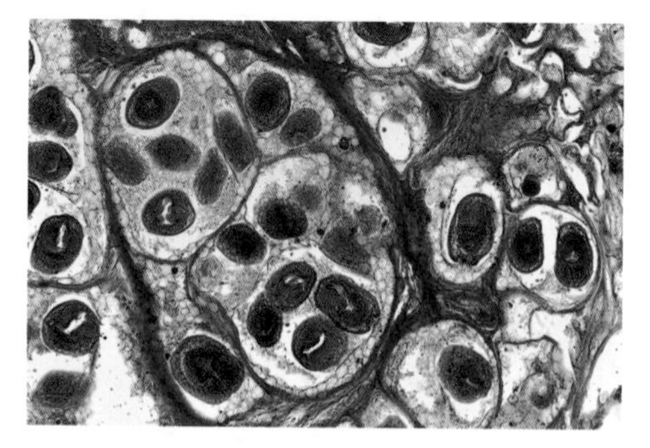

包虫病患者肝部包囊的染色切片

西藏是全国包虫病高发区。2016 年西藏自治区流行病调查结果显示，包虫病在西藏 74 个县区流行，人群发病率为 1.66%，保守估计全区患者高达 5 万。由于西藏牧区的牛、羊等牲畜常患包虫病，而牧民又用牲畜内脏喂狗，狗吞食含有幼虫的内脏后，幼虫便在狗的肠道内发育为成虫。成虫的虫卵随狗的粪便排出，如果人与狗接触，或吃了被虫卵污染的食物，就可能被感染。虫卵从狗体内排出后需要良好的外界环境才能存活到感染人类等中间宿主，而气温低、湿度大，又有一定遮阴条件的牧场草原正适合虫卵的存活，这增加了它们感染人类的机会。除了西藏，内蒙古、四川、甘肃、青海和新疆等地的牧区也流行包虫病。

因为幼虫的包囊生长缓慢，潜伏期可达数年甚至数十年之久，许多人在感染包虫病后并没表现出明显症状，加之藏民对包虫病缺乏足够了解，藏区又就医不便，所以患者来就医时往往已经错过最佳治疗时机。

2017 年 4 月 21 日，西藏自治区疾病预防控制中心与华大基因联合开展包虫病等重大传染病防治合作，共同推进西藏自治区包虫病及其他重大传染病的筛查与防治工作。为解决偏远地区包虫病筛查困难的问题，华大基因特别建立了包虫病快检移动工作站，并将其捐赠给自治区卫计委。包虫病快检移动工作站结合超声影像筛查系统和高通量 DNA 测序技术，可以现场对民众人群采集血样，并对血样进行测序分析，实时、快速、精准地完成诊断、筛查。

但需要注意的是，即使一些寄生虫疾病得到了控制，也不能掉以轻心，否则这些疾病一有机会就会卷土重来。非洲的布氏锥虫（*Trypanosoma Brucei*）是由舌蝇（*Glossina*）传播的寄生虫，被感染的患者会出现发热头痛、心肌炎、昏睡不醒等症状，所以这种疾病又被称为昏睡病或者非洲锥虫病。直到 20 世纪初，科学家才开始对此病进行系统研究，开发治疗药物，大规模灭蝇以阻断传染源。曾于 1908 年获得诺贝尔生理学或医学奖的德国科学家保罗·埃利希（Paul Ehrlich），在 1909 年研发出特效药物 606，这种药物可以杀灭人体中的苍白（梅毒）螺旋体和布氏锥虫。经过数十年的努力，到 20 世纪六七十年代时，非洲的锥虫病疫情得到了很好的控制。然而，后来由于非洲国家内乱、经济衰退等原因，这些地区的公共医疗卫生水平倒退，锥虫病再次卷土重来。因此，要彻底消灭此病，还有很长的路要走。

万怪烟消云落

传统的寄生虫检验方法包括病原检测（直接观察患者排泄物、血液、组织，检查其中是否有虫体或虫卵）、免疫学检测（用免疫学手段检测患者体内因寄生虫而出现的抗原或者抗体）、DNA 探针技术（用 DNA 探针技术确定患者体内寄生虫的种类）等。

但不少寄生虫疾病的症状都与普通发烧、脑膜炎极为相似，因此医生容易误诊。此外，传统的寄生虫检测方法难以准确判断寄生虫的种类，加上现在跨国出行者越来越多，如果患者在其他国家感染了当地特有的寄生虫，国内医生也难以诊断病原。

为了精确快速地对寄生虫病患者进行诊断，医学人员将高通量测序技术应用到临床，研发了基于宏基因组的高通量测序技术（metagenome using next generation sequencing，mNGS），对患者体液中的寄生虫 DNA 片段进行测序，以判断寄生虫的种类，从而进行对症治疗。

2016 年，中国工人老杨在非洲加蓬务工时遭昆虫叮咬，之后出现皮疹、反复发热、头痛，回国后病情加重，出现昏睡症状。患者于 2017 年 8 月就医时，医生在患者骨髓中发现了布氏锥虫。然而，布氏锥虫又分为冈比亚锥虫（*Trypanosoma brucei gambiense*）和罗得西亚锥虫（*Trypanosoma brucei rhodesiense*）两种，治疗这两种锥虫的药物也不一样。

mNGS 检测结果显示，患者脑脊液中存在冈比亚锥虫的 DNA，而患者血样中也检测到冈比亚锥虫抗体阳性。在确诊患者所感染的寄生虫为冈比亚锥虫后，中方立刻与瑞士世界卫生组织总部取得联系，申请了治疗冈比亚锥虫的特效药物，空运到医院对患者进行治疗。从患者就诊到特效药抵达，总共不过 72 小时。

由猪肉绦虫导致的脑囊虫病在临床上属于比较容易确诊的疾病，但少数病例表现为慢性脑膜炎，与结核性脑膜炎症状比较相似，容易造成误诊。一位 58 岁的男性患者，出现反复头痛和记忆丧失症状已有 8 年，曾先后被诊断为结核性脑膜炎和隐球菌性脑膜炎，在多次治疗无效后，于 2017 年接受 mNGS 检测。检测结果显示，其脑脊液中含有猪肉绦虫的 DNA，因此被确诊为猪肉绦虫感染。经过对症治疗后，该患者病情有所好转。

“一声鸡唱，万怪烟消云落。”mNGS 技术的助力使各种寄生虫疾病无所遁形，让疑症、重症寄生虫感染患者能得到及时诊断、治疗，早日平安无“恙”。

疟原虫小贴士	
中文名	疟原虫
拉丁学名	*Plasmodium*
英文名称	plasmodium
物种分类	原生动物门、孢子虫纲、晚孢子亚纲、真球虫目或血孢子虫目、疟原虫科、疟原虫属
基因组学研究进展	2012 年 8 月，美国博德研究所、印度医学研究理事会、纽约大学对来自西非、南美洲和亚洲不同地理位置的间日疟原虫（*Plasmodium vivax*）进行了基因组测序，发现其基因组大小为 28.43 Mb~29.65 Mb，共有 28 条染色体，并提供了间日疟原虫的全基因组全局变异图谱。研究结果表明，间日疟原虫的遗传变异性是恶性疟原虫（*Plasmodium falciparum*）的两倍，从而揭示了间日疟原虫超强的进化能力，为疟疾的治疗提供了参考指导。研究结果发表在《自然·遗传学》杂志上。 2012 年 8 月，日本大阪大学微生物疾病研究所、日本独协医科大学、纽约大学的研究人员测序了三种食蟹猴疟原虫（*Plasmodium cynomolgi*）的基因组，并将它们的基因组与间日疟原虫、诺氏疟原虫（*Plasmodium knowlesi*）进行比较，发现食蟹猴疟原虫基因组大小为 26.2 Mb，还绘制了食蟹猴疟原虫的遗传变异谱图，为该物种的特征标记和功能性研究提供了数据来源。研究结果发表在《自然·遗传学》杂志上。 2015 年 7 月，英国伦敦卫生和热带医药学院、桑格研究所和加纳大学的研究人员对来自加纳的中部地区（疟疾全年传播）和北部地区（疟疾季节性传播）的恶性疟原虫进行了基因组测序，发现其基因组大小约为 23 Mb，展示了恶性疟原虫在疟疾流行地区面临的选择压力，以及这种寄生虫的基因组多样性。研究结果发表在 *BMC Genomics* 杂志上。 2017 年 2 月 2 日，英国桑格研究所、牛津大学、马里巴马科科技大学、德国传染病研究中心等机构对三日疟原虫（*Plasmodium malariae*）和卵形疟原虫（*Plasmodium ovale*）的基因组进行了测序分析，发现这两种疟原虫基因组大小为 33.6 Mb。本次研究的数据结果在一定程度上改变了先前的疟原虫系统进化树版本，使得疟原虫的物种亲缘关系更加清晰，有利于对其致病机理和物种适应性的研究。

（续表）

疟原虫小贴士	
基因组学研究进展	2018年5月4日，美国南佛罗里达大学和英国桑格研究所等机构的研究人员通过测序发现，恶性疟原虫的5 400个基因中有2 600多个是它们在红细胞中生长所必需的，其中大约1 000个基因在所有种类的疟原虫中都是保守的。很多必需基因位于蛋白酶体通路中，因此这个通路可以成为克服青蒿素耐药性的良好靶标。研究结果发表在《科学》杂志上。

猪蛔虫小贴士	
中文名	猪蛔虫
拉丁学名	*Ascaris suum*
英文名称	ascaris suum
物种分类	线虫动物门、尾感器纲、小杆亚纲、蛔虫目、蛔虫科、蛔虫属、猪蛔虫种
基因组学研究进展	2011年10月27日，澳大利亚墨尔本大学和华大基因等研究机构对猪蛔虫进行了基因组测序，发现其基因组大小为273 Mb，大约含有18 500个编码基因，并确定了5个新的药物靶点。根据这些靶点研究靶向药物，可以选择性地杀死寄生虫且不损害宿主。此外，研究人员还发现了猪蛔虫的一些调控或者逃避宿主免疫反应的基因，这有助于研发对抗猪蛔虫的疫苗和药物。研究结果发表在《自然》杂志上。

血吸虫小贴士	
中文名	血吸虫
拉丁学名	*Schistosome*
英文名称	blood fluke
物种分类	扁形动物门、吸虫纲、复殖亚纲、复殖目、裂体科、血吸虫属
基因组学研究进展	2009 年 7 月 16 日，中国国家人类基因组南方研究中心、上海市 - 科技部共建疾病与健康基因组学重点实验室、中国疾病预防和控制中心寄生虫病预防控制所、中科院上海生命科学研究院、复旦大学、上海交通大学医学院附属瑞金医院、上海生物信息中心、生物芯片上海国家工程研究中心、中科院北京基因组研究所、华大基因等机构对日本血吸虫（*Schistosoma japonicum Katsurada*）进行了基因组测序，发现日本血吸虫基因组大小约为 400 Mb，含有 40.1% 的重复序列，共有编码基因 13 469 个，其中包括首次发现的与血吸虫感染宿主密切相关的弹力蛋白酶。日本血吸虫与同样大小基因组的非寄生生物比较，虽然基因数量相似，但功能基因的组成却有较大差别。一方面，它们丢失了很多与营养代谢相关的基因，因此这些营养物质必须从宿主体内获得；另一方面，它们扩充了许多有利于蛋白消化的酶类基因家族，有利消化宿主皮肤入侵宿主体内。基因方面的变化充分体现了血吸虫适应寄生生活，与宿主协同进化的重要特性。研究结果发表在《自然》杂志上。 2012 年 1 月 15 日，澳大利亚墨尔本大学、华大基因等机构对埃及血吸虫（*Schistosoma haematobium*）进行了全基因组测序，发现其基因组大小约为 385 Mb，并进一步展开了血吸虫基因组注释、比较基因组学、基因组进化和各种相关的生物学分析。这些研究发现为开展血吸虫疾病的基础研究提供了重要的研究资源，对防治此类疾病具有极其重要的意义。研究结果发表在《自然·遗传学》杂志上。

猪鞭虫小贴士	
中文名	猪鞭虫
拉丁学名	*Trichuris muris*
英文名称	trichuris muris
物种分类	线虫动物门、无尾感器纲、刺嘴亚纲、毛首目、鞭虫属
基因组学研究进展	2014年6月15日，澳大利亚墨尔本大学、丹麦哥本哈根大学、美国康奈尔大学和华大基因等多家科研机构进行了猪鞭虫基因组测序，发现雌性猪鞭虫和雄性猪鞭虫的基因组大小分别为76 Mb和81 Mb，并对猪鞭虫体内与发育阶段、性别形成、组织分化相关的mRNA和小非编码RNA进行了转录组测序。研究者还对猪鞭虫的宿主免疫应答调控机制进行了深入研究。研究结果发表在《自然·遗传学》杂志上。

棘球绦虫小贴士	
中文名	棘球绦虫
拉丁学名	*Echinococcus multilocularis*
英文名称	hydatid
别称	包虫
物种分类	扁形动物门、绦虫纲、多节绦虫亚纲、圆叶目、带绦虫科、棘球属
基因组学研究进展	2013年9月8日，国家人类基因组南方研究中心、新疆医科大学第一附属医院等研究机构对细粒棘球绦虫（*Echinococcus granulosus*）进行基因组测序，发现其基因组大小为151.6 Mb，共有11 325个编码基因，除了大量与其他物种同源的基因外，还有五分之一的基因为寄生虫所特有。此研究首次揭示了细粒棘球绦虫独特的胆酸盐调控双向发育的遗传基础，提供了关于细粒棘球绦虫生物学、发育、分化、进化和宿主互作等方面的

（续表）

棘球绦虫小贴士	
基因组学研究进展	一些新认识，并鉴别出了一些药物和疫苗靶点，有可能推动开发包虫病干预的新手段。该研究工作为包虫病的诊断试剂、治疗药物和预防疫苗的研制提供了一个基本的全基因组信息平台，对提高包虫病的诊断和治疗水平、控制包虫病有积极意义。

参考文献

1. 詹希美 . 人体寄生虫学 [M]. 北京 : 人民卫生出版社 . 2010.
2. 王晓冰 . 血吸虫病的千古之谜 [J]. 百科知识 . 2011, 14: 7–10.
3. 王黎洋 , 陈宗伦 . 寄生虫癌细胞传染人引关注 [J]. 晚晴 . 2016, 3: 97.
4. 王素文 , 孙军 . 寄生虫抗恶性肿瘤的研究新进展 [J]. 中国寄生虫学与寄生虫病杂志 . 2014, 4: 308–310.
5. 高洁 , 张京品 . 西藏决战包虫病，雪域高原吹响冲锋号 [N]. 新华日报 . 2017–08–23.
6. 刘周岩 . 华大基因助力西藏包虫病防治 [J]. 三联生活周刊 . 2017，36.
7. 胡沛斌 .“瞌睡病”卷土重来肆虐非洲 [J]. 医药与保健 . 1999, 1: 56.
8. 陈静 . 全球合作，上海专家 24 小时为患者捉住致命非洲“瞌睡虫”[N]. 中国新闻网 . 2017–09–01.
9. Fan S., Qiao X., Liu L., et al. Next-Generation Sequencing of Cerebrospinal Fluid for the Diagnosis of Neurocysticercosis[J]. *Front Neurol*. 2018 Jun 19, 9:471.

新冠肺炎的教训：“蝠”兮祸所依，野味切莫吃

人类从历史中学到的唯一教训就是：人类从历史中从未学到任何教训。

2020 年的肺炎疫情，堪称这个世纪迄今为止最大的一次疫情。到我成书之际（2020 年 3 月 31 日），全球已有 202 个国家和地区，累计约 80 万人感染。疫情仍未结束，很多数字仍在变化，传播途径仍在确证，中间宿主仍在寻觅，有效治疗药物还在临床试验中，所以，还远远不到我可以写一篇复盘文章的时候。但此刻，如果说重来一次，有哪些事情是真的可以避免的，我会说：不吃野生动物，尽量不去打扰野生动物的栖息地，铭记人类不过是自然界中一个普通的物种而已。此外，这个时期比疫情传播得更快的可能是谣言。前段时间甚嚣的“冠状病毒是一种人工合成病毒，更容易感染某些人种”的说法，随着全球普遍感染而不攻自破。我多次强调，生物学上人类只有一种，并不存在所谓“以肤色来区别人种”的基因武器。

冠状病毒能够感染人类，这在 1965 年就被发现了。因为它只能引

起比较轻微的感冒症状，故在被发现后的近半个世纪里一直与人类相安无事。这个病毒真正“恶”名远扬是在 2003 年，即“非典”——严重急性呼吸综合征（severe acute respiratory syndrome，SARS）高发时期。此后的 17 年中，高致病性的冠状病毒从未真正离开。非典之后，2012 年在中东闹起了 MERS——中东呼吸综合征（middle east respiratory syndrome，MERS），其致死率高达 40%，是 SARS 致死率的 4 倍，而导致 MERS 的又是一种新的冠状病毒。2020 年，在全球暴发的新型冠状病毒肺炎（国内称 Novel coronavirus pneumonia，简称 NCP，世卫组织则称 COVID-19），其罪魁祸首依然是一种新的冠状病毒，和 SARS 冠状病毒很相近，世卫组织在 2 月 12 日将其命名为 SARS-CoV-2。三次疫情有着不同的中间宿主，第一次是果子狸，第二次是单峰骆驼，第三次此刻还未明了，穿山甲或者竹鼠都是潜在的对象，但这三次疫情的共同点是：这些病毒的源头都是蝙蝠。蝙蝠在哺乳动物中是个大家庭，我并不陌生，但正是因为这次疫情，我才看到竟然有人炫耀吃蝙蝠汤，这远远超出了我的认知，看来吃果子狸的教训还不够痛啊！为了帮助大家能记住教训，下面，咱们来讲讲蝙蝠。

北京的恭王府曾是清朝重臣和珅的住宅，府中到处都装饰着蝙蝠（*Chiroptera*）图案，据说数量多达 1 万。不过，和大人用这么多蝙蝠图案进行装饰并不是觉得蝙蝠模样可爱，而是因为蝙蝠的“蝠”和福气的“福”同音，民间认为蝙蝠是福气的象征。对于出身贫寒却能平步青云位极人臣的和珅来说，他的大半生都被福星所眷顾，“福”字对他来说格外珍贵。那有着万只蝙蝠图案的府邸也被人称为“万福之地”。

北京恭王府 （摄影：尹烨）

和珅对蝙蝠“情有独钟”只是为了讨个彩头。那么，真正的蝙蝠又是什么样的，是否真能给人类带来福气呢？

大小有别

蝙蝠是哺乳纲劳亚兽总目中的翼手目动物的总称，种类超过 900 种，是第二大哺乳动物类群，仅排在啮齿目动物之后。它的翅膀由前肢演化而来，前肢上长着翼形的皮膜，所以这种翅膀又叫翼手。为了适应飞行，它的胸骨演化出龙骨突，这点跟鸟儿很是类似了。另外，它们也是唯一演化出具备真正飞翔能力的哺乳动物。因为飞行需要，它们跟鸟类一样，需要更加经济的能量循环。有趣的是，蝙蝠基因组在哺乳动物中也属于偏小的。大部分哺乳动物的基因组大小为 3 Gb

左右，能飞行的鸟类基因组大小为 1 Gb 左右，而蝙蝠的基因组平均在 2 Gb，正好在两者之间。

翼手目又分为大蝙蝠亚目和小蝙蝠亚目。大蝙蝠亚目的成员主要是狐蝠（*Pteropus*）等。它们体型较大，展翼长度最大可达 1.5~1.7 米，以水果和花蜜为食，不用冬眠，视觉、嗅觉比较发达，没有回声定位系统。在西太平洋的帕劳岛，人们认为狐蝠只吃水果和花蜜，吸收了花果精华，是大补之物，这也难怪狐蝠炖的汤是当地的传统美食。

狐蝠属于大蝙蝠亚目

我们平时常见的蝙蝠，还有出现在各种文学、影视作品中的吸血蝙蝠，则都属于小蝙蝠亚目。这个亚目的成员一般以肉为食，对它们而言，昆虫、鱼、青蛙、蜥蜴、小鼠、其他蝙蝠、动物血液等皆可果腹。此外，它们普遍视觉退化，依靠回声定位系统辨别方向，而且需要冬眠。

为了适应冬眠、肉食等习性，小蝙蝠亚目的许多基因都发生了相应的演化。它们合成羧基酯脂肪酶的基因发生了扩张，这有助于它们在冬眠前储存脂肪；合成消化酶的基因也发生了扩张和突变，这让小蝙蝠亚目成员能更好地消化肉食，而该基因失活的大蝙蝠亚目则只能消化植物，不能消化肉类。

吸血蝙蝠属于小蝙蝠亚目

“蝠”寿双全

达尔文曾在《物种起源》中感叹：“从不能飞的原始哺乳动物进化为能飞的蝙蝠是不可思议的。”蝙蝠是唯一有飞行能力的哺乳动物，虽然同属于哺乳动物的鼯鼠（*Pteromys volans*）也能滑翔，还被人称为“寒号鸟”，但滑翔毕竟不是真正的飞行。古往今来，能真正占领天空的哺乳动物只有蝙蝠。

为了适应飞行生活，蝙蝠祖先在演化出飞行能力的过程中，其基因也发生了一系列的快速演化。为了提高飞行振翼的能力，蝙蝠体内与皮肤弹性相关的基因和参与肌肉收缩的基因都经历了适应性演化。同时，蝙蝠线粒体中的基因也发生了突变，以提高氧化磷酸化作用，提供飞行所需的大量能量。

然而，高水平的氧化磷酸化会产生活性氧（ROS）等副产物，引发DNA损伤、细胞凋亡等不良反应。为此，蝙蝠体内一系列与

DNA 损伤检验、DNA 修复通路相关的基因都进行了演化，这可以减少或修复 ROS 造成的损伤。

这样一来，蝙蝠就有了比较强的 DNA 损伤修复能力，不但很少得癌症，而且寿命也比较长。哺乳动物的体型与寿命一般成正比，例如小鼠的寿命只有两三年，而大象的寿命将近 100 岁。但蝙蝠却是个特例，平均体重只有几十克的蝙蝠，寿命长达数十年。

祸“蝠”相依

蝙蝠如此长寿，让古人不禁联想浮翩。传说八仙之一的张果老，就是混沌初分时的一只白蝙蝠精所化。《抱朴子》中也有“千岁蝙蝠，色如白雪，集则倒悬，脑重故也。此物得而阴干末服之，令人寿万岁”之说。中国古代也把蝙蝠视为良药，蝙蝠粪便被中医称为“夜明砂”，据说有清肝明目的功能，民间还传说吃蝙蝠肉可以治疗哮喘。

很遗憾，事情的真相是：蝙蝠及其排泄物非但不能治病，反而会致病，说它们是瘟神也毫不为过！其实，蝙蝠是携带病毒最多的动物之一，而且因为它们具备飞行能力，所以它们对人类传播病毒的能力比其他哺乳动物都来得更强。SARS、MERS、新冠肺炎、埃博拉（Ebola）……这一连串骇人听闻的致命疾病的始作俑者其实都是蝙蝠，它们间接甚至能直接把病毒传播给人类，也因为整个传播链条中都是哺乳动物（如 SARS 疫情中的果子狸），所以病毒突破种间屏障会更容易一些。除了人类，动物也可能被感染传播，如 2016 年广东清远养猪场暴发的乳猪急性腹泻症（SADS），也是因冠状病毒而起。

2005 年，中科院武汉病毒研究所的石正丽课题组曾经提出 SARS

病毒可能来源于蝙蝠；2013 年，他们确认 SARS 病毒的原始宿主是中华菊头蝠（*Rhinolophus sinicus*）。而 MERS、SADS 的疫情暴发地点附近也有蝙蝠的群聚栖息地，科研人员在当地蝙蝠身上也发现了类似的病毒，这说明致病病毒的确是蝙蝠带来的。2020 年，他们再次发文，证明了新型冠状病毒的序列与一种蝙蝠中的冠状病毒序列一致性高达 96%，也就是说，新型冠状病毒的宿主可能仍然是蝙蝠。

蝙蝠是冠状病毒的主要动物宿主，将近 10% 的蝙蝠携带冠状病毒，而其他动物只有 0.2% 携带冠状病毒。冠状病毒重组能力很强，容易重组形成新病毒。如果同一只蝙蝠或是在同一个山洞里的蝙蝠同时携带多种病毒，那这些病毒可能会重组生成致命的新病毒。

2014 年在非洲暴发的埃博拉疫情也和蝙蝠有关。当地森林里的蝙蝠身上携带病毒，被蝙蝠咬伤或者接触它们的唾沫和粪便都可能染病。当地人还喜欢吃森林里的果蝠（*Rousettus leschenaulti*）和其他野生动物，这更增加了感染病毒的可能性。看来，人类还是应该管住自己的嘴。就在 2020 年 2 月 24 日，我国已经开始全面禁止非法野生动物交易，并将严厉惩治非法食用、交易野生动物的行为。

百病不生

令人吃惊的是，虽然蝙蝠体表携带多种致命的烈性病毒，但它们自身却能与病毒和平共处，不会被身上的病毒感染。吸血蝙蝠更是以血液为食，将其他动物血液中的致病细菌、病毒一并吞入腹中，仍能安然无恙。

蝙蝠为什么“百病不生”？第一个原因是蝙蝠维持飞行需要大量

能量，因而需要高水平的代谢，所以它们的代谢率比其他哺乳动物来得高，体温也就更高。要知道，高温是一道天然的免疫防线。在这样的高温环境下，病毒很难生存、繁殖。同样，人类在感染细菌、病毒时会发烧，也正是利用发烧时的高体温来抑制细菌、病毒的生长繁殖。

第二个原因是人类体内的 I 型干扰素只在身体遭遇病毒或者细菌入侵时才会被激活，而蝙蝠体内的 I 型干扰素一直处在活跃状态，持续起效。所以，蝙蝠的抗病能力也就更强。

此外，如果免疫系统对外界病原反应太强，还可能会造成免疫过激，产生炎症等不良反应，对身体产生伤害。有时，损害人体的并不是入侵的病毒，而是自身的免疫系统。基因组测序结果显示，蝙蝠基因中缺失了 *PYHIN* 基因家族，*STING* 基因也发生了突变。*PYHIN* 基因家族能在病原入侵后造成炎症，而 *STING* 基因能调控干扰素的产生。*PYHIN* 基因家族的缺失和 *STING* 基因的突变，抑制了蝙蝠体内的免疫过激现象，减少了炎症的发生，从而减少了病毒对身体的损害。

吸血蝙蝠不但体内有多个免疫相关基因，肠道菌群构成也非常复杂，含有多种保护性细菌，这些细菌可以产生对抗病菌、病毒的化合物，使蝙蝠所吸血液中的病菌、病毒无法感染蝙蝠。

虽然蝙蝠是飞行的烈性病毒传播源，会给人类带来极大的危害，但人类通过了解蝙蝠自身的免疫系统和病毒防卫机制，可以更好地抗击病毒，还能从蝙蝠抑制免疫过激的过程中得到启发，研制药物来减轻人类的炎症反应。

所谓“祸兮福所倚，福兮祸所伏”，蝙蝠给人类带来的不光是瘟疫，还有对抗瘟疫的灵感。正如潘多拉的盒子中灾祸与希望并存，蝙蝠也是如此祸福相依。

蝙蝠小贴士	
中文名	蝙蝠
拉丁学名	*Chiroptera*
英文名称	bat
别称	天鼠、挂鼠、天蝠、老鼠皮翼、飞鼠、燕别故、蜜符、盐老鼠
物种分类	脊索动物门、脊椎动物亚门、哺乳纲、真兽亚纲、翼手目
基因组学研究进展	2012年12月21日，华大基因、丹麦哥本哈根大学、澳大利亚科学院等科研单位共同完成了黑狐蝠和大卫鼠耳蝠的高通量全基因组测序分析，并进行了基因比对，相关结果发表在《科学》杂志上。研究者对这两种蝙蝠进行了100X覆盖率的全基因组测序，发现这两个亚目的蝙蝠源自同一祖先，基因组大小均为2 Gb。它们的祖先和马的亲缘关系最近，两者大约在8 800万年前发生了分化。 2018年2月19日，由来自哥本哈根大学、中国科学院昆明动物研究所和深圳国家基因库的研究人员组成的研究团队共同公布了普通吸血蝙蝠的基因组及其肠道微生物组数据，揭示了吸血蝙蝠专门以血液为食的演化适应机制。最新研究成果发表于《自然·生态学与进化》(*Nature Ecology & Evolution*)杂志。

参考文献

1. Zhang G., Cowled C., Shi Z., et al. Comparative analysis of bat genomes provides insight into the evolution of flight and immunity[J]. *Science*. 2013 Jan 25, 339 (6118): 456–60.

2. Ge X.Y., Li J.L., Yang X.L., et al. Isolation and characterization of a bat SARS-like coronavirus that uses the ACE2 receptor[J]. *Nature*. 2013 Nov 28, 503 (7477): 535–8.

3. Maxmen A.. Bats are global reservoir for deadly coronaviruses[J]. *Nature*. 2017 Jun 12, 546 (7658): 340.
4. Zepeda Mendoza M.L., Xiong Z., Escalera-Zamudio M, et al. Hologenomic adaptations underlying the evolution of sanguivory in the common vampire bat[J]. *Nat Ecol Evol*. 2018 Apr, 2 (4): 659–668.
5. Xie J., Li Y., Shen X., et al. Dampened STING-Dependent Interferon Activation in Bats[J]. *Cell Host Microbe*. 2018 Mar 14, 23 (3): 297–301.
6. Zhang G., Cowled C., Shi Z., et al. Comparative analysis of bat genomes provides insight into the evolution of flight and immunity[J]. *Science*. 2013 Jan 25, 339 (6118): 456–60.
7. Ahn M., Cui J., Irving A.T., et al. Unique Loss of the PYHIN Gene Family in Bats Amongst Mammals: Implications for Inflammasome Sensing[J]. *Sci Rep*. 2016 Feb 24, 6: 21722.
8. Zhou P., Tachedjian M., Wynne J.W., et al. Contraction of the type I IFN locus and unusual constitutive expression of IFN-α in bats[J]. *Proc Natl Acad Sci U S A*. 2016 Mar 8, 113 (10): 2696–701.

从“望闻问切”到病原精准检测

外界生物感染人体造成的疾病，统称为感染性疾病，其中具有传播能力的感染性疾病被称为传染病，引起疾病的病毒、细菌、真菌和寄生虫等外界生物被称为病原体。在任何时代，感染性疾病都是可怕的灾难，一些传染范围广、发病迅速、致死性强的感染性疾病（如天花、鼠疫、流感、霍乱、伤寒等），在古代曾夺走上亿人的性命。

从肉眼诊断到望闻问切

在古代，人们把大范围暴发的感染性疾病称为瘟疫，“医圣”张仲景在其著作《伤寒杂病论》中提到：“建安元年，丙子年，南阳自此连年疾疫，不到十年之间，张仲景宗族两百余口，死者竟达三分之二。”

肉眼一般只能看到直径大于 100 微米（0.1 毫米）的物体，而绝大多数病原体微生物至多是这个尺度的五十分之一，因此古代医生无法鉴别引发瘟疫的病原体，只能通过“望闻问切”等方法观察患者症状来确定所患的是何种疾病，从而对症治疗。

虽然古人对病原体了解不多，但他们通过观察发现，患病人畜和不洁空气、水源可以传播瘟疫。汉武帝在《轮台诏》中提到，汉朝攻打匈奴时，匈奴“使巫埋羊牛所出诸道及水上以诅军”。匈奴巫师把牛羊尸体埋在汉军行军经过的路边或者水源附近，让牛羊尸体腐烂后污染空气和水源，使汉军染病，也许这是史上最早有记载的细菌战。为了预防瘟疫，古人通过焚烧草药净化空气、注意饮食卫生、火化病死的人畜尸体等方法，隔绝病原体的传播。

然而在中世纪时的欧洲，教会宣称生病是上帝对罪人的惩罚，如果世人虔诚祷告就会得到上帝的保佑。这种“祈祷治病”的社会风气严重限制了医学的发展，当时唯一的医疗手段便是放血疗法和用教堂的圣水，加上当时城市卫生条件极差，腐烂的垃圾和携带病菌的老鼠遍地皆是，这些都为瘟疫提供了滋生的温床。

16 世纪的十字架，迷信者认为将其佩戴在脖子上可以避免瘟疫　（摄影：尹烨）

在曾经席卷欧洲的瘟疫中，最让人谈之色变的莫过于14世纪的鼠疫大流行。名著《十日谈》正是以这场鼠疫为故事背景。对于当时鼠疫是怎么传入欧洲的，仍存在很多争议。有学者对鼠疫细菌进行基因组分析后，认为鼠疫是通过丝绸之路进入欧洲的，可能有一些带病老鼠在商队行进途中钻进了它们的货物中，并随着商队到了欧洲。而根据一些小说和野史中的说法，蒙古人在西征攻打热那亚（Genova）一个叫法卡（Kefe）的城市时，曾用投石机把鼠疫患者的尸体抛入城中，让鼠疫在城中传播开来。也有人指出，当时的蒙古人还没发明投石机，他们是把鼠疫患者的尸体留在城外，欧洲人在清理战场时感染了鼠疫。

在鼠疫暴发后，教徒们才发现神父、修女也会染上瘟疫，即使日夜祷告也不会出现神迹。一些宗教人员甚至因为害怕感染鼠疫，拒绝为死者祷告、主持葬礼。因此，不少人都动摇了自己的宗教信仰，转而相信科学的治疗方法，欧洲的科学文化也开始蓬勃发展。

16世纪发明的鸟嘴面具，鸟嘴部分填充棉花、草药等物以过滤空气，医生接触瘟疫病患时佩戴此面具防止传染　（摄影：尹烨）

丹麦第一部关于瘟疫的专著，写于 16 世纪　（摄影：尹烨）

从显微镜的发明到病原体培养检测技术

荷兰眼镜商人亚斯·詹森（Hans Janssen）于 1590 年发明的显微镜，一开始并没得到世人的重视。直到 1670 年，另一个荷兰人安东尼·列文虎克（Antony van Leeuwenhoek）改进了显微镜，并首次用显微镜观察到微生物，显微镜才正式成为科研神器。自从显微镜发明以来，人类渐渐发现了一个奇妙的新世界，基于显微镜技术的微生物学、寄生虫学等学科相继诞生，并催生了病原检测技术。

19 世纪的德国细菌学家罗伯特·科赫（Robert Koch）是病原微生物学的开拓者。他一生发现了炭疽杆菌（*Bacillus anthraci*）、伤寒杆菌（*Salmonella typhi*）、结核杆菌（*Mycobacterium tuberculosis*）、霍乱弧菌（*Vibrio cholerae*）等多种致命的病原体，并研究了这些病原体的传播途径及防控方法。此外，他还建立了微生物实验方法，发明了用苯胺对细菌进行染色的细菌染色法，以及微生物的固体培养基培养法和悬滴培养法。基于固体培养基的微生物培养法一直沿用至今。

科赫在对炭疽杆菌的研究中提出了著名的科赫法则（Koch’s

Postulates），其内容为：对于某种感染性疾病，如果每一个患者体内都能找到同样的微生物，再把这种微生物提取、培养后，接种到健康宿主体内能引起相同的病症，而且被感染的宿主体内能提取到这种微生物，就说明这种微生物是感染性疾病的病原体。虽然这种方法在今天看来并不十分严谨，但它仍是确证感染性疾病病原体的重要法则。

在科赫的理论上发展起来的现代病原体检测方法包括涂片染色后显微镜观察和病原体培养检测（因为每种病原体所需的生长环境都有所不同，将从患者体内取得的病原体进行特定条件培养便可确定其种类）。这两种方法简便易行，是极为常用的病原体检测方法。

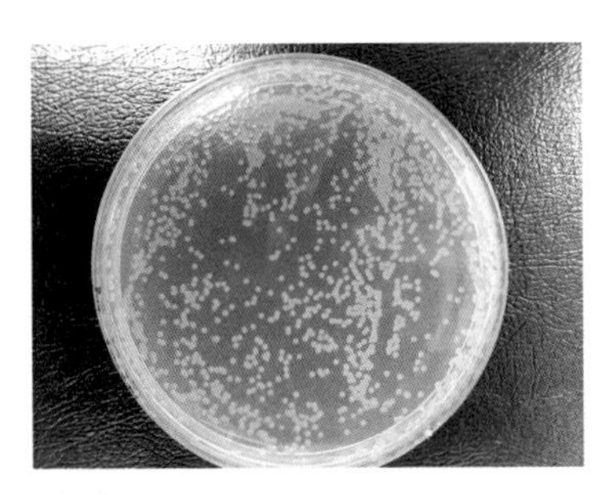

生长在固体培养基上的菌落

从免疫学的建立到病原体免疫检测技术

英文中的"免疫"一词是 immune，来源于拉丁文 immunis，本义是"免除税收""免于疫患"。随着十八、十九世纪牛痘疫苗、炭疽疫苗和狂犬疫苗等疫苗的发明，人类对免疫机制的研究越来越深入。

1883 年，俄国生物学家以利·梅切尼科夫（Elie Metchnikoff）发现了白细胞的吞噬作用并据此建立了细胞免疫（Cellular immunity）

学说，提出人体内的免疫细胞能消灭入侵的病原体。1890 年发现的白喉抗毒素（diphtheria antitoxin）和 1894 年发现的补体（complement），则成了支持体液免疫（humoral immunity）学说的重要论据。体液免疫学说提出，病原体中的某些物质可作为抗原引发免疫反应，导致 B 细胞产生抗体，清除体内的抗原。当时的学术界曾为人体免疫力来自细胞免疫还是体液免疫争论不休。后来的研究证明，细胞免疫和体液免疫都是人体免疫的一部分，两者相辅相成。1908 年，细胞免疫学说的建立者梅切尼科夫和体液免疫学说的代表人物保罗·埃利希（Paul Ehrlich）共同获得诺贝尔生理学或医学奖。

基于免疫学中的抗体与抗原特异性结合的原理，多种免疫检测技术相继诞生，包括凝集反应（agglutination test）、免疫沉淀反应（Immunoprecipitation）、放射免疫检测技术（Radio-immunoassay，RIA）、免疫荧光检测技术（Immunofluorescence technique）、酶联免疫检测技术（Enzyme-linked Immunosorbent Assay，ELISA）、固相膜免疫技术（solid phase membrane-based immunoassay）等。在病原体免疫检测中，根据患者体内的病原体能否与特定抗体结合，便可判断病原体的种类。

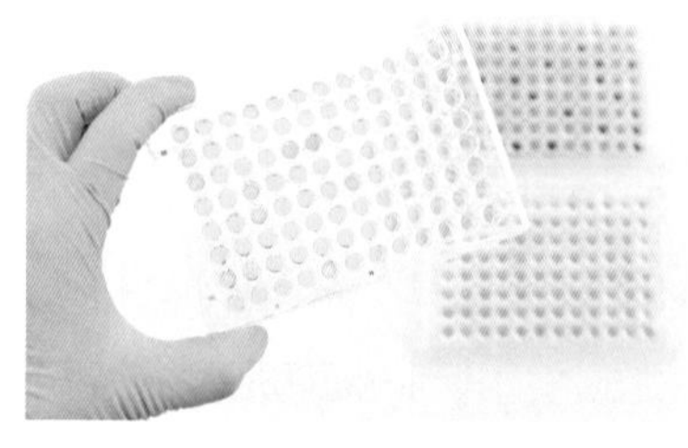

酶联免疫检测技术：待检测的抗原能与已有抗体特异性结合，便会发生显色反应

从 DNA 双螺旋的发现到病原体核酸检测技术

1953 年 DNA 双螺旋结构的发现，开启了分子生物学时代，使人类对病原体的研究从形态学层次深入到分子层次。基于分子水平的核酸检测技术渐渐成为病原体检测的主流。它不必预先对病原体进行分离培养便可直接检测，方便快捷，而且灵敏度更高。

核酸检测技术是基于核酸双链互补配对原则的核酸杂交技术，技术人员合成一段与特定病原体 DNA 或者 RNA 互补的单链核酸序列作为探针，并用生物素、放射性同位素、酶等进行标记，让其与待测病原体的核酸进行杂交。如果探针能与待测病原体的核酸互补配对，便能观察到标记物的信号，这样就可以证实待测病原体的种类。20 世纪七八十年代发明的 northern blot 技术、southern blot 技术、放射性核素标记（isotope labelling）技术、点杂交（dot blot）技术、限制性片段长度多态性（restriction fragment length polymorphism，RFLP）分析技术、荧光原位杂交（fluorescence in situ hybridi-zation，FISH）技术等，都属于核酸检测技术。这类检测技术的特异度和灵敏度均较高，对感染性疾病的早期诊断有至关重要的意义。

然而，有时因为患者体内的病原体核酸含量过低，检测时会有一定的难度。20 世纪八九十年代，PCR 技术的应用使待检测的病原体核酸数量可以成千上万地扩增，大大提高了核酸检测技术的应用性和准确性。

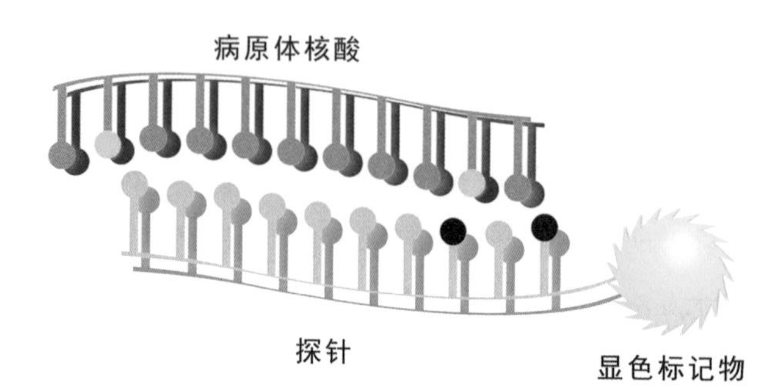

示意图：探针与病原体核酸互补结合后，探针上的标记物便会显色，通过观察病原体样本是否显色即可确定病原体的种类 （绘图：李靖）

从测序技术的发明到病原体宏基因组检测技术

测序技术发明后，人类获得了窥探生命遗传本质的能力，自此步入基因组学时代。而 20 世纪 70 年代 DNA 测序技术的发明，为感染性疾病的精准诊断和精准治疗奠定了基础。随着科技的发展，各种病原体检测技术相继问世，为感染性疾病的预防、诊断和治疗提供了极大帮助。

Sanger 测序技术的主要优点为测序读长长、准确性高，但也存在测序成本高、通量低等方面的缺点。这些问题严重影响了该技术的大规模应用。经过不断的技术开发和改进，高通量测序技术诞生了。高通量测序技术不但大大降低了测序成本，还在保持高准确性的同时，大幅度提高了测序效率。

根据高通量测序技术速度快、相对成本低的特点，哥伦比亚大学的 Lipken 实验室和华大基因的陈唯军教授发明了基于宏基因组的高通量测序技术，从 2012 年起率先采用该技术对临床疑难感染性疾病和新发感染性疾病进行病原检测与鉴定。

近几十年来新发感染性疾病不断增加，其原因包括：现有病原体经过变异形成新的病原体，已被控制的病原体由于产生耐药性或者公共卫生条件的衰退而重新出现，人员流动导致病原体跨国传播，原先未被发现的病原体入侵人类社会等。部分新发感染性疾病如非典、埃博拉、H7N9 禽流感等，传播速度快、波及范围广，具有严重的社会危害性。而人类对新发感染性疾病所知不多，在疾病出现之初不但缺乏成熟的防治方法，有时甚至难以诊断其病原体。

在这种情况下，运用 mNGS 技术可以帮助医生对新发、疑难感染性疾病进行诊断，快速明确感染病原，及时对患者进行精准治疗。

2017 年 6 月，一位菲律宾籍船员在唐山港口出现头痛、意识障碍、左半身偏瘫的症状。院方和华大基因采用 mNGS 技术，仅用了 30 个小时便从患者脑脊液样本中检出结核杆菌，证明患者感染的是结核性脑膜炎。明确病原之后，院方立即进行了针对性治疗，患者于 7 月中旬顺利出院回国。

2017 年 6 月，一位江西的养猪场女工被猪圈污水泼溅入眼后出现头痛、发热等症状。在对患者的眼玻璃体液和脑脊液进行 mNGS 技术检测后，发现患者眼玻璃体液中含有猪疱疹病毒（*Suid Herpesvirus-1*，SuHV-1）。这种病毒以猪为自然宿主，虽然发生过个别疑似跨物种感染人类的病例，但之前并没有确诊的病例。为了进一步确认，院方把患者体内的病原体与猪圈中提取的猪疱疹病毒进行 DNA 比对，发现此病例确实是猪疱疹病毒跨物种感染人类，并对患者进行了精准治疗。

2019 年 8 月，利奇马台风袭击浙江沿海地区，洪水中含有大量的泥土、腐烂垃圾、细菌、寄生虫，容易造成疾病传播。一位灾区居民在台风后出现高热、呼吸急促等症状，进而发展到大咳血及呼吸困难。mNGS 技术检测到患者体内的钩端螺旋体（*Leptospira*），这可能是患者接触污染水源时感染的病原体。经过及时的针对性治疗，患者病情明显改善。

从高新仪器的发展到病原体 POCT 检测技术

感染性疾病的传统检测技术对实验室场地建设、仪器设备、从业人员等有很高的要求。与之相比，即时检测（point of care testing，POCT）技术将各种专业检测技术整合到一个小型机器中，操作简易，非专业检测人员也可进行操作；检测场地也不受限制，在家庭、公共场所都能进行检测；检测范围包括血糖、妊娠监测、心脏功能、电解质紊乱、凝血功能、毒品监测、酒精监测、肿瘤及感染性疾病筛查等；检测速度快，患者能得到及时的诊断和治疗。

将即时检测技术用于病原体检测，除了可以在临床上检测、分析病原体的种类，还能分析病原体的耐药基因，从而指导医生用药。此外，POCT 技术还可用于疫情监控和生物反恐等，对传染病源头进行监测防控，阻止大规模疫情的暴发。

未来的即时检测的检测设备将向小型化、自动化、简易化的趋势发展，更适用于海关检疫、家庭诊疗和个体化医疗，而且检测结果能通过 Wi-Fi（无线网络）、蓝牙等技术实时发送到私人手机、平板电脑等数码产品上，可支持医生远程会诊。

病原检测技术的未来发展

随着技术的发展，检测对象已经从病原体个体水平深入到分子水平，并进一步深入到DNA单碱基差异水平；病原体特性鉴定从种属水平到单个病原体水平及其耐药属性，甚至到微生物群体水平；病原体检测范围从常见性病原扩展到少见、罕见性病原，从细菌病毒扩展到全部微生物甚至寄生虫；诊断模式也将从医生经验性的假设诊断（hypothesis testing）到不需要提前预设病原体（hypothesis-free pathogen diagnosis）的数据诊断。这些进步都为现代感染性疾病的精准预防、精准诊断和精准治疗提供了保障。

展望未来，感染检测技术的发展重点会向着更准确、更快速、更便宜和更便捷的方向发展。随着分子诊断技术，特别是测序技术成本的进一步降低以及检测速度和性能的进一步提高，再复杂的病原诊断也将不再困难，人类对于微生物的认知也将更加全面、更加清晰，传染、感染疾病的精准医疗时代即将全面到来。

参考文献

1. Fredricks D.N., Relman D.A.. Sequence-based identification of microbial pathogens: a reconsideration of Koch's postulates[J]. *Clin Microbiol Rev*. 1996 Jan, 9 (1): 18–33.
2. Evans A.S.. Causation and disease: the Henle-Koch postulates revisited. *Yale J Biol Med*. 1976 May, 49 (2): 175–95.
3. Shendure J., Balasubramanian S., Church G.M., et al. DNA sequencing at 40: past, present and future[J]. *Nature*. 2017 Oct 19, 550 (7676): 345–353.

4. Larsson A., Greig-Pylypczuk R. and Huisman A.. The state of point-of-care testing: a european perspective[J]. *Ups J Med Sci*. 2015 Mar, 120 (1): 1–10.

5. Chen H., Liu K., Li Z., Wang P.. Point of care testing for infectious diseases[J]. *Clinica Chimica Acta*. 2019, 493: 138–147.

6. 赵月峨，王淑兰，史套兴 . 新发传染病出现的机制和影响因素分析 [J]. 解放军预防医学杂志 . 2008, 3: 157–159.

7. Palacios G., Druce J., Du L., et al. A New Arenavirus in a Cluster of Fatal Transplant-Associated Diseases[J]. *N Engl J Med* . 2008, 358: 991–998.

8. Xu B., Liu L., Huang X., et al. Metagenomic analysis of fever, thrombocytopenia and leukopenia syndrome (FTLS) in Henan Province, China: discovery of a new bunyavirus[J]. *PLoS Pathog*. 2011, 7, e1002369.

现实中的“X 战警”

从中国古代神话中的“顺风耳”“千里眼”，到美国科幻电影《X 战警》，人类对超能力的向往从未停止。其实，超能力者并非纯属虚构，世上确有身怀绝技的能人异士，只是他们多居住在偏远之地，过着朴素的原始生活。

科幻电影对“X 战警”们天赋异禀的根源做出了解释：他们因为基因变异从而拥有超能力。而现实中的超能力者们，其异能也同样来自他们与众不同的基因。

一号档案

名称：夏尔巴人

籍贯：尼泊尔、中国、印度、不丹

特异能力：征服珠峰

1953 年 5 月 29 日，新西兰登山家埃德蒙·希拉里登顶珠穆朗玛峰。这是人类首次征服珠峰，跟他一起登上珠峰的还有他的夏尔巴人（Sherpa）向导。

自从 20 世纪初珠峰登山热的兴起，尼泊尔等地的夏尔巴人便成为欧美登山家的标配。登山者常在攀登中因为高原反应头晕身乏，而他们雇用的夏尔巴向导不但登山如履平地，还能帮他们背负帐篷、饮食等物资。当时的欧美登山者们无法解释夏尔巴向导的特殊体质，便传说夏尔巴人比常人多长了一片肺叶，能吸收更多氧气缓解高原反应。

与夏尔巴人比邻的藏族人也有同样的特质，而且夏尔巴人的通用文字正是藏文。对于藏族人和夏尔巴人的渊源，学术界目前主要有两种观点：一种观点认为藏族人是夏尔巴人和汉人的混血后代，另一种观点则认为夏尔巴人是藏族人的一个分支。不管夏尔巴人和藏族人的出现孰先孰后，他们的近亲关系是毋庸置疑的。基因检测结果证明，藏族人和夏尔巴人的基因非常相似，而且两者的 *EPAS1* 基因高度相似，这个基因正是他们克服高原反应的关键。

EPAS1 基因能影响人体内红细胞的浓度，而藏族人、夏尔巴人的 *EPAS1* 基因与其他人群相比有较大差异。特殊的 *EPAS1* 基因使得他们红细胞浓度较低，在高原环境下不容易发生血液黏稠和高原反应。87% 的藏族人都携带这种特殊的 *EPAS1* 基因，而汉族人携带此基因的比例仅有 9%。

那他们的 *EPAS1* 基因又是如何获得的？华大基因与合作伙伴的研究结果表明，现代藏族人、夏尔巴人的 *EPAS1* 基因与数万年前在中国和西伯利亚灭绝的丹尼索瓦人（*Homo sapiens spp. Denisova*）的 *EPAS1* 基因高度相似。这说明藏族人与夏尔巴人的共同祖先曾与当年的丹尼索瓦人通婚，能适应高原环境的 *EPAS1* 基因也因此融入了这两个种族。

藏族人不易发生高原反应　（摄影：尹烨）

二号档案

名称：巴瑶人

籍贯：东南亚

特异能力：水下潜伏

除了登高，长时间潜水也是一些人具有的令人艳羡的能力。中国古典小说《水浒》里的“浪里白条”张顺、《三侠五义》里的“翻江鼠”蒋平，都能在水中潜伏数日，即使李逵、白玉堂这样的好汉，被他们拖进水里灌上一肚皮水，也只能倒戈弃甲。

在水里潜伏几天几夜，不过是古代文人的夸张。在没有潜水设备的情况下，一般人在水中潜伏的时间不会超过两分钟。但是，生活在东南亚的巴瑶人，只戴一副护目镜，不需其他设备，便能潜入几十米深的海水中捕鱼采珠，潜水时间都在5分钟以上，有时甚至高达十几分钟。凭借这个能力，巴瑶人千年来在海上以船为居，以捕捞为生，很少涉足陆地。“巴瑶”一词在印尼语中就是“海上之民”的意思。

生活在海上木屋、以捕鱼为生的巴瑶人

虽然夏尔巴人比常人多一片肺叶的说法是无稽之谈，但善于潜水的巴瑶人确实天生异相，他们的脾脏比其他人群大 50%。当他们潜入水中时，脾脏会发生收缩，将其中含氧的红细胞挤压到血管中，让血液的含氧量增加高达 9%，从而延长潜水时间。所以从理论上说，脾脏越大的生物，潜水越有优势，深潜海豹的脾脏占身体的比例就比其他动物更大。

巴瑶人的特大脾脏并非后天潜水锻炼的结果。即使不潜水的巴瑶人，其脾脏也比其他种族的更大，可见这是先天基因决定的。巴瑶人的 *PDE10A* 基因发生了变异，能使体内甲状腺激素 T4 水平上升，该激素可以促进脾脏增大，从而使巴瑶人具有非凡的潜水能力。

三号档案

名称：因纽特人

籍贯：北极圈

特异能力：以生肉为食

因纽特人长期生活在北极圈，鲜少接触果蔬淀粉类食物，只能以海鱼、海豹和鲸为食。由于他们无法多吃蔬果摄入维生素，而肉类烧熟后其中的维生素也会被高温破坏，因此他们只能茹毛饮血，从生肉中摄取维生素。

为了适应这样的饮食方式，因纽特人的肠道菌群也异于常人。经常食用纤维丰富的植物性食物的人群，其肠道菌群里含有较多的拟杆菌门（*Bacteroidetes*）和厚壁菌门（*Firmicutes*）细菌。而以生肉为主食的因纽特人，由于需要分泌大量胆汁消化高脂肪、高蛋白的食物，因此他们肠道菌群里耐受胆汁的细菌种类较多，如 *Alistipes* 菌、嗜胆菌属（*Bilophila*）和拟杆菌门的细菌等，而不耐受胆汁的厚壁菌门细菌则含量较少。普通人的肠道菌群可以合成少量的维生素 B 和维生素 K，而饮食缺少蔬果的因纽特人，其肠道菌群能合成的维生素种类、含量也许比普通人的更多，以补充饮食中缺乏的维生素。

普通人如果饮食不均衡，长期食用过多肉类，很容易出现高血压、冠心病等一系列健康问题。但因纽特人以富含脂肪的生鱼、生肉为主食，却很少有人患上心血管疾病。有个流行的说法是，他们食用的海鱼、海豹肉、鲸肉含有丰富的 ω-3 脂肪酸，ω-3 脂肪酸可能对心血管具有保护作用。于是，市面上各种含有 ω-3 脂肪酸的深海鱼油保健品也应运而生。

实际上，因纽特人的健康体质并非来自 ω-3 脂肪酸，而是来自他们两万年前出现的多个与脂肪代谢相关的基因突变。这些突变的基因能降低低密度脂蛋白胆固醇及空腹胰岛素的水平，预防心血管疾病和糖尿病。这类突变基因在汉人中的携带率只有 15%，在欧洲人中的携带率则更低，只有 2%。

除了预防心血管疾病，这些突变的基因还影响身高，所以因纽特人普遍都“短小精悍”：携带这些突变基因的欧洲人、汉人个子往往也不高。

笑容满面的因纽特女子

四号档案

名称：马赛人

籍贯：东非

特异能力：火眼金睛

生活在东非热带的马赛人也有自己的绝活。这个游牧民族颇有传奇色彩，他们如古希腊神话中的大力神赫拉克勒斯（Hercules）一般，高大强壮、孔武有力，甚至能孤身一人挑战狮子。但比他们的战斗力更惊人的是他们的视力。传说，马赛人视力远超 2.0，凭肉眼就能看清 1 公里外的人。

马赛人视力过人　（摄影：李雯琪）

央视节目《挑战不可能》曾邀请马赛人参加节目，让他们站在长城上辨认 800 米外烽火台上身高 1.2 米的小演员的京剧扮相。身边的主持人要用望远镜才能分辨清楚，而马赛选手还是通过了考验。

马赛人的超常视力是否由基因决定？曾有学者给他们做过遗传谱系分析，发现他们曾与非洲其他种族多次通婚，但影响他们视力的到底是哪个基因，这个基因是种族在演化过程中形成的，还是在和其他种族通婚时获得的？一切仍不得而知。随着马赛人日渐被世人熟知，对他们的研究也不断深入，或许将来的基因组学研究人员能揭晓他们“火眼金睛”的根源所在。

参考文献

1. Jeong C., Alkorta-Aranburu G., Basnyat B., et al. Admixture facilitates genetic adaptations to high altitude in Tibet[J]. *Nat Commun*. 2014, 5: 3281.

2. Bhandari S., Zhang X., Cui C., et al. Genetic evidence of a recent Tibetan ancestry to Sherpas in the Himalayan region[J]. *Sci Rep*. 2015 Nov 5, 5: 16249.
3. Bhandari S., Zhang X., Cui C., et al. Sherpas share genetic variations with Tibetans for high-altitude adaptation[J]. *Mol Genet Genomic Med*. 2016 Nov 23, 5(1): 76–84.
4. Yi X1, Liang Y., Huerta-Sanchez E., et al. Sequencing of 50 human exomes reveals adaptation to high altitude[J]. *Science*. 2010 Jul 2, 329 (5987): 75–8.
5. Huerta-Sánchez E., Jin X., Asan, et al. Altitude adaptation in Tibetans caused by introgression of Denisovan-like DNA[J]. *Nature*. 2014 Aug 14, 512 (7513): 194–7.
6. Ilardo M.A., Moltke I., Korneliussen T.S., et al. Physiological and Genetic Adaptations to Diving in Sea Nomads[J]. *Cell*. 2018 Apr 19, 173(3): 569–580.
7. Fumagalli M., Moltke I., Grarup N., et al. Greenlandic Inuit show genetic signatures of diet and climate adaptation[J]. *Science*. 2015 Sep 18, 349 (6254): 1343–7.
8. Dubois G., Girard C., Lapointe F.J., et al. The Inuit gut microbiome is dynamic over time and shaped by traditional foods[J]. *Microbiome*. 2017 Nov 16, 5(1): 151.
9. Tishkoff S.A., Reed F.A., Friedlaender F.R., et al. The genetic structure and history of Africans and African Americans[J]. *Science*. 2009 May 22, 324 (5930): 1035–44.

医学简史：
群星璀璨，大医精诚

从人类诞生之初，疾病和死亡就如影随形地威胁着人类。从原始时代起，人类便发展出最早的医疗手段，包括巫术和祈祷，为生存与健康而战。中国自古就有“神农尝百草”的传说，当时的古人已经尝试用各种药草治病，还会用打磨的砭石来按摩穴位或者排放脓血。而公元前 2000 多年前的古埃及人，则发明了拔牙钳等各种外科手术工具，当时的医生还会用亚麻线缝合伤口。

远古时期还有很多匪夷所思的疗法。比如出土的 5 000 多年前的大汶口文化遗址的古人头骨显示，当时的人类已经能用颅骨钻孔手术来治疗精神病，而且患者在术后还存活了较长时间。可想而知，在那个没有麻醉药和抗生素的年代，这种手术会给患者带来极大的痛苦和感染死亡的风险，而且手术疗效如何也不得而知。

“有时治愈，常常帮助，总是安慰。”这是美国医生爱德华·特鲁多（Edward Trudeau）的墓志铭，也道出了医学的本质。虽然医学高度依赖科技进步，但医学并不等同于科学，而是混杂了社会和心理因素的“人学”。如果医学没有了人文性，那治病就变成了毫无感情的“机械修理”。在医学发展数千年的进程中，伴随着对自然和人类自身认知的不断加深，无数医学大师群星璀璨、互搭人梯，终于成就了今日医学之宏大格局。

从希波克拉底誓言到解剖学

> 我要遵守誓约，矢忠不渝。对传授我医术的老师，我要像父母一样敬重。对我的儿子、老师的儿子以及我的门徒，我要悉心传授医学知识。我要竭尽全力，采取我认为有利于病人的医疗措施，不能给病人带来痛苦与危害。我不把毒药给任何人，也决不授意别人使用它。我要清清白白地行医和生活。无论进入谁家，只是为了治病，不为所欲为，不接受贿赂，不勾引异性。对看到或听到不应外传的私生活，我决不泄露。

以上便是著名的希波克拉底（Hippocrates）誓言，时至今日，不少国家的医师在就业时仍依照此誓言宣誓。而 1948 年被世界医学会指定为医生道德规范的《日内瓦宣言》，也是由希波克拉底誓言改编而来的。

大师所见略同。唐代的孙思邈在其《千金方》中亦有一段关于大医精诚的阐述，可谓中医学典籍中论述医德之明珠："凡大医治病，必当安神定志，无欲无求，先发大慈恻隐之心，誓愿普救含灵之苦。若有疾厄来求救者，不得问其贵贱贫富，长幼妍蚩，怨亲善友，华夷愚智，普同一等，皆如至亲之想。亦不得瞻前顾后，自虑吉凶，护惜身命。见彼苦恼，若己有之，深心凄怆。勿避险巇、昼夜、寒暑、饥渴、疲劳，一心赴救，无作功夫形迹之心。如此可为苍生大医，反此则是含灵巨贼。”孙思邈也被后世称为“药王”。

古希腊时代的希波克拉底雕像

古希腊医学家希波克拉底被西方尊为“医学之父”，不仅因为他提出的希波克拉底誓言成为当时医疗行业的职业规范，更是因为他医术高明，提出了“体液学说”等重要观点。而且他还不顾宗教禁令，进行人体解剖以获得人体结构知识。

古罗马医学家克劳迪亚斯·盖伦（Claudius Galenus）被西方认为是仅次于希波克拉底的第二个医学权威。他解剖了大量动物研究其身体构造，对骨骼、肌肉、脑神经等部分的解剖尤为深入。但遗憾的是，因为动物的身体构造与人类有区别，盖伦的不少理论都存在错误，包括他提出的血液运动理论。

此后，因为宗教原因，人体解剖被严令禁止，这极大地阻碍了医学的发展。当时的外科手术极其粗陋，而且多由理发师施行，最常用的治疗方法便是放血，因为人们迷信生病是体液失衡造成的，放血可以达到平衡体液、治疗百病的效果。而放血最方便的场所就是理发店，所以把理发师称为外科医生的鼻祖并不为过，欧洲甚至成立过一个

“理发师外科医生协会”。理发店一般在门口挂上红白蓝三色圆筒作为招牌，其中红色和蓝色分别代表动脉和静脉，白色代表绷带。这种三色圆筒后来演变成现代理发店门口的三色灯箱，成为理发店的标志。

欧洲中世纪绘画中的理发师

文艺复兴给全欧洲带来了思想解放，随之而来的是科学和艺术的革命。1543 年，比利时医学家安德烈·维萨里（Andreas Vesalius）冒天下之大不韪，对死刑犯的尸体进行解剖，出版了至今看来仍精美绝伦的解剖学巨著《人体的构造》，并纠正了盖伦在解剖学方面的错误。《人体的构造》与 1542 年哥白尼发表的《天体运行论》被视为近代科学革命的开端，维萨里也被公认为近代人体解剖学的创始人，与哥白尼并称为科学革命的两大代表人物。之后，西班牙医学家迈克尔·塞尔维特（Michael Servetus）发现了血液的肺循环，英国解剖学家威廉·哈维（William Harvey）发表了《心血运动论》，系统阐释了以心脏为中心的血液循环体系，为近代生理学奠定了基础。

虽然此时医学界已经对人体构造有了初步了解，但在诊断上还处于“望闻问切”的肉眼观察阶段，治疗上也多采用基于“体液学说”的放血疗法。17 世纪时的英国国王查理二世因为性格开朗、喜爱享乐，被称为“快活王”，然而他一生快活，却在中风后被医生实施了放血等一系列极为痛苦的疗法，最后凄楚万分地死去。跟中国乾隆皇帝同样死于 1799 年的美国首任总统乔治·华盛顿晚年罹患重感冒和咽喉感染发炎，在医生用放血疗法给他放掉大量的血液后，他因病情加重去世。

瑞典乌普萨拉大学（Uppsala University）建于 1663 年的解剖剧院，用于让学生观摩人体解剖　（摄影：尹烨）

显微镜、疫苗和抗生素

荷兰商人亚斯·詹森于 1590 年前后发明了显微镜，生命科学自此从宏观生物学进入微观生物学阶段。1665 年，罗伯特·胡克（Robert

Hooke）在自制的显微镜下观察到植物细胞（其实那是死细胞的细胞壁），提出了“细胞”（cell）的概念。人类从此开始用显微镜观察形形色色的细胞和微生物。

19 世纪，德国植物学家马提亚·施莱登（Matthias Schleiden）和动物学家西奥多·施旺提出了细胞学说，认为细胞是动植物结构和生命活动的基本单位。而德国医学家鲁道夫·魏尔肖（Rudolf Virchow）则在细胞学说的基础上提出了细胞病理学说，提出新细胞都是由原有细胞分裂产生，所有疾病都由细胞病变造成。细胞病理学说创建后，越来越多的医生开始在显微镜下观察人体组织。人类肉眼的极限分辨率约为 70 微米，而光学显微镜的极限分辨率是 230 纳米，病变细胞在显微镜下无处遁形，显著提高了诊断的准确率。魏尔肖也因此被誉为“病理学之父”。直到今天，组织切片镜检仍是非常重要、常用的诊断手段。而 20 世纪 30 年代发明的电子显微镜可帮助人类直接观察病毒，现在的原子力显微镜的分辨率更是达到了原子的级别。

也正是借助显微镜，“微生物之父”路易斯·巴斯德（Louis Pasteur）才能观察到葡萄酒中造成酒液变质的杆菌，从而发明了沿用至今的巴斯德杀菌法。他还发现接受外科手术后的患者伤口化脓感染也由细菌造成，于是建议将手术器械进行高温消毒，提高了患者的术后生存率。

继爱德华·琴纳（Edward Jenner）于 1796 年研制出天花疫苗后，巴斯德观察到鸡霍乱和炭疽病的病菌在经过处理、毒性减弱之后，注射到动物体内，动物便对正常病菌也有了免疫能力，从而发明了鸡霍乱疫苗和炭疽病疫苗。然而，巴斯德在研究狂犬病时，却没能从具有传染性的狂犬体液中发现病菌。于是，他猜测，也许狂犬体液中含有一种比细菌更小的病原体。他用制造其他疫苗的方法，把患狂犬病的兔子脊髓进行灭毒后制成狂犬疫苗，并用此疫苗让一个被狂犬袭击的男童逃过死神的威胁。

早期生产的青霉素　（摄影：尹烨）

抗生素的发现也与显微镜有不解之缘。1928 年，伦敦圣玛丽医学院的研究人员亚历山大 · 弗莱明（Alexander Fleming）发现自己的葡萄球菌培养皿中长了个青色霉斑。他用低倍显微镜观察发现，霉斑周围没有葡萄球菌生长。他认为霉菌分泌的物质能抑制细菌的生长，并将该物质命名为青霉素，这是人类发现的第一种抗生素。弗莱明和发明青霉素提纯、量产方法的霍华德 · 弗洛里（Howard Florey）、恩斯特 · 钱恩（Ernst Chain）于 1945 年获得了诺贝尔生理学或医学奖。

二战之后的医学发展：理化突飞猛进，基因科技王者归来

由于疫苗的快速普及和以青霉素为代表的抗生素的大量出现，二战后世界人均寿命快速提升，平均预期寿命在数十年间就从不足 40 岁提升到了近 60 岁。这个时期出现的一个显著进步就是多项技术在

医学上的融合运用，比如复杂手术。虽然 1850 年就已经有了现代麻醉术的雏形，1913 年已经发明了输血法，但外科手术的临床应用还是依赖于日益精良的器械、无菌术、抗生素以及越发先进的监护设备和急救措施。

在外科手术领域，人类取得了一系列魔法般的进步，如 1957 年肾透析技术的发明，1960 年器官移植技术的兴起和心脏起搏器的发明，1964 年搭桥手术的发明等，这些技术不断改进并一直延续至今。与此同时，化学药物学和对应的体液诊断也蓬勃发展。从 1950 年拜耳量产的阿斯匹林上市开始，各大药厂百家争鸣，各种现代药物，特别是调控血压、血脂、血糖异常的代谢性药物成就了无数个药物帝国。

另外一个快速发展的分支是影像诊断技术。威廉·伦琴在 19 世纪末发现了 X 射线，1930 年起临床上开始用 X 射线进行乳腺检查；二战后大量军工技术转向民用化，使得 MRI（磁共振成像）、B 超（B 型超声波检查）、OCT（光学相干断层扫描）、CT（电子计算机断层扫描）等各种影像学诊断技术层出不穷。影像学的检查相比于“活检”几乎是无创的，让病人们免去了不必要的皮肉之苦。这些技术的普及也使医生们开始具备“透视”的功能，能够快速预判病情并制订干预、治疗甚至手术方案，一切似乎都变得可控。

然而一旦人类寿命接近 70 岁，前文提到的重病之王“癌症”必然批量出现。癌症病例增加的正面解释是平均寿命延长。为什么古代关于癌症的记载很少？因为古人普遍短寿，根本熬不到患上癌症的“长寿年纪”。

1969 年，阿波罗登月的成功给了美国政府和科技界极大的信心，他们认为只要再花费几十亿美元和 10~15 年的时间，就能够完成癌症射月（Moon-Shoot）计划，像攻克登月难关一样攻克癌症问题。1971 年，美国国家癌症中心（National Cancer Institute，NCI）成立，尼克松颁布《美国国家癌症法》，所有人都信心满满地认为这个雄伟计划能够如期完成。手术、放疗、化疗加上激素治疗这“三大一小”四驾马车都已经蓄势待发，只要集中资源、做好规划、齐心协力执行，似乎攻克肿瘤也并非难事。只可惜当时学术界对癌症的认知有核心性的错误，不知道这是一种基因性疾病。

肿瘤的本质是细胞生长的失控，也就是基因的失控，这在今天已经非常清楚。但在新技术出现之前，真相始终藏在阴影中，正如在显微镜发明之前，我们并不知道细胞和细菌；在测序仪发明之前，我们也不知道基因序列为何物，更遑论研究其功能。1980 年，诺贝尔化学奖颁给了测序方法的发明者弗雷德里克·桑格（Frederick Sanger），这是人类首次掌握了解读生命密码的钥匙。至此，对肿瘤的研究一日千里，大家终于知道，原来肿瘤应该按照基因分型而并非按照器官分型。所以在 1986 年，曾发现逆转录酶的诺贝尔奖得主雷纳托·杜尔贝科在《科学》杂志撰文，提出如果没有基因作为地图和导航，人类就没有办法战胜肿瘤，人类基因组计划自此应运而生。有识之士感叹：“所谓医学快速发展的 50 年，不过是被理化裹挟发展的 50 年，生物问题还要生物办法来解决。”

21 世纪的医学：从精准开路到“防大于治”

2000 年 6 月 26 日，美国总统克林顿和英国首相布莱尔联合宣布人类基因组计划框架图完成，美、英、德、法、日、中六个国家的科学家共襄此盛举，作为中国代表的华大基因与有荣焉。2003 年，随着人类基因组计划精细图的完成，人类对自身生命密码的了解空前清晰，从而大大加速了基因组医学的进步。2012 年，当中、英、美三国科学家携手完成千人基因组项目时，人类得到了史无前例的群体参考基因组图集，这一切都为生命世纪的到来奠定了坚实的基础。

2015 年，奥巴马这个特别善于“造词”的总统（比如“大数据”“脑科学”等词都是他提出的）提出了“精准医学”（precision medicine）。其实早在 2008 年，NIH 就已经提出了“4P 医学”：预见性（predictive）、预防性（preventive）、个体性（personalized）、参与性（participatory）。这其中的任何一个“P”，本质上的要求都是精准，正如《黄帝内经》所言：“辨证施治。”各国科学家从基因相关疾病出发，从出生缺陷防控、肿瘤精准防治、传染感染诊疗、药物基因组等方面入手，有计划、有体系地推进，一大批靶向药物应运而生，一大批新诊疗方法付诸实践，一大批防控技术呼之欲出，一大批相关产业蒸蒸日上……人类开始真正尝试从根本上解析疾病的奥秘。

与此同时，越来越多的有识之士也开始意识到，靶向药物虽好，基因治疗虽能根治，免疫治疗虽强大，但归根结底都不如防止疾病发生或者早期干预，即“防大于治”。以乙型肝炎为例，今天的乙型肝炎依然无法根治，但只要新生儿开始接种疫苗，这个病几十年以后就将在人类中消失。如果说人人可及的疫苗防控了“治不好或治不起”的传染病，那么人人可及的基因检测必然能防控包括遗传性疾病在内的众多“基因病”。即使是肿瘤，只要早期发现后立即干预，大部分预后也令人满意。关键是要把这样的防控做成公共卫生项目，让大家用得起、用得上，通过群防群控获得最高的性价比，进而解决人民日益增长的健康需要和精准医学发展不平衡、不充分之间的矛盾。

《国务院关于实施健康中国行动的意见》指出：人民健康是民族昌盛和国家富强的重要标志，预防是最经济最有效的健康策略。随着医疗技术的发展，未来的医疗技术将会实现疾病的早防、早治，将疾病“未有形而除之”，减少社会医疗支出和患者痛苦，逐步实现“天下少病，甚至无病”。

参考文献

1. 何星亮 . 生前开颅，还是死后穿孔?[J]. 广西民族大学学报 , 2010, 32 (1): 58-70.
2. (美) 洛伊斯 · N. 玛格纳 . 医学史 [M]. 上海 : 上海人民出版社 . 2017.

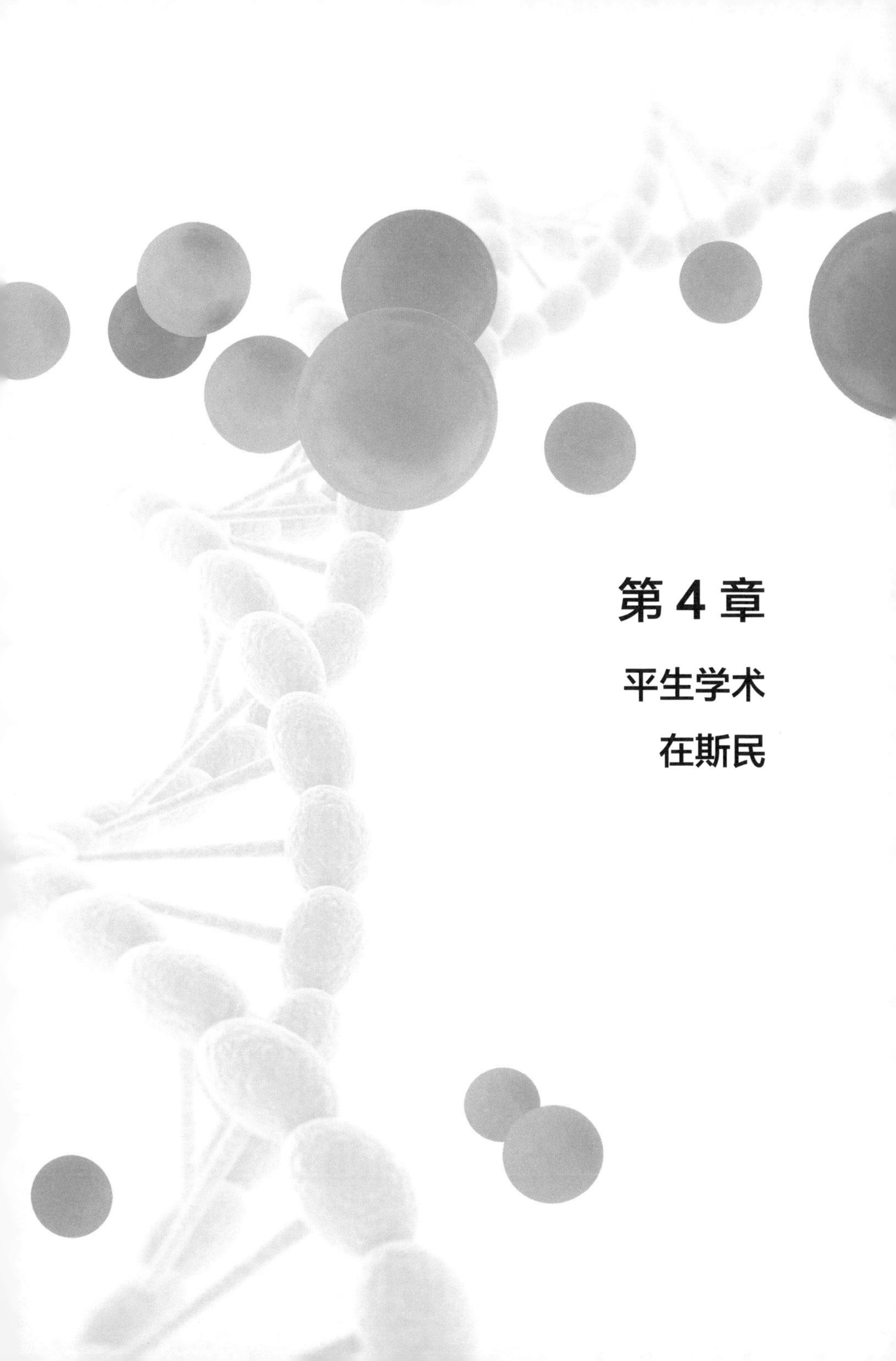

第4章

平生学术
在斯民

基因编辑制造“新型人类”？

2018 年 11 月 26 日，世界上首批已知经过基因编辑的婴儿，双胞胎女婴“露露”和“娜娜”在中国出生。负责该项目的研究者表示，这对女婴的 *CCR5* 基因经过了基因编辑，这使她们生来就能预防艾滋病病毒的侵染。

此消息一经公布，便在国内外引发了巨大争议。“基因编辑婴儿”的诞生，到底是利用高科技让人类远离疾病威胁的福音，还是罔顾科研伦理道德的违规行为？这还要从基因编辑技术的前世今生说起。

何为基因编辑

基因编辑技术是对基因进行 DNA 片段插入或者敲除，以改变生物遗传性状的技术。它与传统转基因技术的区别是转基因是把外源基因转入生物的染色体中，而基因编辑技术是对原有基因进行修改。

早期的基因编辑技术包括锌指核酸内切酶（zinc-finger nucleases，ZFN）技术和类转录激活因子效应物核酸酶（Transcription Activator-like effector nucleases，TALEN）技术。这两种技术都能对基因进行定点编辑，但成本更低、操作更简便、准确度更高的 CRISPR-Cas9 技术问世后，迅速取代了前两种基因编辑技术，现在说起基因编辑，基本上指的都是 CRISPR-Cas9 技术。

CRISPR-Cas9 技术的发明灵感来源于细菌或古菌的免疫防御系统。当病毒入侵，把自己的 DNA 整合到细菌或古菌染色体中时，细菌或古菌便会识别病毒的 DNA 序列，把一小段病毒 DNA 整合到细菌或古菌染色体中名为 CRISPR 序列的串联重复序列里；当同样的病毒再次入侵时，CRISPR 序列附近的 *Cas 9* 基因便会表达 Cas9 蛋白，该蛋白能针对性地识别被整合到 CRISPR 序列的那段病毒 DNA，从而对具有含有同样 DNA 片段的一切 DNA 进行切割，达到消灭病毒的目的。

Cas9 属于 Ⅱ 型 CRISPR/Cas 系统，Cas9 蛋白对病毒 DNA 的识别，需要借助一段结合在该蛋白上的 RNA，这段 RNA 与靶标 DNA 互补，所以只要双链 DNA 上存在与这段 RNA 互补的序列，并且末端含有 Cas9 的特异性识别位点，Cas9 蛋白就会将它们切割。也就是说，利用此技术进行基因编辑时，只要给要切割的 DNA 人为合成一段互补 RNA，使之与 Cas9 蛋白结合，Cas9 蛋白就会识别这段 DNA 并进行切割，此时研究者便可以对这段 DNA 进行剪除，或者将一段新的 DNA 整合到被剪切的位置。

2012 年，来自法国和美国的两位女科学家埃玛纽埃尔·卡彭蒂耶（Emmanulle Charpentier）和詹妮弗·杜德娜（Jennifer Doudna）首次用 CRISPR-Cas9 技术对 DNA 进行了编辑。随后，华裔科学家张锋改良了该技术，用此技术对体外培养的人类细胞进行了基因编辑，这是此技术首次被应用于真核生物。

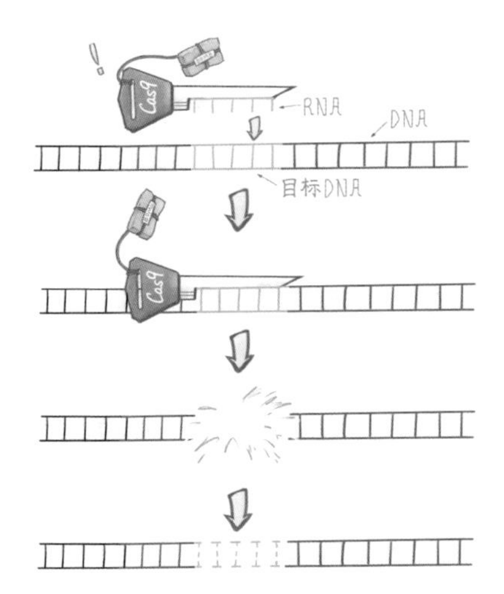

示意图：如果 Cas9 蛋白连接的 RNA 片段能与目标 DNA 互补，Cas9 蛋白便开始切割目标 DNA　（绘图：傅坤元）

基因编辑技术在使用过程中可能出现失误，导致该切割的基因没被切割，不该切割的正常基因反而被误切，这种情况叫脱靶。从目前的检测结果来看，CRISPR-Cas9 技术的脱靶率相对较低，比其他基因编辑技术相对安全，已经在多个领域开始应用。

基因编辑的应用

神器在手，焉有不用之理。CRISPR-Cas9 技术的出现大大降低了科研成本，为新研究提供了强大的新工具，让生命科学走进了全新的纪元。此外，CRISPR-Cas9 技术能准确、便捷地改造生物基因，为不少重症患者带来了康复的希望。

2016 年，张锋等研究人员用 CRISPR-Cas9 技术治疗一种名为杜氏肌肉营养不良症（Duchenne muscular dystrophy，DMD）的遗传病，实验结果显示，经过基因治疗的动物模型病情得到了改善。另外也有研究证明，此技术可用于治疗地中海贫血和镰刀型贫血，将致病基因编辑为正常基因，便可让患者康复。而张锋的同门师妹杨璐菡，则致力于用 CRISPR-Cas9 技术清除猪基因组中的内源性逆转录病毒，并减少猪器官移植人体时产生的免疫排斥，培养出能为人体提供移植器官来源的基因编辑猪。

CRISPR-Cas9 技术还能应用于肿瘤的免疫治疗。将肿瘤患者的 T 细胞进行基因编辑，可以提高 T 细胞对肿瘤细胞的识别、杀伤能力，再将经过基因编辑的 T 细胞注射回患者体内，这些细胞便会自发清除体内的肿瘤细胞。此外，研究人员还能用 CRISPR-Cas9 技术分别切割肿瘤细胞的各个基因，通过观察每个基因被切除后肿瘤细胞的生理活动，寻找使肿瘤细胞逃过免疫杀伤的基因，从而针对这些基因设计靶点药物，提高药物对肿瘤细胞的杀伤率。

就连一直被认为是“可防不可治”的唐氏综合征，都有望通过 CRISPR-Cas9 技术进行治疗。唐氏综合征是因为患者比常人多了一条 21 号染色体所致，如果能用 CRISPR-Cas9 技术敲除那条多余的 21 号染色体，便有望让患者的染色体数目恢复正常。但患者体内共有 3 条 21 号染色体，如果在敲除时不加区别地把 3 条染色体统统敲除，那就是治病不成反要命了。所以，研究人员还需要设计出针对多余 21 号染色体的敲除方案，特异性地把那条染色体敲除。这是一个相当艰难的工作，研究人员现在仍在努力。

除了定向地切割并编辑双链 DNA 外，美国博德研究所刘如谦（David Liu）团队进一步拓展了 CRISPR-Cas9 系统的应用，用失去酶活性的 CRISPR 蛋白融合一种可以替换碱基的酶，构建了可以不经切割直接修改单个碱基序列的单碱基编辑工具（base editing，BE）。单碱基编辑工具不会引入 DNA 切割，因此可以在一定程度上避免引入基因组的不稳定性。考虑到人类遗传病中有很大一部分都是单碱基突变造成的，能够精确修改的单碱基编辑器在医学应用上将会大有潜力。

基因编辑可否改造人类

既然基因编辑能治疗如此多的疾病，那回到开头的问题：在人类出生前便对其 *CCR5* 基因进行编辑，使人类免受艾滋病的威胁，算不算功德一件？

很遗憾，这一对女婴都没能改造成功，从公布的结果来看，对她俩的基因编辑都出现了“脱靶”的现象。而且即使正确改造了 *CCR5* 基因，这对基因编辑女婴也并非与艾滋病完全绝缘，因为编辑 *CCR5* 基因只能预防某个亚型的艾滋病毒，其他亚型的艾滋病毒还是有机会感染 *CCR5* 基因改变者。其实，只要在日常生活中注意防范，无须进行基因改造也能预防艾滋病。即使父母患有艾滋病，在医疗技术的辅助下也能生下健康的孩子。此外，《自然·医学》（*Nature Medicine*）发表的研究论文指出，同源染色体上两个 *CCR5* 基因都被改造的人，不但寿命更短，感染流感、西尼罗河等病毒的风险也比普通人更高。也就是说，改造 *CCR5* 基因对这对女婴来说，预防艾滋病的意义其实并不大，还给她们增加了不少其他风险，有点得不偿失。

如今，用 CRISPR-Cas9 技术改造哺乳动物的基因，国内外不少实验室都能做到，并非什么尖端科技，广大科学家没有制造出基因编辑婴儿，完全是“非不能也，实不为也”。基因编辑技术目前大部分还处于科研实验阶段，尚未成熟到可以广泛用于人类的地步，在其安全性还没得到充分验证之前，就让基因编辑婴儿作为试验品降生，无疑是对生命安全、伦理道德极大的不尊重。而基因编辑也给这对女婴造成了终身的影响，她们在今后的人生中，不但要承担该技术可能带来的后遗症，还要以“试验品”的身份面对旁人异样的目光，她们经过编辑的基因还会遗传给后代，影响她们后代的健康。为此，国内100 多名科学家联名表达了对这一行为的反对和谴责，而中国也正在加速推进《生物安全法》的立法工作，拟对生物技术谬用等行为做出处罚。

与之相对的，基于合理的科研和临床设计，遵循规范的流程操作和伦理审批，CRISPR-Cas9 技术应用于临床治疗是有着光明前景的。张锋及其团队于 2013 年创立的 Editas 公司一直致力于推进 CRISPR-Cas9 技术的临床应用。2018 年底，FDA 已接受该公司产品 EDIT-101 的新药研究（Investigational New Drug，IND）申请，允许其开展基因编辑临床试验，治疗莱伯氏先天性黑蒙 10 型（Leber congenital amaurosis 10，LCA10）眼病。这也预示着 CRISPR-Cas9 技术的力量将有可能改变世界各地严重疾病患者的生活，为医学治疗带来新的福音。

技术无罪，罪在人心。CRISPR-Cas9 技术本是人类科技的一大进步，它的诞生旨在消灭疾病、造福人类，不应成为某些人进行非法人体试验、哗众取宠的工具。任何一种科技，都要正确利用才能体现其价值，滥加使用将会后患无穷。

参考文献

1. Charpentier E., Doudna J.A.. Biotechnology: Rewriting a genome[J]. *Nature*. 2013 Mar 7, 495 (7439): 50–1.
2. Lander E. S.. The Heroes of CRISPR[J]. *Cell*. 2016 Jan 14, 164 (1-2): 18–28.
3. Zuo E., Sun Y., Wei W., et al. Cytosine base editor generates substantial off-target single-nucleotide variants in mouse embryos[J]. *Science*. 2019 Apr 19, 364 (6437): 289–292.
4. Nelson C.E., Hakim C.H., Ousterout D. G., et al. In vivo genome editing improves muscle function in a mouse model of Duchenne muscular dystrophy[J]. *Science*. 2016 Jan 22, 351 (6271): 403–7.
5. Wu Y., Zeng J., Roscoe B.P., et al. Highly efficient therapeutic gene editing of human hematopoietic stem cells[J]. *Nat Med*. 2019 May, 25 (5): 776–783.
6. Niu D., Wei H.J., Lin L., et al. Inactivation of porcine endogenous retrovirus in pigs using CRISPR-Cas9[J]. *Science*. 2017 Sep 22, 357 (6357): 1303–1307.
7. Lee B., Lee K., Panda S., et al. Nanoparticle delivery of CRISPR into the brain rescues a mouse model of fragile X syndrome from exaggerated repetitive behaviours[J]. *Nat Biomed Eng*. 2018 Jul, 2 (7): 497–507.
8. Zuo E., Cai Y.J., Li K., et al. One-step generation of complete gene knockout mice and monkeys by CRISPR/Cas9-mediated gene editing with multiple sgRNAs[J]. *Cell Res*. 2017 Jul, 27 (7): 933–945.
9. Wei X., Nielsen R.. CCR5-Δ32 is deleterious in the homozygous state in humans[J]. *Nat Med*. 2019 Jun, 25 (6): 909–910.

超级测序仪争霸战

如果说19世纪是蒸汽机的世纪，20世纪是汽车和计算机的世纪，那么21世纪就是生命科学的世纪。自从DNA双螺旋结构于1953年被发现之后，生物学家便认识到，生物DNA中的A、T、C、G碱基排列信息包含了生物的全部遗传密码。因此，测定DNA序列就成了解读生命遗传信息、研究生命科学的重要基础。

作为生命科学研究最核心的基础工具，基因测序仪在当前中美科技竞争中占据举足轻重的地位。如果你感受过独步世界的中国高铁技术，见证过中国发射的量子卫星，听说过独占世界超算排行榜长达5年的中国超级计算机，那么估计你也不会怀疑中国基因测序仪的全球领先地位。

生命是一种语言：测序技术的诞生

1953年，随着DNA双螺旋结构的解密，人类开始惊叹于生命密码的神奇。这么简单的分子结构，是如何实现如此复杂生命系统的维系和传递的呢？后来，科学家们轰然领悟：原来生命密码是一门语言，一门有着高级语法、语义和应用环境的语言！于是，解读这门语言的技术也就随之诞生了。

1964 年，美国康奈尔大学的生物化学教授罗伯特·霍利（Robert Holley）发明了最早的测序技术。他用不同的 RNA 酶对酵母 Ala-tRNA 进行酶切，根据反应后产物中的重叠序列间接推导完整序列，最终分析出酵母 Ala-tRNA 的 77 个核苷酸序列，Ala-tRNA 也因此成为生命科学史上第一条被“解读”的核苷酸序列。这种测序技术叫前直读法，虽然以现在的眼光看来，该技术流程烦琐，难以重复，而且无法给双链 DNA 测序，但此法开创了测序技术的先河。

在之后的十余年间，生命科学领域的 3 个重要技术日趋成熟——分子克隆、凝胶电泳和放射自显影技术。分子克隆技术是将目的 DNA 片段装入载体（比如质粒），然后把载体转入宿主细胞（比如大肠杆菌）中，通过细胞的扩增、繁殖来获得大量相同的 DNA 片段。而凝胶电泳和放射自显影技术的联合使用，极大地提高了 DNA 片段的检测长度、数量敏感度和精准度。基于这三大神技，直接在凝胶上按顺序直观读取 DNA 序列的测序技术，也就是直读法，便应运而生。

DNA 测序技术的奠基人，当属美国康奈尔大学的华人生物学家吴瑞。吴瑞于 1970 年首创 DNA 测序方法，又于 1971 年将引物延伸法（primer extension）用于 DNA 测序，为日后的 Sanger 测序法提供了技术基础。此外，吴瑞还是中美生物化学与分子生物学联合招生项目（China–United States Biochemistry and Molecular Biology Examination and Application Program，CUSBEA）的奠基者。在改革开放之初，不少美国大学因为不了解中国学生的素质，对招收中国留学生心存顾虑，吴瑞运用自己在美国学术界的影响力促成了这个项目，使优秀的中国学生能在美国接受先进的教育和培训，为中国生命科学领域培养了大批人才。

1975 年，英国大神级生物化学家弗雷德里克·桑格在吴瑞测序方法的基础上发明了生命科学领域划时代的测序技术——双脱氧终止法（Dideoxy Chain-termination Method），又称 Sanger 测序法。两年之后，他利用此技术成功测序出 ΦX174 噬菌体的基因组序列——这是人类解读的第一个完整的生物体基因组全序列。

桑格被认为是大神级人物，实在是实至名归。他分别在 1958 年和 1980 年获得诺贝尔化学奖，是史上第四位两度获得诺贝尔奖，以及唯一一位两次获得诺贝尔化学奖的人。他在 37 岁的时候就完整测定了胰岛素的氨基酸序列，证明蛋白质具有明确构造，并于三年后首次获得诺贝尔化学奖。而他第二次获得诺贝尔化学奖，正是因为发明了 Sanger 法。发明化学降解测序法的沃特·吉尔伯特（Walter Gilbert）与桑格分享了当年的诺贝尔化学奖，然而如今已不再使用化学降解测序法。桑格因此被称为“基因组学之父”，如今英国剑桥大学的桑格研究所正是以他的名字命名的。

与直读法相比，Sanger 法明显极具优势：试剂无毒，操作容易，结果准确且稳定。因为这些优点，Sanger 法很快风靡全球生命科学实验室，科学家们也开始对破解上帝留给人类的基因“天书”蠢蠢欲动。可以说，1990 年正式启动的“人类基因组计划”能顺利开展，Sanger 法是关键。如果没有 Sanger 法，基因组学这个学科就不会这么快发展起来。

测序技术自动化

Sanger 法的发明带动了基因组学的发展。而之前的三大神技，因为其烦琐的实验操作，影响了测序的效率。因此，当时各大生物公司的研究重点就是改进这些技术，使它们自动化和高效化。直到 1986 年，也就是 Sanger 法发明 11 年后，美国的 ABI 公司（Applied Biosystems Inc.）拔得头筹，利用当年发明的四色荧光标记法，改进了电泳技术，并用扫描仪替换了放射性物质的使用，发明了全球第一台商品化的平板电泳全自动测序仪 ABI 370A。

此后，ABI 公司不断努力，又用毛细管电泳技术替代了原有的平板电泳技术。因为平板电泳技术的测序数量有限，而且制作电泳胶与加样不能自动化，而毛细管电泳技术可以实现制胶和加样的自动化，减少了试剂的损耗，提升了分析的速度，测序数量也更大。

1998 年，ABI 公司终于推出了 ABI Prism 3700 毛细管测序仪，它的上样、数据收集、质控、初步分析都实现了自动化，是第一台真正的全自动测序仪。此后推出的升级版 ABI 3730 机型，更是为人类基因组计划立下了赫赫战功，至今仍然是 Sanger 法测序仪的主力机型，这一型号测序仪的测序结果被称为“黄金标准”。至此，ABI 公司在 Sanger 法测序时代的霸主地位再也无可撼动。

在 ABI 公司的王霸之路上，也出现过不少有力的竞争对手。例如，美国的 LI-COR 公司和 Molecular Dynamics 公司等，但这些对手后来都因种种原因衰落，退出了历史潮流。正所谓“滚滚长江东逝水，浪花淘尽英雄”。而这样的故事，在接下来的测序仪发展历程中，还在不断地上演。

高通量测序技术问世：三雄争霸

2003 年，随着人类基因组计划的完成，遗传学研究正式进入了基因组学时代。测序向着更大样本量、更多数据量、更多物种的方向迅速发展。而这些发展方向，最终都是为了改善两个最重要的指标：成本和通量（测序效率）。

第一个人类的基因组测序，从 1990 年到 2003 年，花费 38 亿美元才完成。就算在 2003 年之后，用 Sanger 法测序一个人的基因组，成本也高达 5 000 多万美元。为了降低测序成本，美国国立卫生研究院于 2003 年发起了“5 年内实现 10 万美元 = 1 个基因组”和“10 年实现 1 000 美元 =1 个基因组”的两步走战略计划，以鼓励开发新的测序技术。

为了提高效率、节省成本，曾参加人类基因组计划的美国科学家克雷格·文特尔（Craig Venter）早在 20 世纪 90 年代就开始用“鸟枪法”进行基因测序。其具体做法是把要测序的基因组切成随机碎片，同时对这些碎片进行测序，再将所得的测序结果拼接起来。这种方法就好比让很多人同时乱枪射击森林里的鸟群，在很短的时间内，就可以将林子中的大部分鸟打中。鸟枪法能够成功的核心原因是 IT 技术的突飞猛进，特别是超级计算机的广泛应用，使得通过信息技术还原基因组的本来面目成为可能，进而诞生了“BT（生物技术）+IT”的新交叉学科——生物信息学。

在鸟枪法的原理基础上，科学家发明了高通量测序技术，提高了单位时间内产生的数据量。2005 年，第一台商用高通量测序仪 454 横空出世，由美国的 454 Life Sciences 公司于 2005 年开发，后被罗氏收购。2006 年，英国剑桥的 Solexa 公司推出基于 SBS（Sequencing-By-

Synthesis）技术的高通量测序仪，后被 Illumina 公司收购。Sanger 法时代的霸主 ABI 公司晚了半个身位，于 2007 年也推出了自己的 SoLiD 高通量测序仪。

在最初的 5~6 年间，这三家公司不断地推出新品，刷新各自测序仪通量、读长和成本的纪录。这样的竞争一直持续到 2010 年左右，454 Life Sciences 公司和 ABI 公司的测序仪因为自身的各种不尽人意之处，难逃停产的命运。

这一阶段赢在最后的是 Illumina 公司。该公司率先进军大型基因组研究中心，抢占了先机。此后，它又推出了高通量的 HiSeq 系列测序仪，其通量远超另外两家公司。“三国争霸”的年代终于结束，Illumina 公司成为高通量时代当之无愧的霸主。

尹烨和 Illumina 公司的王牌武器：HiSeq 系列测序仪

向人人基因组进军：三国争霸

自从 2010 年推出 HiSeq2000 系列测序仪之后，Illumina 便开始在提高通量的道路上高歌猛进，并在 2017 年使人类基因组测序成本降低到了 1 000 美元，率先实现了“1 000 美元测序 1 个人类基因组”的设想。

然而，科技领域从来就不缺挑战者。首先，曾经的失败者 454 Life Sciences 公司和 ABI 公司，以一种特殊形式“联盟”了。454 Life Sciences 的创始人乔纳森·罗森伯格（Jonathan Rothberg）创办了新的科技公司 Ion Torrent，并于 2010 年成功推出了当时世上体积最小、检测成本最低的测序仪 PGM。同年，Ion Torrent 被 Life Technologies 公司收购。而这家 Life Technologies 公司，正是由 ABI 公司与 Invitrogen 公司合并而成！之后，罗森伯格的团队开发出 Proton 测序仪，并声称一天就能完成人类基因组测序，成本仅为 1 000 美元。可惜其技术发展并不尽如人意，在多次跳票后，Proton 测序仪如今已经基本退出科研市场，Life 公司随后也被 Thermo Fisher 公司收购。

直到此时，所有的测序仪争霸战还只是发生在美国。2013 年后，中国和英国也开始相继加入这个生命技术竞争顶级俱乐部，开始了“三国争霸”的时代。

尹烨和 Ion Torrent 公司生产的 Proton 测序仪

这还得从美国的 Complete Genomics（CG）公司说起。CG 公司是个提供测序服务的生物公司，它的测序结果的准确率是业内公认最高的，测序所用的都是自产的测序仪，但它生产的测序仪概不外售。2013 年，中国的华大基因收购了 CG 公司，消化其核心技术，并研发出具有自主知识产权的小型测序仪。2015 年，华大基因推出第一代 BGISEQ-500 测序仪，将人类基因组测序成本降到 600 美元，这是人类基因组测序价格首次下降到 1 000 美元以内。2018 年，华大基因又推出了 T7 测序仪，这款仪器一天就能完成 60 个人类基因组测序，是当今全世界公开发售的通量最高的测序仪。华大基因测序仪的迅速崛起，让世界上又多了一家在技术上可以与 Illumina 一决高下的机构。

华大基因生产的 BGISEQ-500 测序仪

尹烨和华大基因生产的 T7 测序仪

测序成本的下降，使更大规模的测序成为可能。一些国家已觉察到了基因大数据的价值，特别是近两年，纷纷推出了若干国家级别的大人群基因组测序计划。

2018 年 5 月，美国国立卫生研究院启动了名为“我们所有人”（All of Us）的人类基因组研究超大队列研究计划。该计划预计在 10 年时间完成 100 万人的基因组测序。而其主要使用的技术，就来自美国的两家测序仪公司——Illumina 和 PacBio。

英国将基因组学比作引领工业革命的蒸汽机，正开展世界最大样本量的“英国 500 万人基因组项目”。2018 年 10 月，第一期已完成 5 万人的全基因组测序，预计 2025 年完成 500 万人全基因组测序，同时将基因检测纳入医保。

2019 年 8 月，21 个欧盟国家共同签署协议，2022 年欧盟要联合起来完成百万人基因组项目的测序，同时要在欧盟成员国内部跨境共享数据。

法国、丹麦、芬兰、新加坡、俄罗斯、阿联酋等国家也纷纷开始启动和开展各自的国别基因组计划，不甘人后。

单分子测序的崛起

随着高通量测序的成本不断下探，科学家们对生命本质的探索也在不断深入。其表现之一就是对更长的基因序列的追求——追求测序技术上长读长技术的突破。

人的基因组是由 46 条（23 对）染色体组成的，而基于“鸟枪法”的短读长拼接方法，始终会有一些区域没有很好地被完整组装。最好的办法就是直接把整条染色体一次性从头测到尾！现在的技术虽然还没有到如此完美的程度，但也有了本质的突破。美国 PacBio 公司是单分子测序领域的佼佼者之一。从 2010 年推出第一台 RS 单分子测序仪开始，PacBio 已经相继推出 4 款主要机型。但由于该测序仪工艺过于复杂，造成了成本过高和准确率过低的问题。Illumina 公司意识到了 PacBio 测序仪的潜力，于 2018 年底斥资 12 亿美元拟收购这家公司，而 2019 年 10 月，英国监管机构提议阻止这场收购，原因是“保持该国以及全球测序市场的竞争”。

这就要提一下来自英国的 ONT（Oxford Nanopore Technologies）公司了。该公司生产的也是读长超长（比 PacBio 测序仪读长更长）、通量超大的单分子测序仪，产品最小可以做到 U 盘大小，特别适合在特殊环境下进行快速测序。同时，该系列测序仪的测序成本也特别低。它们唯一的缺陷就是准确率不够理想，测序成本相比于短读长技术也比较高。

而中国的华大基因则研发了单管长片段读取技术（single tube long fragment read，stLFR）。它通过巧妙设计，给来自相同 DNA 分子的短读长测序片段都标记上相同的分子标签（co-barcode），从而获得大片段 DNA 的信息。这种方法在获得大片段 DNA 连接信息的同时，还保留了高通量测序低成本、高准确度的优势。

另外一个重要的方向是单细胞测序。

生命，从单细胞的草履虫到自封“万物之灵”的人类，都是由细胞组成的。拥有相同基因组的细胞，通过不同的基因表达，造就了不同类型的细胞。同时，每个细胞又在正确的时间、正确的位置，与其他细胞共同协作，从而鬼斧神工地构成了有机生命体。要了解生命活动的本质，就需要将测序的“分辨率”提高到“单细胞”的水平。现在大部分的测序，测的都是某一块组织或者血液中成千上万细胞共同表达的结果，分辨率很低，而所有研究者都喜欢高分辨率的结果。

在单细胞测序技术发展的短短 10 年时间，已经涌现出众多的技术。总体趋势正在从对单个或者少量细胞的研究，向对整个组织中所有细胞类型的研究发展。有些技术甚至已经开始探索真正的“空间单细胞测序”——在对单个细胞进行基因测序的同时，还记录了细胞在原组织中的位置信息。如果这个技术最终普及，将能观察到最小像素级别的生命活动！

21 世纪注定是生命科学的世纪。超级测序仪争霸战，正是解读生命密码过程中的核心竞争焦点。回顾这短短 30 年的历史，它跟其他技术领域的竞争类似，都是被技术浪潮所驱动的。长江后浪推前浪，谁都不知道现在的巨头还会称霸多久，也不知道下一个横空出世的后起之秀会是哪位，但它们都将被载入史册，在测序技术的发展史上画上浓墨重彩的一笔！

参考文献

1. 邱超，孙含丽，宋超．DNA 测序技术发展历程及国际最新动态 [J]. 硅谷．2008, (17): 127, 129.
2. 于军．实现“终极版”核苷酸测序仪的技术要素 [J]. 遗传．2018, 40 (11): 323–337.

表观遗传，到底是个啥？

2000 年 6 月 26 日，时任美国总统克林顿在宣布人类基因组草图完成之时曾说:“今天，我们知晓了上帝创造生命的语言。”在那一刻，世人似乎认为用 DNA 的 ACGT 四个字母就能够决定所有生命的性状。

然而，他们错了。

20 年后，世人发现生命的调控机制远比先前想象的复杂。比如同卵双胞胎为什么长相不同？毛虫的基因明明没变，为什么破茧成蝶后外形有了如此大的变化？基因的 DNA 序列没变，生物体的表型却出现了变化，这种变化有时甚至可以遗传给后代（或后几代），这种情况要用一个术语——表观遗传学（epigenetics）才能解释。

表观遗传的概念

表观遗传学这个概念由英国的康拉德·沃丁顿（Conrad Waddington）于 20 世纪 40 年代提出，其中“表观”一词的词根 epi 来自希腊文，意为“在某物之上”。我们可以把其简单理解成对 DNA 进行修饰，给同样的 DNA 序列穿上不同的“外衣”。

要知道，真实的 DNA 分子可不像直白的 ATGC 序列这么简单，不光七扭八缠地绕着组蛋白，部分 DNA 碱基上还连接着不同的修饰分子。这些修饰分子不会影响 DNA 本身的序列，但可以影响它们的功能。随着这些不同分子的修饰或者移除，基因的表现方式就会出现改变，进而影响 RNA 的转录、蛋白质的翻译、细胞功能甚至机体功能。更让人惊奇的是，如果在生物体发育的关键时机启动了关键的表观遗传修饰，修饰的结果将会伴随生物体终身。

效果图：正常基因可以转录 RNA，但基因被加了甲基后便进入“休眠状态”，无法转录 RNA （绘图：傅坤元）

最常见的表观遗传修饰是 DNA 甲基化（methylation）和组蛋白乙酰化（acetylation）。甲基化是指染色体中某个基因的 DNA 上有甲基基团（CH_3）结合，从而影响 DNA 的正常转录和该基因的表达。乙酰化则是指染色体某处的组蛋白有乙酰基团（CH_3CO）结合，使 DNA 与组蛋白的结合松散，这有利于 DNA 转录，可以促进此处基因的表达。除了甲基化和乙酰化，表观遗传修饰还包括磷酸化（磷酸基团修饰）、泛素化（小分子蛋白修饰）等。即使简单如细菌的原核生物也存在甲基化修饰，这证明甲基化修饰是一种古老的基因表达调控工具，在生命的早期就已经演化出来了，使生命可以在基因数量有限而外界变化无限的情况下提供更多应变的可能性。

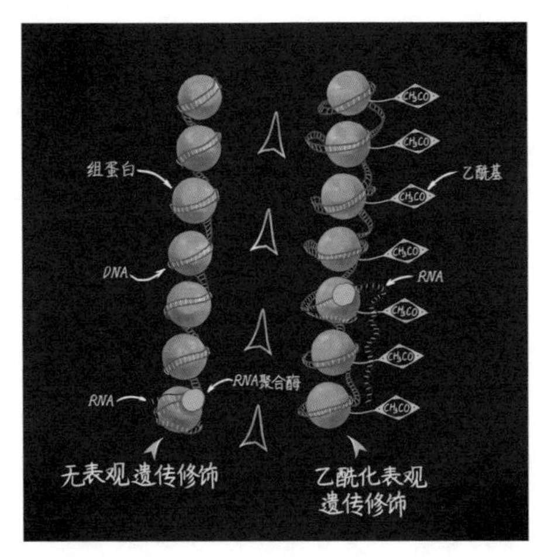

效果图：当组蛋白被乙酰化时，DNA 与组蛋白的结合变得松散，从而促进 DNA 转录（绘图：傅坤元）

表观遗传修饰的奇妙之处在于可以让具有同样基因组的细胞呈现出不同的表型。比如人体细胞都是由受精卵分裂而来的，拥有同样的基因组，却分化成了不同形态、功能的细胞，就是因为这些细胞的染色体发生了不同程度的表观遗传修饰。

可遗传的记忆

俗话说，一朝被蛇咬，十年怕井绳。但有些人从未被蛇咬过，甚至没见过真蛇，只是看见蛇的模型或者图案就感觉毛骨悚然，这似乎是与生俱来的对危险生物的恐惧。同样，在实验室里出生的小白鼠，即使从未见过猫，第一次看到猫时也会害怕。

美国艾默理大学的研究人员曾做过实验，让雄性小鼠在闻到乙酰苯气味的同时遭受电击，使小鼠对乙酰苯的气味产生恐惧。之后这些小鼠产下的下一代，甚至孙代，大部分仍会对乙酰苯的气味敏感。研究发现，这三代小鼠脑中的嗅小球结构增大，对乙酰苯敏感的 M71 神经元增加，但 M71 神经元相关基因的序列并未发生变化，这说明这些恐惧的记忆是通过表观遗传机制传给后代的。

表观遗传学和猫

喵星人的毛色是研究表观遗传学最好的直观案例，请关注以下两个事实：三花猫为什么 99.9% 都是母的？克隆的花猫为什么花色不一样？

猫的颜色是常染色体的白色基因和性染色体的有色基因叠加决定的，其遗传方式遵循“剂量补偿效应”。常染色体的白色基因让所有猫都有白色的底色，而 X 染色体上的有色基因分黑色和黄色两种。所以，常染色体和性染色体的共同作用产生了各种颜色的猫，比如纯色的黑猫、黄猫、白猫，或者杂色的大橘（黄白）、狸猫（黑白）。然而，只有携带两条 X 染色体的母猫才可能呈现黑、黄、白三色，所以三花猫一般都是母的。当然，生命科学中唯一不例外的就是例外。对于公猫来说，只有在性染色体为三体（XXY）的情况下才会呈现三色，故三色公猫（严格意义上讲，这属于性别异常）特别稀少。

每个母猫的皮肤细胞都有两条 X 染色体，这两条 X 染色体不会共同起作用。在胚胎发育的早期，皮肤细胞中会有一条X染色体随机失活，如果是携带黑黄两色X染色体的母猫，可能一部分细胞是带有黄色基因的X染色体失活，那这个位置的皮毛就呈黑色；而一部分细胞中带有黑色基因的X染色体失活，这个位置的皮毛就呈黄色。这种X染色体失活是终生保持不变的，即使后来细胞继续分裂也不会改变颜色，所以猫的花色终生不变。

一些宠物在寿终正寝时，其主人会对其进行克隆，以求得到一只与原来一模一样的爱宠。克隆的花猫虽然DNA序列与原猫一致，但胚胎发育过程中的X染色体随机失活遗传机制会重启，其皮毛花色也会随机表达。因此，就算是克隆的花猫，其花色也会与原先的猫不同。所以，如果想做克隆猫的生意，纯白、纯黄或者纯黑的猫看来是更好的选择。

荷兰人的饥饿实验

不得不承认，医学史上的很多进展，都是在战争年代的特殊环境下被发现的。1944年，荷兰因纳粹占领而出现粮食短缺，史称“饥饿的冬天”。到1945年5月，饿死人数已经超过2万人，堪称人类史上大规模的“群体饥饿实验”。由于荷兰的医疗保健登记系统非常完备，即使在饥荒年代都能够保持记录，所以相关人群的医疗信息跟踪记录都非常完善，而这些数据揭示了一个惊人的规律。

人们发现，如果这个时期的孕妇仅在孕晚期营养不良，所产的新生儿往往体重不足；而如果孕妇是在孕早期营养不良，但之后营养充足，那么这些胎儿会迅速增重，在出生时体重已经趋于正常。在此后的数十年里，那批体重不足的婴儿一辈子都体型偏小、体重偏低，甚至“任吃不胖”，似乎一辈子都无法从营养不良的状态中恢复。而那些体重“追上来”的婴儿，成年后肥胖的比例偏高，其患糖尿病等代谢性疾病的比例也偏高，似乎一直都在过度补偿娘胎里没吃饱的那几个月，而且这个现象还会出现在下一代。第一代胚胎早期的营养不良，会影响第二代。

华大农业曾经以猪为模型做了类似的实验，限制幼年猪仔的食物摄入导致其营养不良，之后恢复其正常饮食，待其体重完全恢复后（个体体重在 150 公斤以上），观察母猪发情状况，并利用人工授精技术进行配种。实验的 6 头母猪仅 1 头怀孕产仔，其余个体多次配种都未见妊娠。而该营养不良母猪的后代与正常商品猪相比，体型更为瘦小，与其母亲早期的表型类似。而在小鼠实验中，类似的现象还会累及到第三代，这令研究者们充分领略了表观遗传的神奇和强大。

华大农业的实验猪基地的“瘦猪”们，其性状与其母亲早期表型一致

负能量也能遗传

荷兰饥荒的案例说明，很多我们没注意到的“身体记忆”能通过表观遗传传给后代，影响后代的身体情况。科学家探索发现，这些

“饥饿记忆”在分子层面也会有多种表现形式，主要是通过父亲精子的DNA甲基化、胎儿发育与成长过程中非编码RNA抑制相关基因的表达和组蛋白甲基化等修饰来调控表型与营养代谢。有研究表明，比起从小暴饮暴食的男性，那些童年时曾遭遇饥荒的男性的孙辈出现心脏病和糖尿病的概率更低。另外，如果父亲在童年期就开始吸烟，儿子会比同龄人更容易发胖。

有意思的是，除了代谢疾病，抑郁症也被发现与表观遗传学相关。如果母亲在怀孕期情绪抑郁，孩子成年后患抑郁症的概率比同龄人高出1.3倍。同理，备孕期间抑郁的父亲，其后代得自闭症或者抑郁症的概率也会更高。其中，父亲一方似乎更应“背锅”——科学家通过研究斑马鱼（*Barchydanio rerio var*）发现，受精卵发育过程中精子的DNA甲基化修饰作用比卵子的更大。在早期胚胎发育过程中，基因组甲基化修饰水平与变化趋势会趋同于精子的基因组甲基化状态。另外，欧洲、非洲与亚洲等地的多项大人群的关联性研究发现，*CDC42BPB*、*ARHGEF3*与*cg14023999*等多个基因也与抑郁症高度相关。

有句话这么讲，你抽过的烟、喝过的酒、生过的气都会记录在DNA里。所以，为了后辈的身心健康，我们应养成良好的生活习惯，保持愉快心情，避免把“负能量”传给子孙。

表观遗传的临床应用

表观遗传的相关研究表明，它的变化与疾病密切相关。所以，利用表观遗传标志物来进行临床诊断就成了有很大潜力的应用方向，特别是近年来大热的肿瘤精准检测。很多种类的肿瘤，其病变细胞都会出现特定的表观遗传修饰，而这种变化往往在细胞癌变之前便已经发生，这说明是表观遗传层面的变化促进了抑癌基因（癌症基因的“刹车”）的失活和原癌基因（癌症基因的“油门”）的激活，从而导致肿瘤的产生。通过对血液中的游离 DNA（细胞死亡后释放进入外周血的 DNA）或循环肿瘤细胞（进入外周血的肿瘤细胞）的甲基化分析可以检测体内是否有肿瘤、肿瘤类型及肿瘤的生长情况等。在一些特定恶性肿瘤的检测中，其灵敏度甚至接近影像学的水平。可以预见在不远的将来，表观遗传修饰（特别是 DNA 甲基化修饰）的特异性将在肿瘤早期筛查与早期辅助诊断中被广泛应用。

基于表观遗传修饰的作用，临床上也会通过表观遗传修饰的手段来治疗肿瘤，这也算是“以彼之道还施彼身”了。其常用的药物是 DNA 甲基转移酶抑制剂（DNA Methyltransferaseinhibitor，DNMTi）和组蛋白脱乙酰酶（histone deacetylase，HDAC）抑制剂，这些药物可以抑制患者染色体的甲基化和乙酰化。以 DNMT 系列药物为例，在骨髓增生异常综合征（Myelodysplastic Syndromes，MDS）与急性骨髓性白血病（Acute Myeloid Leukemia，AML）的治疗中引入 DNMTi 可以下调肿瘤细胞 DNA 甲基化修饰水平，从而达到治疗的目的。

相比于基因的序列信息，表观遗传学大大增加了人类对生命语言的理解难度，在很大程度上重塑了遗传和基因组科学。毫无疑问，表观遗传学正在引领这场新的生物学革命，大幕刚刚拉开。

参考文献

1. Hughes V. Epigenetics: The sins of the father[J]. *Nature*. 2014 Mar 6，507 (7490): 22–4.

2. Tobi E.W., Goeman J.J., Monajemi R., et al. DNA methylation signatures link prenatal famine exposure to growth and metabolism[J]. *Nat Commun*. 2014 Nov 26, 5: 5592.

3. Feinberg A.P.. The Key Role of Epigenetics in Human Disease Prevention and Mitigation[J]. *N Engl J Med*. 2018 Apr 5, 378 (14): 1323–1334.

4. Dawson M.A.. The cancer epigenome: Concepts, challenges, and therapeutic opportunities[J]. *Science*. 2017 Mar 17, 355 (6330): 1147–1152.

5. Lu Y., Zhao X., Liu Q., et al. lncRNA MIR100HG-derived miR-100 and miR-125b mediate cetuximab resistance via Wnt/β-catenin signaling[J]. *Nat Med*. 2017 Nov, 23 (11): 1331–1341.

6. Widschwendter M., Jones A., Evans I., et al. Epigenome-based cancer risk prediction: rationale, opportunities and challenges[J]. *Nat Rev Clin Oncol*. 2018 May, 15 (5): 292–309.

让 DNA 分子倍增的魔法：PCR 技术发明史

如果你向生物、医学、法医行业的人士问上一句："什么是 PCR？"他们一定会脱口而出告诉你：PCR 就是聚合酶链式反应（Polymerase Chain Reaction）啊，它能不断复制 DNA，让 DNA 分子一变二、二变四，极大地扩增它们的数量。

你不必诧异于他们对此技术的熟悉，因为 PCR 是他们工作中经常要用的基本技术，无论是基因编辑还是亲子鉴定、身份确认，都要跟 DNA 打交道，而自然状态下提取的 DNA 样本浓度一般都比较低，通常要通过 PCR 扩增后，才能用于对比、测序、转基因等后续操作。PCR 技术毫无疑问是分子生物学时代最成功、最流行的技术。若不知、不会 PCR，那就别在生物圈里混了。生物专业甚至流行着这样的段子："我的愤怒被你 PCR（极大扩增）了。"

虽然 PCR 技术的应用如此普遍，但知晓 PCR 技术发明历程的人可能并不多，更何况，这项发明还有一个让人大跌眼镜的灵感来源。

科学怪杰

生长在美国嬉皮士文化盛行年代的加州大学伯克利分校生物化学博士凯利·穆利斯（Kary Mullis）也沾染了放荡不羁的习性。他曾根据吸食迷幻剂（当时美国法律尚未对某些致幻剂下禁令）后的灵光乍现，写了一篇宇宙学论文，发表在著名的《自然》杂志上，在学术界少年成名。

可惜年轻时的穆利斯并不满足于循规蹈矩的科研生活，毕业后跨界尝试过自由撰稿人、甜点店店员等工作，兜兜转转多年后才回归老本行，在西特斯（Cetus）生物公司担任合成部主管，负责合成寡聚核苷酸（小片段 DNA）。1983 年，结束了第三次婚姻的穆利斯和公司里的一位女生物学家坠入爱河。在他们的一次度假路上，穆利斯驾车在高速公路上飞驰，在香车佳人相伴的愉悦中，睽违多年的灵感女神再次光顾了他：他脑海中浮现出 DNA 双链的结构，以及让 DNA 片段不断自我复制的方法。

穆利斯马上意识到这个想法极有价值。趁着身边女友已经入睡，他停车把这个想法写了下来。然而，当他在公司例会阐述自己的想法时，因为在公司吊儿郎当的形象过于深入人心，大多数人都对这个“异想天开”的构思嗤之以鼻，就连一开始支持他的女友，后来也随着恋情的结束离他而去。

在事业感情双失意的低谷时期，穆利斯和几个助手共同开始 PCR 技术的研发。1984 年 11 月，他成功完成了第一次 PCR 实验，对一个 49 bp 的 DNA 片段进行了 10 个 PCR 循环的复制扩增。

“酶”女相助

PCR 循环主要分三步：变性（先用高温让 DNA 双螺旋结构变性，使两条互补链分开变成单链），退火（降低温度使引物与单链 DNA 结合），延伸（DNA 聚合酶以引物为开端，为单链 DNA 合成一条互补链，形成一条完整的新 DNA）。每经历一轮循环，DNA 的数量便会增加一倍。

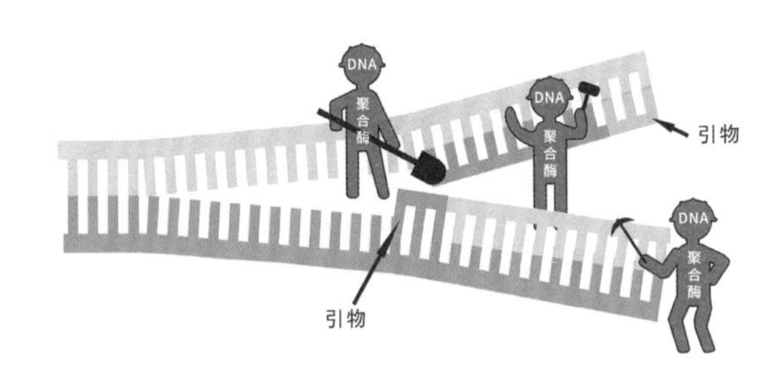

示意图：PCR 原理，双链 DNA 在高温下解链，然后引物结合在单链 DNA 上，DNA 聚合酶为单链 DNA 合成互补链　（绘图：李靖）

最初，穆利斯在 PCR 实验中使用的 DNA 聚合酶是大肠杆菌 DNA 聚合酶，这种酶跟多数酶类一样，在高温状态下会永久失活。在 PCR 的延伸阶段，他加入聚合酶进行 DNA 复制，而这些聚合酶会在下一个循环的高温变性阶段失活，所以每一轮循环都要加入新的聚合酶。当时聚合酶的价格胜过黄金，这样的消耗必然影响这项技术的普及。于是，穆利斯又有了新想法：换一种耐高温的 DNA 聚合酶，这种聚合酶在高温状态下也不会失活，这样整个 PCR 过程只需要加一次酶就够了。

那有没有这样的耐高温酶呢？还真有！美国黄石国家公园的大棱

镜温泉（又名大虹彩温泉）是美国最大、世界第三大的温泉，水温高达 85℃。此温泉的特异之处是，从里至外依次为蓝、绿、黄、橙、橘、红等各种颜色，像棱镜折射出来的太阳光一样五彩缤纷。

这些缤纷虹彩其实是嗜热菌的颜色。温泉里生活着大量的嗜热菌，它们在 85℃以上的高温环境也能生存，而且体内富含色素，使温泉呈现出各种颜色。

1973 年，科学家钱嘉韵赴美留学，她在辛辛那提大学生物系读研期间曾从大棱镜温泉的嗜热菌中提取到耐高温的 DNA 聚合酶。但当时 PCR 技术尚未发明，所以这种耐高温 DNA 聚合酶也没有用武之地。钱嘉韵的这个研究，在发了篇研究论文之后便被束之高阁了。

美国黄石国家公园的大棱镜温泉

这篇多年无人问津的论文，成了启发穆利斯的灵感之光。1986 年，他按照钱嘉韵论文中的方法，成功提纯了耐高温 DNA 聚合酶，把它用于 PCR，其效果让他喜出望外：这种聚合酶不但大大简化了 PCR 工作流程，而且其专一性及活性比之前使用的聚合酶都更强。

穆利斯的工作受到了 DNA 双螺旋结构发现者之一、诺奖得主詹姆斯 · 沃森（James Watson）的赞赏。沃森邀请他参加冷泉港实验室的“人类分子生物学”会议，在会上报告 PCR 的原理及实际应用结果，这是穆利斯生平第一次受邀出席高端学术会议。

“机”友加盟

现在，PCR 操作已经非常简单，加样完毕后放 PCR 仪里，坐等几十个循环结束，便可得到扩增出来的大量 DNA。

但在穆利斯那个时代，PCR 仪还没有发明出来，所以他的 PCR 实验需要纯手工操作：分别将 3 个水浴槽设置为高温变性温度、退火温度、延伸温度，然后把装着 PCR 管的小篮子放进高温变性水浴槽里泡着，十几秒钟后，DNA 充分变性了，便把篮子放退火水浴槽里几秒钟，让引物和 DNA 结合，再把篮子放延伸水浴槽里几十秒合成新的 DNA。一个 PCR 循环，就要把篮子在 3 个水浴槽都过上一轮。几十个循环下来，技术员已是筋疲力尽。

为了减少“生物民工”的劳动量，西特斯公司在 1988 年发明了第一台 PCR 自动化热循环仪，实现了 PCR 技术的自动化。有了耐高温 DNA 聚合酶和 PCR 仪这两大法宝，PCR 技术终于可以投入应用。1989 年，《科学》杂志隆重报道了 PCR 技术和耐高温 DNA 聚合酶，西特斯公司也和罗氏（Roche）公司合作，将 PCR 技术用于临床诊断。1991 年，罗氏公司斥资 3 亿美元，买下了西特斯公司的 PCR 技术专利。

然而，穆利斯却没有从这笔巨款中分到一杯羹。1985 年，在

PCR 技术初见成果的时候，西特斯公司见穆利斯迟迟没有动笔把该技术写成论文投稿，便催他手下的技术员先写了论文，投给《科学》杂志。等穆利斯终于写好论文时，投稿却到处碰壁，最后，在华人生物学家吴瑞的推荐下，穆利斯的论文发表在《酶学方法》（*Methods in Enzymology*）杂志上。穆利斯不满被公司其他人抢了功劳，参加完沃森的“人类分子生物学”会议后不久就辞职离开，日后 PCR 技术专利转让带来的巨额利润也与他无缘。

好在世人并没有忘记他，不仅多家生物公司向他抛来橄榄枝，日本天皇夫妇还亲自为他授予巨奖。1993 年的一个清晨，诺贝尔奖基金会给他打来电话，通知他获得了诺贝尔化学奖。获奖后，穆利斯出版了自传《心灵裸舞》，总算圆了自己的作家梦，并在写书期间迎娶了他的第四任妻子，成了事业爱情双丰收的人生赢家。尽情享受过人生后，74 岁的穆利斯在 2019 年 8 月 7 日因肺炎去世。

虽然穆利斯一生放浪形骸，但他发明的 PCR 技术确实极大地推动了生物学的进步。成大事者不拘小节，也许正是穆利斯洒脱不羁的性格造就了他天马行空的想象力和果断的行动力，才让当时不被多数人看好的 PCR 技术得以问世。

参考文献

1. （美）凯利·穆利斯 . 心灵裸舞 [M]. 上海科技出版社 , 2006.
2. Chien A., Edgar D.B., Trela J.M.. Deoxyribonucleic acid polymerase from the extreme thermophile Thermus aquaticus[J]. *J Bacterio*l. 1976 Sep, 127 (3): 1550–7.
3. Guyer R.L., Koshland D.E. Jr. The Molecule of the Year[J]. *Science*. 1989 Dec 22, 246 (4937): 1543–6.

干细胞研究造假大事记

生命功能的基本载体是细胞。

生命就是从受精卵，即一个干细胞开始的。从一个干细胞发育成含有几十万亿个细胞的成人，人类至今也没弄清楚这其中到底是如何变化的，但至少全人类达成了共识：干细胞太有用了！

2018 年 11 月 23 日，国务院印发《关于支持自由贸易试验区深化改革创新若干措施的通知》，明确提出自贸试验区内医疗机构可根据自身的技术能力，按照有关规定开展干细胞临床前沿医疗技术研究项目。

不光中国，纵观全球，不少国家都在大力扶持干细胞研究，争相投入大量人力物力。在医学研究领域，干细胞绝对是大热门，甚至是……造假大热门。

干细胞行业已成大蛋糕

早在 1956 年，美国医生爱德华·托马斯（Edward Thomas）就发现可以通过骨髓移植来治疗白血病，并凭此获得 1990 年的诺贝尔生理学或医学奖。不过，当时世人并不知道是骨髓中的哪些物质起了治疗作用。

直到 1963 年，加拿大科学家恩尼斯特 · 莫科洛克（Ernest McCulloch）和詹姆士 · 堤尔（James Till）在血液中发现了造血干细胞。人们这才发现，原来人体中存在这么一种神奇的细胞，它可以持续分裂增殖，还能分化为各种功能的细胞。至此，科研人员开始了对干细胞的广泛研究。

人体中的干细胞可以分为三种。一种是全能干细胞，也就是受精卵或者早期的胚胎干细胞，可以分化成任何类型的细胞；一种是多能干细胞，比如骨髓、胎盘、脂肪中的间充质干细胞；还有一种就是像造血干细胞那样的单能干细胞，只能分化为特定种类的细胞。

这些干细胞经过人工诱导，可以分化为所需的细胞类型，用于修复人体受损的组织和器官。然而，人体中的干细胞数量有限，而且人类胚胎干细胞的获取又牵涉诸多伦理道德问题，所以干细胞的研究和临床应用受到很大限制。

时间到了 2006 年，日本科学家山中伸弥有了新的发现。他把几个基因导入成纤维细胞中，让已分化的体细胞发生了重编程，恢复到类似胚胎干细胞的状态。如此一来，科学家们便可以把普通体细胞转化为干细胞，使干细胞研究不再受原材料不足的限制。这种“人造”干细胞被命名为诱导性多能干细胞（induced pluripotent stem cells，iPS 干细胞）。山中伸弥也因此获得 2012 年诺贝尔生理学或医学奖。

尽管后来又有多位科学家对诱导性多能干细胞的诱导技术进行了改良，但目前诱导性多能干细胞的诱导仍然存在诱导效率低下、成本高昂、工序复杂且生产周期冗长的问题。想要培养出能满足临床需要的海量干细胞，仍需时日。

但诱导性多能干细胞的出现还是让科学家们看到了希望，给投身干细胞研究领域的有志者们以极大的鼓舞。干细胞的临床研究正进行得如火如荼，用干细胞培养的视网膜、人造心脏、人造肾脏等器官和组织也相继问世。

干细胞几乎能分化为我们需要的任何细胞，简直像神话中的“活死人、肉白骨”的灵丹妙药，各国政府拨给干细胞研究的经费不计其数。遗憾的是，面对巨大的名利诱惑，少数研究者终究没能守住底线，在这股干细胞热潮里弄虚作假、从中渔利。

黄禹锡的“克隆人干细胞”

黄禹锡造假事件也许是多数国人对“干细胞造假”的最早认知。韩国的黄禹锡教授在误入歧途之前，曾是学术圈的传奇人物。他自幼家贫，5 岁丧父；后经多年寒窗苦读，终于考进了韩国最高学府首尔大学，却在博士毕业之前遭遇导师去世、实验室倒闭等一连串打击。但他并没向困境屈服，毅然卖掉自己的房子筹集资金，研究牛的育种。

功夫不负有心人。苦心研究多年后，黄禹锡的成果接踵而至：1999 年，培育出世界首头克隆牛；2003 年，培育出世界首例抗疯牛病牛；2005 年，培育出世界首条克隆狗，这个研究还登上了美国《时代》（*Time*）杂志封面。

当时的干细胞研究远没有现在火爆，但黄禹锡已经超前地意识到胚胎干细胞的研究价值，积极进行这方面的研究。2004 年，他在美国《科学》杂志上发表论文，宣布自己用未受精的卵子成功培育出人类胚胎干细胞。虽然卵子也不好获取，但总比直接使用“可以发育为生命”的受精卵和胚胎干细胞更符合伦理道德。

人体自身的干细胞数量本来就不多，一些需要干细胞治疗的患者更是身体虚弱，缺乏足够的干细胞。在诱导性多能干细胞出现之前，这个问题的解决方法是移植他人的干细胞，但由于移植排斥反应，将外源干细胞移植到患者体内后，仍可能被患者自身免疫系统排斥，患者需要服用抗排异药物。黄禹锡决心解决这个难题，他计划用类似克隆的方法，把患者体细胞染色体移植到卵子中，把其培养成携带患者遗传物质的干细胞，这样的干细胞几乎跟患者自身的干细胞完全一样，不会引起移植排斥反应。

2005年，黄禹锡在《科学》杂志上发表论文，宣称已经成功把受试者体细胞的染色体注入卵子内，培育出含有受试者染色体的胚胎干细胞（因为实验原理跟人类克隆一致，所以当时不少媒体称此为“克隆人”实验）。这个研究轰动了世界，他本人也被视为诺贝尔奖的未来得主。

黄禹锡在论文中宣称，研究用的人类卵子来自志愿者捐赠。然而时隔不久，媒体曝光：黄禹锡曾威逼利诱团队里的女研究生取卵。这分明是把科研人员当成了小白鼠。

在舆论压力下，黄禹锡就职的首尔大学对黄禹锡进行了调查，发现他除了非法取用卵子，还涉及学术造假：发表在《科学》上的两篇学术论文均有造假。

黄禹锡自此声名扫地，不但丢了工作，还因为非法买卖卵子和造假骗取学术经费被判刑。2014年，韩国人还把黄禹锡的故事改编成电影《举报者》。

即使如此，学术界也不能否认他的才华和学术贡献。经过调查，黄禹锡之前的克隆动物研究成果乃是货真价实、绝无造假。而他使用卵子来制造胚胎干细胞的研究虽然被证实是造假，但他在研究过程中发现了让卵子单性分裂的方法，这种能分裂的卵子后来又被称为单倍体干细胞。日后引起轰动的“孤雄小鼠”，就是用单倍体干细胞技术培养出来的。

单倍体干细胞本来已是重大成果，遗憾的是，黄禹锡因为好大喜功，把单倍体干细胞说成克隆胚胎干细胞，想要让自己的研究更加震撼，结果不但让自己身败名裂，还错失了公布单倍体干细胞研究成果的好机会。

“日本居里夫人”的 STAP 细胞

2014 年 1 月，在中国人正欢度春节的时候，日本理化研究所也在《自然》杂志发布了一个喜讯：他们用一种全新的方法，把体细胞培养成了干细胞！

把体细胞培养成干细胞并不稀奇，毕竟山中伸弥早就凭诱导性多能干细胞得了诺贝尔生理学或医学奖，这项新研究的特殊之处在于，培养干细胞的方法经济、简单得让人难以置信。山中伸弥要把好几个基因转入体细胞里，才能让它变成干细胞，如此费钱费力，转化效率也不高。而此研究宣称，只要把体细胞放在酸性环境中，然后进行物理挤压，就能让它们重编程为干细胞，而且转化率高达 7%~9%。

这种被研究者命名为 STAP 细胞的神奇干细胞一经公开，便震惊了世界。学术界所有人都认为，这样的革新性成果，绝对能让日本再拿一个诺贝尔奖。而更传奇的是，STAP 细胞的首创者，竟然是一个年轻貌美的女博士——小保方晴子。

小保方晴子出身学术世家，毕业于著名的早稻田大学，做出这个研究的时候才 30 岁，是典型的年轻有为的精英人才。更吸引人的是她才貌双全、打扮时尚、妆容精致，实验室里装饰着卡通贴纸，从外表到个性都无比符合日本人对传统女性的审美。高智商和“女人味”性格让她成为日本“国民女神”，被视为“居里夫人”和未来的诺贝尔奖得主。

但很快，就有眼神犀利的同行发现，小保方晴子论文中的一张实验图片背景颜色不对，像是两张图拼凑的。面对“P 图”的质疑，小保方晴子的回应是：两张图片拼在一起只是为了更直观、好看，实验结果本身并没有问题。

把两张实验图片拼到一起确实无伤大雅，但问题是，自从 STAP 细胞论文发表以来，各国科学家一直没能重复出同样的实验结果。在发现实验照片是“P 图”后，学术界更加怀疑这篇论文是造假。

随后又有人发现，小保方晴子论文的 STAP 细胞照片，竟然跟她博士论文中的胚胎干细胞照片是同一张。民众忍不住要怀疑，小保方晴子到底是真的培养了前无古人的 STAP 细胞，还是拿普通的胚胎干细胞冒充 STAP 细胞？而细看她论文的人更是发现，她那篇用英文写就的博士论文，不少段落都是抄袭，甚至连原文中的语法错误都照抄不误。

在种种压力之下，日本理化研究所撤回了小保方晴子发表在《自然》杂志上的两篇文章，并勒令她在重重监控之下证实她的 STAP 细胞实验确实可行。

在全民的质疑下，小保方晴子的上司笹井芳树先崩溃了。笹井芳树原是干细胞领域的知名人物，因为被小保方晴子描述的 STAP 细胞研究前景打动，把小保方晴子招入麾下。他本满心希望小保方晴子能创造奇迹，没想到最终还是一场空，他也从学术名人沦为造假者的帮凶。半生英名，一步走错便万劫不复，心高气傲的笹井芳树受不了这样的打击，竟上吊自杀，以死保住自己最后的体面。

尽管赔上了自己上司的性命，小保方晴子依然没能如期重复出 STAP 细胞实验，也因此丢掉了工作和博士学位。她自称之前进行 STAP 细胞实验时，实验细胞里不慎混入了胚胎干细胞，所以误把胚胎干细胞当成了自己培养出来的 STAP 细胞，但这个解释并没能让学术界和民众信服。

小保方晴子自此退出学术界，但她掀起的血雨腥风并没有停止——除了笹井芳树的死，日本的整个干细胞领域也因为这次造假事件声名大损，不少干细胞专家的论文也被严查。

“心肌干细胞”背后的心机

2018 年 10 月，哈佛大学爆出了一个大新闻：哈佛医学院终身教授皮耶罗 · 安韦萨（Piero Anversa）涉嫌学术造假，之前发在《自然》《细胞》《柳叶刀》《新英格兰医学》（*The New England Journal of Medicine*）等顶级期刊上的 31 篇论文全部被撤。这也是美国有史以来最严重的撤稿事件。

安韦萨 10 多年前便声称自己发现了心脏中的心肌干细胞，当心脏受损、病变时，心脏里的干细胞可以经诱导分化为新的心肌细胞，修复受损部位，让患者恢复健康。他的研究不但颠覆了“心肌细胞无法再生”的传统观念，还为心肌梗死等疾病带来了治愈的希望。凭着该课题，安韦萨多年来向美国政府申请 5 000 多万美元的研究经费，也斩获不少头衔奖项，名利双收。

其实早在 10 多年前，就有研究者声称无法重复安韦萨的实验结果。不过，安韦萨与年轻的小保方晴子不同，身为学术名宿的他极有话语权，这些质疑并没有激起多少波澜。

但时间久了，质疑者越来越多，公众开始怀疑安韦萨说的心肌干细胞到底是否存在。面对越来越多的质疑声，安韦萨就任的哈佛大学也开始严查他的论文，调查结果是，他发表在顶级期刊的 31 篇论文都是造假的。

此时，这几十篇论文已经造成了严重的后果。身为哈佛终身教授，安韦萨多次在顶级期刊发表论文鼓吹心肌干细胞相关研究，引得海量研究者也去研究心肌干细胞，如今发现心肌干细胞并不存在，这些研究者之前的心血也付诸东流。

更可怕的是，他们当中还真有人发表了好些心肌干细胞方面的论文。至于这些论文的真伪如何，实在让人冷汗直流。

价值 60 万元的干细胞智商税

连学术界人士都难免受骗，平民百姓就更不必说了。前些年“干细胞疗法”遍地开花，广告鼓吹一针干细胞下去就能返老还童、包治百病，不少百姓都给骗子交了智商税。为此，国家卫计委、国家食药监管总局在 2015 年出台《干细胞临床研究管理办法》，明确指出：向干细胞临床研究受试者收取研究相关费用属于违规行为。换句话说，目前尚无合规收费的干细胞疗法。

让科学家们大跌眼镜的是，无法在国内交干细胞智商税的富豪们，竟然组团去了国外交智商税。他们不远万里来到乌克兰的干细胞治疗中心，花 60 万元人民币打一针胚胎干细胞，一个疗程的花费高达数百万元人民币。

而富豪们不但不会心痛，还觉得美滋滋："诊所说打完一个疗程能让人年轻 30 岁，我才打了一针干细胞，就觉得全身都热乎乎的，效果很明显！反正我钱多，不在乎这几百万元，就算打了不能返老还童，至少也不会对身体有害吧！"

对此，曾经利用单倍体干细胞技术培育出孤雄小鼠的周琪院士特地进行了科普：如果注射干细胞真有奇效，各大发达国家早下手了，绝不会只有乌克兰一个国家在做。事实上，注射异体细胞容易引起排斥反应（当年黄禹锡想要研造克隆人胚胎干细胞，正是为了避免这种排斥反应），注射干细胞后感觉到的全身发热，正是免疫排斥反应。在 20 世纪 80 年代流行鸡血疗法时，有人注射鸡血后全身发热，也是免疫排斥反应的缘故。所以，与其说乌克兰干细胞应用是科技领先，倒不如说是监管落后。

干细胞疗法确实是有效的，但干细胞临床研究多使用多能干细胞，或经诱导分化后的特定细胞类型，针对具体的适应症，且经过严格的临床前安全性和有效性评估。像乌克兰诊所那样简单粗暴地打一针干细胞下去，无论在伦理、法律还是科学性上，都存在极大的问题。

更可怕的是，注射用的干细胞是从流产的胎儿中提取的，而相当一部分胎儿流产是因为患有严重的先天性疾病，如肿瘤、先天性基因缺陷等。这些重疾胎儿的细胞若不加质量控制，被当作灵丹妙药注入了体内，后果不堪设想。

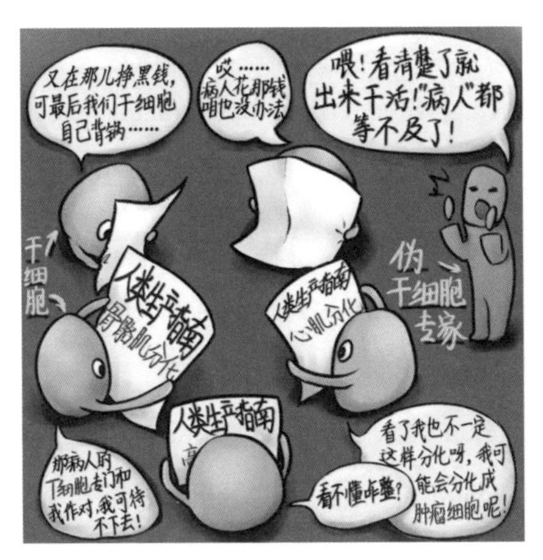

效果图：往体内注射干细胞未必能得到想要的效果　（绘图：傅坤元）

古代炼丹求长生的君王，最后多是被所谓的丹药毒死。同理，市面上未经认证的“长生不老秘方”，可能也存在各种隐患。干细胞研究领域确实有着美好前景，但其中泥沙俱下、鱼龙混杂，还需科学界与民众共同慧眼识别。

当然，也有一种靠谱的“生命银行”，即细胞冻存技术。目前，新生儿的脐带血细胞存储（无论是自留还是捐献），以及新生儿脐带、胎盘等组织来源的间充质干细胞存储，都经历了长达 20 多年的时间检验，成人免疫细胞存储也是近 10 年来的新兴方向。在液氮等低温保存条件下，细胞尽可能地保留了生命活性，“用温度冷冻时间”，以待新的科学发现和技术发明出现。这些新的科学发现和技术发明或可用于疾病治疗、延缓衰老，呈现生命的坚强和美丽。

参考文献

1. Takahashi K., Yamanaka S.. Induction of pluripotent stem cells from mouse embryonic and adult fibroblast cultures by defined factors[J]. *Cell*. 2006 Aug 25, 126 (4): 663–76.

2. Kim K., Ng K., Rugg-Gunn P.J., et al. Recombination signatures distinguish embryonic stem cells derived by parthenogenesis and somatic cell nuclear transfer[J]. *Cell Stem Cell*. 2007 Sep 13, 1 (3): 346–52.

3. Gottweis H., Triendl R.. South Korean policy failure and the Hwang debacle[J]. *Nat Biotechnol*. 2006 Feb, 24 (2): 141–3.

4. Obokata H., Wakayama T., Sasai Y., et al. Stimulus-triggered fate conversion of somatic cells into pluripotency[J]. *Nature*. 2014 Jan 30, 505 (7485): 641–7.

5. Obokata H., Wakayama T., Sasai Y., et al. Retraction: Stimulus-triggered fate conversion of somatic cells into pluripotency[J]. *Nature*. 2014 Jul 3, 511 (7507): 112.

6. 张田勘 . 花 60 万打“续命针”是谁的尴尬 [N]. 北京青年报 , 2018–05–24.

生命本无性，演化自扰之

克洛德·列维 - 斯特劳斯（Claude Levi-Strauss）曾言，“人天生具有分类的天性”。而人类最津津乐道的分类话题，莫过于性别。

诞生之初，生物并没有雌雄之分。细菌基本靠自体分裂来产生后代，真菌大多通过出芽或孢子生殖进行繁殖，这些低等生物没有性别，采用的生殖方式也是无性生殖。

当生物演化到一定程度，仅通过自然突变来改变性状，已无法应对复杂的外界环境压力，此时需要通过基因杂合产生更多基因型。于是，一些生物便从无性生殖演变为有性生殖，产生了所谓的性别。有性生殖有助于不同基因的组合，让后代的基因型更加丰富，能更好地适应环境。

是公是母还能变？

高等物种的性别多是由性染色体差异所决定。比如全部哺乳动物、大部分爬行类、两栖类以及雌雄异株植物的性染色体都是 XY 型，体细胞含 XX 两个相同性染色体的为雌性，含两个不同性染色体 XY

的为雄性。而鸟类、鳞翅目昆虫、某些两栖类及爬行类动物的性染色体为 ZW 型，具有 ZZ 型性染色体的个体为雄性，具有 ZW 异型性染色体的个体为雌性。

除了性染色体类型，染色体的倍数也会决定性别，蜜蜂、蚂蚁等膜翅目昆虫就是如此：单倍体蜜蜂为雄蜂，二倍体蜜蜂为雌蜂，雌蜂又根据营养状况发育成可育的蜂王或者不育的工蜂。很多植物虽有雌雄之分，但并没有性染色体，只由少数基因或染色体区域来决定性别，例如猕猴桃。

至于某些低等生物，其性别决定简直不要太随意，比如一种雌雄同体的涡虫（*Pseudobiceros hancockanus*），两只涡虫交配时用生殖器互相“击剑”，谁先击中对方就作为雄性释放精子，被击中的则会受精怀孕。还有一种叫后螠（*Bonellia viridis*）的海洋蠕虫，在海水中游动的幼体是中性，如果幼体落在海底，就会发育成体长 10 厘米的雌性个体，并伸出长达 1 米的吻部；如果幼体落在这些雌性个体的吻部，则会进入雌性个体的子宫，发育成体长 3 毫米的雄性，负责产生精子。

虽然脊椎动物被称为高等动物，性别也多由性染色体决定，但一些脊椎动物的性别界限并不明确，甚至可以根据外界环境进行性别转换。

决定绿海龟性别的更多是外界环境，而非自身染色体。当外界温度高于 32℃时，绿海龟蛋里孵出的幼龟全是雌性，而当温度低于 27℃时，孵出的幼龟全是雄性。当温度介于这两者之间，比如 29.5℃时，孵化出来的幼龟恰好雌雄各占一半。受精卵在不同的温度，性别相关基因的表达不同，决定了幼龟的性别。

刚孵化的绿海龟，它们的性别由孵化时的外界温度决定

部分鱼类甚至在成年后才开始“变性”。黄鳝出生时多为雌性，产卵一次后便会变为雄性，并终生保持雄性状态。红鲷鱼以一雄多雌的方式群居，如果唯一的雄鱼死亡或者失踪，几天后其中一条雌鱼便会变成雄性，代替它为鱼群繁衍后代。这也是性别相关基因在不同条件下的表达不同所致。

在古代，“牝鸡司晨”不但被视为家境衰落的不祥之兆，更是被文人用来比喻后宫干政、窃权乱政。其实，这是自然界的正常现象。母鸡在雌雄激素失调的状态下，可能会长出公鸡的羽毛和鸡冠，像公鸡一样打鸣，甚至能发育出雄性器官，与别的母鸡正常交配。

就连人类，两性之间也并非界限分明。由于基因的变异，除了常见的男、女性别，还有少数人的生理特征处于两性之间，比如柯林菲特氏症（Klinefelter’s syndrome，有3条性染色体：XXY）、特纳综合征（Turner syndrome，只有一条X染色体）以及多种由于基因变异导致的性征发育不全的状况。这类患者也就是俗称的双性人。其中少数人能够通过手术让自己变成拥有生育能力的真正男人或者女人，但大部分患者只能通过手术和药物把身体改造为自己认可的某种性别，能够正常工作、生活，但无法生育。

男女这种分类法仅仅是根据染色体来划分的，如果考虑到精神因素，那么很多国家和地区甚至可以把人类分成 5 种、7 种乃至超过 20 种性别。超过 20 种的分类，主要由自然性别、自我认同性别、性取向和是否经历过变性手术几个要素排列组合而成，区分得十分细致。以性取向为例，在同性恋、异性恋、双性恋之外还有无性恋、自性恋等种类。越来越多的学者认为，这并非多此一举，而是继男女平等之后，人类越发了解人性并接纳人性的诸多尝试之一。

只有两性？弱爆了

少见自然多怪。多数人往往认为性别只有两种。但实际上，地球上很多物种的性别种类比人类疯狂多了。

1. 莫诺湖线虫：我有 3 种性别！

美国加州莫诺湖（Mono Lake）的盐度是海洋的三倍，并且富含砷元素。在对生命如此不友好的环境中，依然生活着有趣的物种，比如一种被命名为 *Auanema sp.* 的线虫。除了能耐受高砷浓度外，这种线虫最神奇之处就是它们竟然拥有三种性别：雄性、雌性和双性。这种线虫在发育成熟后，早期只产生雄性和雌性后代，但随着年龄的增长，它们会生出雌雄同体的后代。尽管雌雄同体在无脊椎动物中较为普遍，但这种线虫的情况却有所不同。蚯蚓、蜗牛等动物即使雌雄同体，还是要和其他个体交配才能受精产生后代，无法自体受精。而这种雌雄同体的线虫却可以自体受精繁殖，这有利于它们分散到新的环境中并自己繁殖新的种群。

研究者推测，这种线虫演化出了如下的生存策略：在环境良好的情况下，雌性和雄性可以通过基因重组来帮助维持遗传多样性；在环境恶劣的情况下，雌雄同体种则可以去新的环境中自身繁殖建立新的种群。

2. 嗜热四膜虫：我有 7 种性别！

单细胞真核生物嗜热四膜虫（*Tetrahymena thermophila*）是实验室里常见的模式生物，分布在全球范围的淡水水体中。早在 60 多年前，科学家就已经发现了这种简单的单细胞生物竟然有 7 种性别！每一个四膜虫都有两个细胞核——体核（大核）和生殖核（小核），体核携带日常生命活动的必需基因，生殖核携带有性生殖相关基因。在营养充足的时候，四膜虫采取无性繁殖策略，此时体核中的基因活跃表达而生殖核静默。而营养不足时，四膜虫则会采取“接合”的方式进行有性生殖，具体表现为体核降解，两个四膜虫互相接合，它们的生殖核会融合并分裂形成下一代的新体核和生殖核，然后性别随之确定。

子代表现出的性别和亲代无关，而是在体核基因组形成时随机形成 7 种性别的其中一种。任意性别的四膜虫，都可以和其他 6 种性别的同类进行有性繁殖。相比于人类只能和占种群数量 1/2 的异性产生后代，四膜虫却能和占种群数量 6/7 的异性接合生殖，大大提升了种群内交配的概率。

3. 黏菌：我有 720 种性别！

黏菌（*Myxomycetes*）既不是动物、植物，又不是真菌，目前属于原生生物界变形虫门，被很多人戏称为“穿了黏糊糊外套的阿米巴虫”。这种看似简单的单细胞生物，群体智慧却惊人。比如将两个黏菌结合起来，其中一个就可以通过信息交换获得另一个的“经验”。而其分布扩展能力远超过人类城市的道路规划能力，几乎能迅速完成所有的迷宫挑战，也能拟合出高效的铁路路线。从这点看，自然确实是人类最好的老师。

黏菌属于孢子生殖，孢囊里能产生不同类型的孢子，每种孢子能产生不同的基因型，经过计算，它们至少有 720 种性别。其实这种说法并不严谨，因为单细胞生物很难说“性别”，更准确的表达叫作交配型（mating types），而黏菌属于同配生殖（交配的两个孢子在形态、大小和结构方面相似，性别分化不明显），只能说黏菌的交配型类别很多。但可以肯定的是，黏菌的确是单细胞生物中的战斗机，相比于只能分裂生殖、基本靠自然突变的大肠杆菌，黏菌交配型的多样化能产生大量的适应性组合，以应对复杂的外界环境。

还有些真菌的性别更夸张，比如裂褶菌（*Schizophyllum commune* Fr.）。按基因型计算，其性别高达 23 328 种。如果给它们设计厕所，估计设计师早就哭晕在厕所……

基因印记和“辉夜姬”

《幼学琼林 · 夫妇》有云：“孤阴则不长，独阳则不生，故天地配以阴阳。”高等动物的有性生殖，必须由雄性的精子和雌性的卵子结合形成受精卵，才能发育为后代。在自然状态下，同性哺乳动物之间不可能产生后代，即使研究者把两个精子或者两个卵子整合在一起，也无法正常发育。

“孤阴不长，独阳不生”的根源，在于基因印记（genomic imprinting)。精子和卵子成熟的时候，染色体就会通过表观遗传机制，给一些基因打上印记（比如甲基化、乙酰化等），抑制它们进行表达，而精子和卵子被抑制表达的基因不同，所以精子必须和卵子结合，让彼此所缺的基因得到互补，才能保证受精卵正常发育。如果同性生殖细胞结合，结合而成的细胞就会因为缺了某些基因，无法正常发育。

然而，这个同性间的生殖壁垒在2004年首次被打破。日本东京农业大学的河野友宏教授对雌性小鼠进行了基因改造，让小鼠的卵子删除雌性印记基因并表达雄性印记基因，表现出类似精子的遗传印记，然后让改造后的卵子和普通卵子结合发育成正常胚胎，培育出世界首只孤雌生殖（parthenogenesis）的小鼠。这只孤雌小鼠被命名为“辉夜姬”，与日本神话中诞生于竹子中的仙女同名。“辉夜姬”成年后，还正常产下了健康的幼仔。

毕竟“仙凡有别”，“辉夜姬”的寿命比普通小鼠更长，体型也更娇小。这说明制造孤雌小鼠所用的基因改造卵子和精子还是有所差别的，精子中可能含有某些未知物质，能使生物体型变大且短寿。

孤雄生殖

虽然“辉夜姬”开启了哺乳动物孤雌生殖的先河，孤雄生殖（androgenesis）技术却远远落后，原因就是改变精子遗传印记远比改造卵子困难，无数科学家都在这一关折戟沉沙。

时间到了2012年，中科院动物研究所的周琪课题组把小鼠精子注入去核的卵子，得到了孤雄单倍体干细胞（androgenetic haploid embryonic stem cell，ahESC）。这种干细胞在培养一段时间后，雄性印记会逐渐弱化。这一研究为培育孤雄小鼠带来了一丝曙光，但一个重大问题仍然拦在研究者面前：孤雄单倍体干细胞即使弱化了雄性印记，也要去除多个雄性印记，才能表现出类似卵子的特征。

在多次尝试之后，周琪课题组和李伟课题组、胡宝洋课题组去掉了小鼠孤雄单倍体干细胞的 7 个雄性印记，把一批改造后的孤雄单倍体干细胞与精子结合形成类似受精卵的干细胞，然后把这些细胞移植到雌鼠子宫里发育为胚胎，诞下了活着的孤雄小鼠。此时已是 2018 年，离“辉夜姬”的出生已经过去了 14 年，离孤雄单倍体干细胞的问世也过去了 6 年，可见孤雄生殖技术的不易。

但这批孤雄小鼠无法完全复制“辉夜姬”的成功，研究人员煞费苦心培育出来的孤雄胚胎多数肿胀畸形、胎死腹中，能活到出生的只是极少数，而出生的小鼠也多数肿胀、早死，最长存活时间也不过两天。

尽管耗时良久、技术复杂、成功率低，孤雄生育技术还是得到了举世关注。除了这是“前无古人”的技术突破，该技术还有另一个重要意义：研究者为了培养孤雄小鼠，大大提高了去除基因印记的技术，这个操作具有重大的临床价值。

贝威二氏综合征（Beckwith-Wiedemann syndrome）是一种罕见病，患者体型巨大、内脏肥大、巨舌、腹壁有缺陷，而且易患低血糖、癌症等疾病。这种疾病与生俱来，应该属于遗传病，但多数患者的家族从未出现此类疾病，又不像是致病基因引起的。

1993 年，科学家发现普通人的常染色体中携带有两个 *IGF-2* 同源基因，这两个同源基因分别来源于父母，其中父系来源的 *IGF-2* 基因正常表达，而母系来源的 *IGF-2* 基因则在基因印记的作用下被抑制表达。贝威二氏综合征患者体内的母系 *IGF-2* 基因印记丢失，使 *IGF-2* 基因双倍表达，导致了此疾病的发生。

罗素银综合征（Silver-Russell syndrome）也属于基因印记导致的罕见病，这种病与贝威二氏综合征刚好相反，父系的 *IGF-2* 基因也被打上了基因印记，两个 *IGF-2* 基因都不表达，导致患者生长迟缓、体型矮小。

此外，还有多种罕见病、精神疾病、癌症都是基因印记引起的。这类基因印记相关疾病目前仍难以根治，但如果基因印记相关技术足够发达，便可去除或者添加基因印记，把患者异常的基因印记调整到正常状态，让患者彻底康复。

虽然孤雄生殖技术仍不完美，但它的副产物——基因印记去除技术在临床上却大有前途。在科研路上，有时不需要对既定目标过于执着，多留意一下工作中的种种小发现，也许这背后隐藏着大惊喜。

在生物世界里，生存的核心意义就是基因的传递，性是这个传递的核心要素之一。我们对性的研究逐步深入，开始理解其复杂现象的本质恰是外界环境在基因层面的映射：生命本无性，演化自扰之。

参考文献

1. Solter D.. Differential imprinting and expression of maternal and paternal genomes[J]. *Annu Rev Genet*. 1988, 22: 127–46.
2. Kono T., Obata Y., Wu Q., et al. Birth of parthenogenetic mice that can develop to adulthood[J]. *Nature*. 2004 Apr 22, 428 (6985): 860–4.
3. Li W., Shuai L., Wan H., et al. Androgenetic haploid embryonic stem cells produce live transgenic mice[J]. *Nature*. 2012 Oct 18, 490 (7420): 407–11.

4. Li Z.K., Wang L.Y., Wang L.B., et al. Generation of Bimaternal and Bipaternal Mice from Hypomethylated Haploid ESCs with Imprinting Region Deletions[J]. *Cell Stem Cell*. 2018 Nov 1, 23 (5): 665–676. e4.

5. Shuman C., Beckwith J.B., Weksberg R.. Beckwith-Wiedemann Syndrome. SourceGeneReviews® [Internet]. Seattle (WA): University of Washington, Seattle; 1993–2019.

免疫疗法是天使还是魔鬼？

2016 年 4 月 12 日，身患滑膜肉瘤晚期的大学生魏则西在接受 4 次免疫治疗（immunotherapy）后因肿瘤转移离世。除了惋惜一个年轻生命的离去，世人也纷纷谴责对魏则西进行免疫治疗的某医疗机构——这种疗法对他并不见效，而魏则西生前因为听信该机构的宣传，花费重金和宝贵时间接受这种免疫治疗，错过了宝贵的治疗时机。“免疫治疗”在国内一时也声名大损。

时隔两年，2018 年的诺贝尔生理学或医学奖颁给了美国免疫学家詹姆斯·艾利森（James Alison）和日本免疫学家本庶佑，表彰他们在肿瘤免疫治疗领域的研究成果。

这一消息让不少人都困惑不解：不是说免疫治疗没用吗？为何诺贝尔奖会青睐于它？免疫治疗到底有没有用？

免疫疗法究竟是什么

从理论上说，人体细胞在基因变异成为肿瘤细胞之时，免疫系统就应及时对其进行识别、杀伤。然而肿瘤细胞很狡猾，能合成一些特殊抗原，逃过免疫系统的追杀。而免疫疗法正是增强免疫系统识别和杀伤肿瘤细胞的能力，使那些肿瘤细胞再也无法逃脱，纷纷被免疫系统消灭，从而达到“不药而愈”的效果。

放眼现代的各种肿瘤治疗方法，手术切除肿瘤组织容易留下“漏网之鱼”，难以完全清除体内肿瘤细胞；化疗、放疗对患者身体伤害较大，会引起患者的不良反应；靶向药物治疗的效果因人而异，只对部分患者有效。而且，化疗、放疗、药物治疗都容易让肿瘤细胞产生耐药性，导致后续治疗效果不佳。而免疫治疗并不直接作用于肿瘤细胞，而是增强患者自身免疫系统清除肿瘤细胞的能力，疗效持久且稳定。免疫治疗可能产生的副作用为疲劳、虚弱，以及由免疫过激造成的自身免疫性疾病，但总体而言，其副作用更小、更温和。

免疫治疗的思路最早可以追溯到 1893 年，美国医生威廉 · 科利（William Coley）发现一名男性肉瘤患者在感染化脓性链球菌后，肿瘤竟然奇迹般地消失。他推测是人体被细菌感染后引发的免疫反应，把肿瘤细胞也一起清除了。后来，他又陆续发现了一些其他类似的病例，证明这是一条治疗肿瘤的可行之道。于是，科利用灭活的化脓性链球菌和黏质沙雷氏菌配制成混合菌液，治愈了多名肉瘤患者，这种菌液被称为科利毒素（Coley’s Toxins）。然而，因为科利并不能准确解释免疫反应清除肿瘤的机理，加上科利毒素效果不稳定、治愈率不够理想，这种疗法受到医学界的质疑。而到了 20 世纪 40 年代，随着化疗和放疗的兴起，这种被视为“伪科学”的疗法便被打入冷宫。

如果说效果显著的化疗和放疗技术是肿瘤研究史上的第一次革命性突破，那第二次突破便是 2000 年前后靶向药物的应用。靶向药物只对肿瘤细胞进行特异性杀伤，不损害正常细胞，比化疗和放疗更为安全、温和。而第三次突破，便是免疫疗法的兴起。从冷门“伪科学”到热门研究，免疫疗法的逆袭应归功于在这一领域苦心孤诣钻研多年的科学家。

诺奖得主的薪火相传

诺奖得主之一詹姆斯·艾利森于1996年发现，用抗体阻断T细胞表面CTLA-4受体的作用可以抑制小鼠的肿瘤。细胞表面的CTLA-4、PD-1、PD-L1等蛋白可以抑制免疫反应，避免过度的免疫反应损害正常细胞，因此被称为免疫检查点（immune checkpoints）。艾利森将阻断免疫检查点、增强免疫系统杀灭肿瘤能力的方法称为免疫检查点阻断。

医药公司很快便认识到这一研究的巨大临床潜力，CTLA-4抑制剂的专利早在1999年时便被医药公司收购，但直到2011年CTLA-4抑制剂才被批准上市，这也是第一款规范化生产的免疫治疗药物。此药获批上市前的临床试验，则是由研究免疫治疗的科学家杰德·沃夏克（Jedd Wolchok）主持，而沃夏克的导师，正是威廉·科利的女儿海伦·科利（Helen Coley）多年的科研搭档兼好友。从科利毒素到正规药物，免疫治疗终于在时隔数十年后得到了医学界的正式承认。

而另一位诺奖得主本庶佑，1992年便发现了能抑制T细胞免疫作用的PD-1蛋白，但此研究在当时并未引起重视。1999年，华裔科学家陈列平发现了PD-1的配体蛋白PD-L1。对PD-1或者PD-L1进行抑制，便能达到清除肿瘤细胞的目的。继CTLA-4抑制剂投入临床之后，用于治疗肿瘤的 PD-1 抑制剂也于 2014 年获批上市。更让人欣喜的是，PD-1 或者 PD-L1 的抑制剂带来的免疫增强效果对艾滋病、阿尔茨海默病等疾病也有治疗效果，用于治疗这些疾病的 PD-1/PD-L1 抑制药物也正在开发中。

在这些杰出科学家的努力下，原本门庭冷落的免疫治疗终于逆袭为肿瘤研究领域的明星，在 2013 年《科学》杂志评选的年度十大科学突破中，免疫治疗居于榜首。而美国前总统卡特所患的恶性黑色素瘤，正是用免疫疗法治愈的。

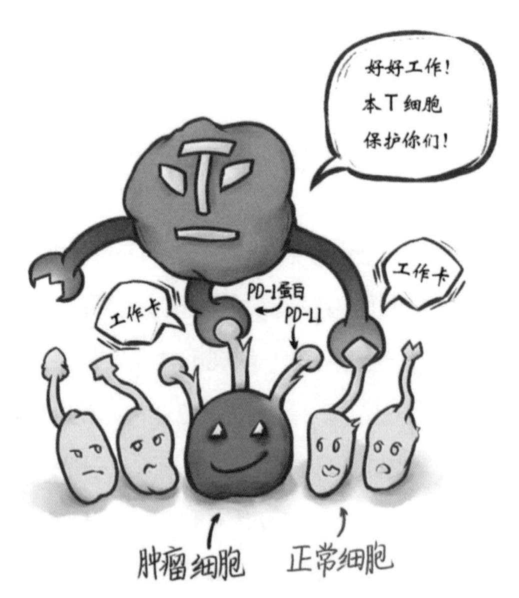

效果图：当 T 细胞的 PD-1 蛋白与肿瘤细胞的 PD-L1 配体结合时，T 细胞便放弃攻击肿瘤细胞　（绘图：傅坤元）

卡特治疗肿瘤时使用的免疫治疗药物为 PD-1 抑制剂，它属于免疫检查点阻断类药物，这种药物的临床使用比较成熟，是目前最热门的免疫治疗药物之一。不少肿瘤细胞表面会表达 PD-L1 蛋白来逃过免疫系统的识别，因为 T 细胞表面也表达 PD-1 蛋白，当 T 细胞的 PD-1 蛋白与肿瘤细胞的 PD-L1 蛋白结合、识别时，T 细胞便会误以为肿瘤细胞是“自己人”，从而放弃对肿瘤细胞的攻击。而 PD-1 抑制剂则会阻止 T 细胞的 PD-1 蛋白与肿瘤细胞的 PD-L1 蛋白结合，使 T 细胞不再心慈手软，对肿瘤细胞大开杀戒。

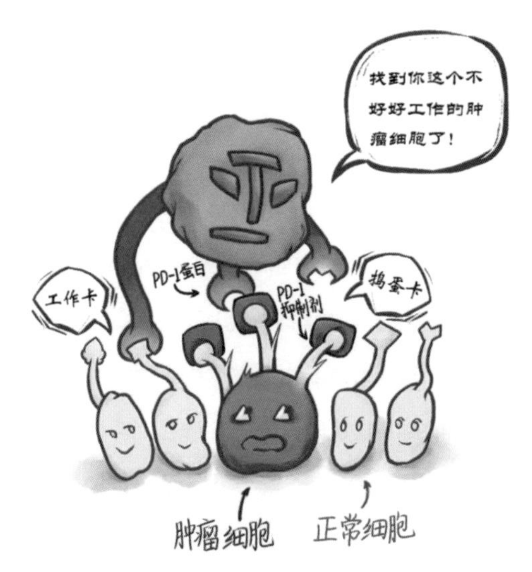

效果图：当抑制剂阻断了肿瘤细胞和 T 细胞的 PD-1/PD-L1 通路后，T 细胞对肿瘤细胞展开识别、攻击　（绘图：傅坤元）

CAR-T 疗法

然而，“放飞自我”的免疫细胞不光攻击肿瘤细胞，还可能不分青红皂白地攻击正常细胞，引发自身免疫性疾病。更理想的方法是增强免疫细胞对肿瘤细胞的识别能力，让它们有针对性地攻击肿瘤细胞，

CAR-T 疗法正是这样的方法。

CAR-T 疗法的全称是 chimeric antigen receptor T-Cell 疗法，又称嵌合抗原受体-T 细胞疗法。该疗法的大致流程是：从患者体内抽取 T 细胞，用基因技术对 T 细胞进行改造，使它们表达能识别肿瘤细胞的嵌合抗体受体，这种经过改造的 T 细胞就是 CAR-T 细胞，再通过体外培养扩增 CAR-T 细胞的数量，将大量 CAR-T 细胞注射回患者体内，对肿瘤细胞进行识别和杀伤。

与之前的其他免疫疗法一样，CAR-T 疗法的发明也是数十年来多名科学家薪火相传的研究成果。最先提出改造 T 细胞治疗肿瘤的是美国国家癌症研究院的外科主任史蒂芬·罗森伯格（Steven Rosenberg）。他从 20 世纪 80 年代开始尝试用白介素 -2（IL-2）刺激患者的 T 细胞大量扩增，从而提高免疫系统杀灭肿瘤细胞的能力，但这种方法只对少数黑色素瘤及肾癌患者有效。1989 年，美国科学家齐利格·伊萨哈（Zelig Eshhar）首次用基因技术制造出 CAR-T 细胞，但这种方法治疗肿瘤的效果也不大理想。后来，医学家卡尔·朱恩（Carl June）改良了 CAR-T 疗法，并于 2011 年将其应用于治疗慢性淋巴细胞白血病。2017 年，朱恩的 CAR-T 疗法获批上市。

CAR-T 疗法对淋巴瘤、白血病等非实体肿瘤均有良好疗效，因为这类肿瘤的肿瘤细胞比较分散，容易受到 CAR-T 细胞攻击。但此疗法对实体瘤作用有限，因为 CAR-T 细胞难以进入肿瘤组织内部起效。目前，CAR-T 疗法能治疗的实体瘤只有肺癌、黑色素瘤、肾癌、卵巢癌、前列腺癌等几种，因为这类肿瘤组织容易被 CAR-T 细胞浸润。现代医学技术正设法让 CAR-T 疗法有更多用武之地，比如 CAR-T 细胞本来难以进入颅腔治疗脑胶质瘤，但通过颅腔注射直接将 CAR-T 细胞注入颅腔中，就可以达到治疗效果。

CAR-T 细胞等人工改造的免疫细胞比免疫检查点阻断类药物更为安全，但也有一些副作用，比如大量 CAR-T 细胞输入体内时会导致免疫系统释放大量炎性细胞因子，引发一系列不良反应。此外，这种方法还可能导致神经毒性和过敏。为此，华人科学家陈思毅和朱军教授研制了副作用更低的 CAR-T 细胞，提高了 CAR-T 疗法的安全性。

魏则西所接受的 DC-CIK 免疫疗法，与 CAR-T 疗法原理类似，都是通过改造免疫细胞来清除肿瘤细胞，只不过这种疗法采用的免疫细胞是 DC 细胞和 CIK 细胞，我国国内尚未批准这种疗法。也就是说，此疗法还处于临床试验阶段，不能用于正规治疗，如有患者愿意作为志愿者试验此疗法，治疗机构也不应对志愿者收取费用。而为魏则西实施这种疗法的某医疗机构，其实并没有施行此疗法的资格，该医疗机构收取高昂医疗费用的行为也违反了临床试验不应收费的原则。更关键的是，魏则西所患的滑膜肉瘤属于实体瘤，就目前技术而言，免疫细胞治疗对这种实体瘤的疗效并不理想。也就是说，魏则西是被没有资质认证的医疗机构实施了不当疗法，才耽误了宝贵的治疗时间。

个性化的新型免疫治疗

免疫检查点阻断法可能伤害体内正常细胞，CAR-T 之类的免疫细胞疗法能治疗的肿瘤种类又有限。在医学家眼里，理想的肿瘤疗法应该对绝大部分肿瘤都适用，而且能对不同的肿瘤进行个性化治疗。因为肿瘤种类极多，光脑部肿瘤就有 100 多种亚型。近年出现的 Neoantigen（新生抗原）疗法，正因满足以上需求而成为医学界的新宠。

肿瘤细胞是正常细胞发生了基因变异所致，基因变异千变万化，肿瘤也种类繁多。每一种肿瘤细胞都会表达一些特异性的抗原蛋白，而且这类蛋白能被免疫细胞所识别，这样的抗原蛋白就叫Neoantigen。

2014 年，一位患有晚期胆管癌的女性患者接受了 Neoantigen 疗法。医生对她体内的肿瘤细胞进行了基因测序，对其中的基因突变和其产生的异常蛋白做了分析，并从浸润到肿瘤组织中的 T 细胞中筛选出能对其中一种异常蛋白进行识别、杀伤的 T 细胞，医生把这种 T 细胞进行扩增培养并输送回患者体内。在接受两次 T 细胞注射后，患者肿瘤完全消失。这样的 T 细胞只对患者体内的肿瘤种类进行杀伤，完全做到了个性化治疗。

等此技术成熟后，还可以根据患者肿瘤细胞表达的 Neoantigen 蛋白，利用类似 CAR-T 的技术来设计对患者 Neoantigen 蛋白有特异性抗原的 T 细胞，让这种 T 细胞有针对性地杀灭患者体内的肿瘤细胞。

如果所患肿瘤属于实体瘤，T 细胞难以进入肿瘤组织，那也没关系，医生可以根据患者的 Neoantigen 蛋白设计多肽疫苗或者 DNA、RNA 疫苗，注射到患者体内，促进患者免疫系统加强对 Neoantigen 蛋白的识别，有针对性地识别、杀伤表达这些 Neoantigen 蛋白的肿瘤细胞。

2017 年，德国和美国的科学家分别用 RNA 疫苗和多肽疫苗治愈了黑色素瘤患者。值得一提的是，部分患者就是采取了疫苗和 PD-1 阻断药物联用的疗法，这说明治疗肿瘤时可以多种疗法联用，达到

1+1>2 的效果。

虽然目前 Neoantigen 技术还不太成熟，但该方法具有副作用小、针对性强、适用范围广、持续起效等显而易见的优势，是目前极有潜力的免疫治疗方法。

尽管曾被世人误解，符合生物学规律且精准有效的免疫治疗已经被学术界和医学界承认、应用。随着越来越多产品的上市和成本的下降，这项技术定会造福更多的肿瘤患者。

参考文献

1. Cohen Tervaert J.W., Ye C., Yacyshyn E.. Adverse Events Associated with Immune Checkpoint Blockade[J]. *N Engl JMed*. 2018 Mar 22, 378 (12): 1164–5.
2. Leach D.R., Krummel M.F., Allison J.P.. Enhancement of antitumor immunity by CTLA-4 blockade[J].*Science*. 1996 Mar 22, 271 (5256): 1734–6.
3. Ishida Y1, Agata Y., Shibahara K., et al. Induced expression of PD-1, a novel member of the immunoglobulin gene superfamily, upon programmed cell death[J]. *EMBO* J. 1992 Nov, 11 (11): 3887–95.
4. Dong H., Zhu G., Tamada K., et al. B7-H1, a third member of the B7 family, co-stimulates T-cell proliferation and interleukin-10 secretion[J]. *Nat Med*. 1999 Dec, 5 (12): 1365–9.
5. Gross G., Waks T., Eshhar Z.. Expression of immunoglobulin-T-cell receptor chimeric molecules as functional receptors with antibody-type specificity[J]. *Proc Natl Acad Sci U S A*. 1989 Dec, 86 (24): 10024–8.
6. Kalos M., Levine B.L., Porter D.L., et al. T cells with chimeric antigen

receptors have potent antitumor effects and can establish memory in patients with advanced leukemia[J]. *Sci Transl Med*. 2011 Aug 10, 3 (95): 95ra73.

7. Ying Z., Huang X.F., Xiang X., et al. A safe and potent anti-CD19 CAR T cell therapy[J]. *Nat Med*. 2019 Jun, 25 (6): 947–953.

8. Tran E., Turcotte S., Gros A., et al. Cancer immunotherapy based on mutation-specific CD4+ T cells in a patient with epithelial cancer[J]. *Science*. 2014 May 9, 344 (6184): 641–5.

9. Sahin U., Derhovanessian E., Miller M., et al. Personalized RNA mutanome vaccines mobilize poly-specific therapeutic immunity against cancer[J]. *Nature*. 2017 Jul 13, 547 (7662): 222–226.

10. Ott P.A., Hu Z., Keskin DB, et al. Corrigendum: An immunogenic personal neoantigen vaccine for patients with melanoma[J]. *Nature*. 2018 Mar 14, 555 (7696): 402.

11. Sahin U., T ü reci Ö.. Personalized vaccines for cancer immunotherapy[J]. *Science*. 2018 Mar 23, 359 (6382): 1355–1360.

给生命做一个备份

如果地球即将毁灭，如何让地球上的生命延续下去?《圣经》中挪亚的做法是在灭世洪水到来前建造方舟，将世间所有动物都挑选一雌一雄上方舟避难，等洪水退去后再踏上陆地，让这些动物繁衍后代，不致绝种。

科幻电影《流浪地球》中的“火种计划”与挪亚方舟有异曲同工之妙。地球危在旦夕时，国际空间站“冷藏了 30 万人类受精卵、1 亿颗基础农作物种子，储存着全球的动植物 DNA 图谱，并设有全部人类文明的数字资料库，以确保在新的移民星球重建完整的人类文明”，作为地球生命与文明的备份。假如地球未能逃过这次劫难，国际空间站将是人类延续的希望。

而在现实中，因为环境、气候、人类活动等原因，随时都有物种走向灭绝。据统计，全世界每天有 75 个物种灭绝，每小时有 3 个物种灭绝。为了保存资源，各国科学家也在积极给有价值的物种备份，世界各地的种子库和基因库等机构就承担着这样的使命。

世界各地的种子库

在距离北极点 1 000 公里的挪威斯瓦尔巴群岛山洞中，收藏着来自世界各地的 1 亿粒农作物种子。存放种子的仓库一直保持 −18℃ 的低温，普通农作物的种子在这种状态下能保存 1 000 年，而高粱等生命力强的农作物种子，甚至能保存上万年。仓库墙壁为 1 米厚的混凝土，从大门到仓库内部要经过 5 道防爆门，安全性极强，就连地震、核武器、冰山融化造成的海平面上升，都难以对仓库造成损害。

末日种子库　（摄影：李宁）

这座种子仓库落成于 2008 年，被世人称为末日种子库（“Doomsday” Seed Vault），是全球最大、最安全的种子库，因为其中涵盖了世界各地 4 000 多种农作物品种，又被誉为“植物挪亚方舟”。虽然不少国家都有自己的种子库，但各国还是愿意在更为安全的末日种子库里多保存一份种子，在本国种子库因为战乱、自然灾害被毁时，还能动用末日种子库的储备，使本国农业不致瘫痪。

末日种子库于 2015 年首次接收到提取种子备份的申请，这一申请来自战火纷飞的叙利亚。叙利亚阿勒波市的植物种子库在战争中失去了所贮存的部分种子，万幸的是，被毁的种子在末日种子库还有备份。因此叙利亚向末日种子库申请提取先前贮存在此的 130 箱种子，这些种子中包含了 11.6 万个样本，令叙利亚农业种质的危机得以消除。

截至 2010 年，世界各地共有 1 750 座种子库，其中年代最久远的是位于俄罗斯圣彼得堡的瓦维洛夫全俄植物科学研究所（All-Russian Vavilov Crop Scientific Research Institute）种子库。从 1916 年起，俄国著名植物学家尼古拉·瓦维洛夫（Nikolay Vavilov）为了解决粮食短缺问题，在全世界范围内考察、搜集各种农作物及可食用野生植物的种子，最终在圣彼得堡建立了世界上第一座种子库。二战期间由于物资匮乏，就职于种子库的十多名科学家都死于饥饿，但他们直到饿死，也没有去吃种子库中的粮食种子。最终，这些宝贵的种子在战乱中得以保存，成为留给后人的宝贵基因资源。

除了已驯化的农作物，野生植物也是重要的基因资源，尤其是一些农作物的野生近缘品种，它们可能携带了抗逆、高产等优质基因，可用于与农作物杂交培育优良的新品种。而一些野生植物中所含的药用物质，比如青蒿素、紫杉醇、奎宁等，更是人类对抗顽疾的希望。这些都是极为宝贵的野生植物资源，能让人类受益无穷。为了获取更多野生植物资源，一些国家还有职业的种子猎人，专门发掘、盗取其他国家有价值的野生植物。

世界最大的野生植物种子库是位于英国皇家植物园——邱园的千

年种子库（The Millennium Seed Bank），它目前保存了来自 50 多个国家和地区的 35 039 种野生植物的种子，占全世界有花植物物种的 10%。而全世界第二大的野生植物种子库则是中国云南省昆明市的西南野生生物种质资源库，此机构不但设立了种子库，还设有植物组织库、DNA 库、微生物种子库、动物种质库等野生生物资源库。

英国千年种子库内部 （摄影：毛倩）

而为种子库收集种子的植物学家们，每年远行数万公里，在荒无人烟的原始森林、高山荒野中采集样本，饱受风吹日晒，只为寻求一颗有价值的野生种子。我国植物学家钟扬一生在青藏高原行走 50 多万公里，采集了 4 000 多万颗种子，坚信“一个基因可以为一个国家带来希望，一粒种子可以造福万千苍生”。

国家基因库

但从科学角度来说，种子库远远不能满足保存动植物资源的需要，更方便、有效的做法是把所有生物的遗传信息都存储下来，现代科技已经能人工合成染色体，只要知道灭绝生物的 DNA 序列，便有望合成该生物的染色体，通过克隆技术使此生物复活。这也是《流浪地球》里空间站要储存全球动植物 DNA 图谱的原因。

储存生物遗传信息的地方，便是基因库。目前全世界共有 4 座基因库，分别是美国国立生物技术信息中心（National Center for Biotechnology Information，NCBI）、欧洲生物信息研究所（EMBL-European Bioinformatics Institute，EMBL-EBI）、日本 DNA 数据库 (DNA Data Bank of Japan，DDBJ) 和中国国家基因库（China National GeneBank，CNGB）。中国国家基因库落成于 2016 年 9 月 22 日，在深圳市大鹏新区观音山脚下依山而建，造型酷似巨大的梯田，是目前全世界最大的基因库。

（夜幕中的中国国家基因库　　摄影：莫奥阮）

与其他基因库不同的是，位于深圳的中国国家基因库不光储存生物遗传信息数据，更是一个综合性的基因库，已初步建成“三库两平台”的业务结构和功能。“三库”由生物样本资源库、生物信息数据库和动植物资源活体库组成，建立了样本、数据、生命体“存”的能力；“两平台”为数字化平台、合成与编辑平台，建立了“读”与“写”的能力。

其中，生物样本资源库已建设成为高通量、低成本、自动化的综合性生物样本库，拥有千万级可溯源、高质量样本的存储能力；生物信息数据库已建设成为高效、安全的生命科学领域信息数据分析平台，数据存储能力达 88Pb，计算能力 691 万亿次 / 秒；动植物资源活体库致力于建设数字化的生物多样性基地和生物资源库。数字化平台已建设成为全球领先的基因组“读”平台，成为国产化、Pb 级基因组数据产出中心，数据产出能力达到 20Pb/ 年，相当于一年 20 万人全基因组的产出规模；合成与编辑平台搭建了全球领先的基因组“写”平台，曾参与著名的人工合成酵母基因组计划，目前已形成千万碱基 / 年的合成能力。

永存才能永生，DNA 样本和数据的储存让濒危的物种摆脱灭绝的危机，让已经灭绝的物种有望重返世间。

中国国家基因库一楼的猛犸象雕塑上写着“永存 永生” （摄影：莫奥阮）

太空基因库

万一有一天，《流浪地球》中的世界末日成为现实，地球上的一切都不复存在，生命还能否延续下去？为了在末日来临时保留生命的种子，人类实施了太空基因库计划，这个计划和《流浪地球》中的“火种计划”极为相似——将人类与动植物的 DNA 样本发射到太空，将地球生命的备份储存在太空之中，以逃过浩劫、等待复活的机会。这是地球末日时保存生物 DNA 的最后希望。

太空的低温、真空环境有利于生物 DNA 的长期保存，而装载生物 DNA 的密封容器可以隔绝太空的各种辐射和外界撞击造成的瞬时高温，能最大程度地保证 DNA 的安全性。即使千万年后 DNA 因年代久远而降解，也会有一些降解的 DNA 片段漂到宇宙中某个环境合适的星球，在机缘巧合之下演化出新的生命，成为该星球的生命起源。

最早的“火种计划”实施者，当属御风资本董事长冯仑。他于 2018 年 2 月 2 日通过长征二号丁火箭发射了风马牛一号卫星，这是国内第一颗私人卫星，也是全世界第一颗全景卫星。除了配备能呈现 360 度太空高清照片的 4K 高清全景摄像头，风马牛一号卫星还携带童声合唱版《千字文》，将中华五千年的文明记录在浩瀚的宇宙中。随后，冯仑及其合作伙伴们又于 2018 年 10 月 25 日发起了世界首个人类太空基因库项目，通过长征四号系列火箭将太空基因库 DSB-01 号发送到太空。太空基因库 DSB-01 号中装载了 8 名志愿者的人类基因冻干粉末，以研究太空环境对人类基因存储的真实影响，同时研制抵御宇宙辐照和高能离子的基因存储装置，在太空中永久保存人类基因，为人类在未来的星际移民以及基因再生提供有力支撑。这也是第一批进入太空存储的人类基因，在人类的生命科学研究和太空探索史上具有里程碑式的意义。

当然，太空基因库光有人类基因还远远不够。2018 年 12 月 22 日，中国长征十一号运载火箭将人类和 21 种动植物的 DNA 样本送入太空，进入距地面高度约 1 000 公里的宇宙空间轨道，实现人类和动植物 DNA 样本的在轨长期保存。此计划被称为“无尽之门太空基因库”计划。值得一提的是，这批进入太空的人类 DNA 样本中就有《流浪地球》原著作者刘慈欣的 DNA。根据美国公布的标准大气模型（1976），在地表 1 000 公里以上的轨道中，宇宙空间达到了极高真空状态（分子数密度小于 10^{11} 个分子 / 立方米），在 1 000 公里轨道背阳面温度低到 2K~3K（开尔文温度），很好地维持了真空、低温的环境，有利于 DNA 的长期保存。装载 DNA 样本的容器仓将在轨道中运行 776 年，以它目前的运行速度，在它陨落之时，走过的里程差不多是万分之一光年。

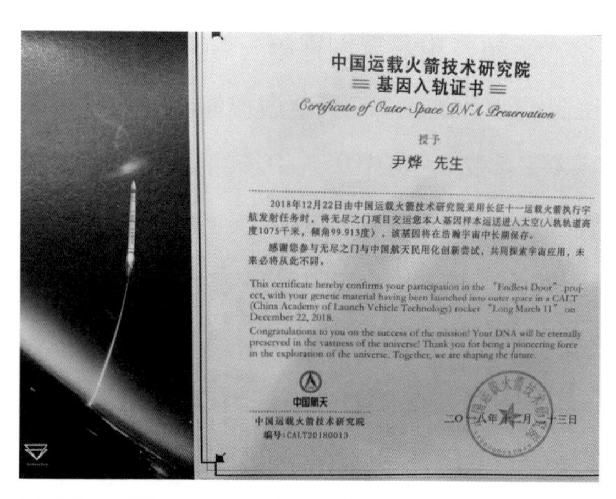

中国运载火箭技术研究院

≡ 基因入轨证书 ≡

Certificate of Outer Space DNA Preservation

授予

尹烨　先生

2018年12月22日由中国运载火箭技术研究院采用长征十一运载火箭执行宇航发射任务时，将无尽之门项目交运您本人基因样本运送进入太空(入轨轨道高度1075千米，倾角99.913度)，该基因将在浩瀚宇宙中长期保存。

感谢您参与无尽之门与中国航天民用化创新尝试，共同探索宇宙应用，未来必将从此不同。

This certificate hereby confirms your participation in the "Endless Door" project, with your genetic material having been launched into outer space in a CALT (China Academy of Launch Vehicle Technology) rocket "Long March 11" on December 22, 2018.

Congratulations to you on the success of the mission! Your DNA will be eternally preserved in the vastness of the universe! Thank you for being a pioneering force in the exploration of the universe. Together, we are shaping the future.

中国航天

中国运载火箭技术研究院

编号：CALT20180013

二〇一八年十二月二十三日

尹烨参与“无尽之门太空基因库”计划时的基因入轨证书

“太空基因库”已经从科幻走进现实，让地球生命的延续有了更多的可能。给生命做一个备份，保留生命火种，也是人类对自己、对地球其他生灵的长远保障。

参考文献

1. 美惠 . 珍稀物种失而复现 [J]. 知识就是力量 . 2012, 7: 30–32.
2. 芦笛 . 中国对英国邱园的千年种子库计划的贡献 [J]. 生物灾害科学 . 2013, 1: 121–126.
3. 刘建华 . 揭秘国家基因库 [J]. 小康 . 2016, 11: 77–79.
4. 马虎振 . 专访：人类和珍稀动植物基因样本被送往太空保存，专家说——太空基因库计划是蛮有意思的探索 [N]. 华商报 . 2019-03-18.

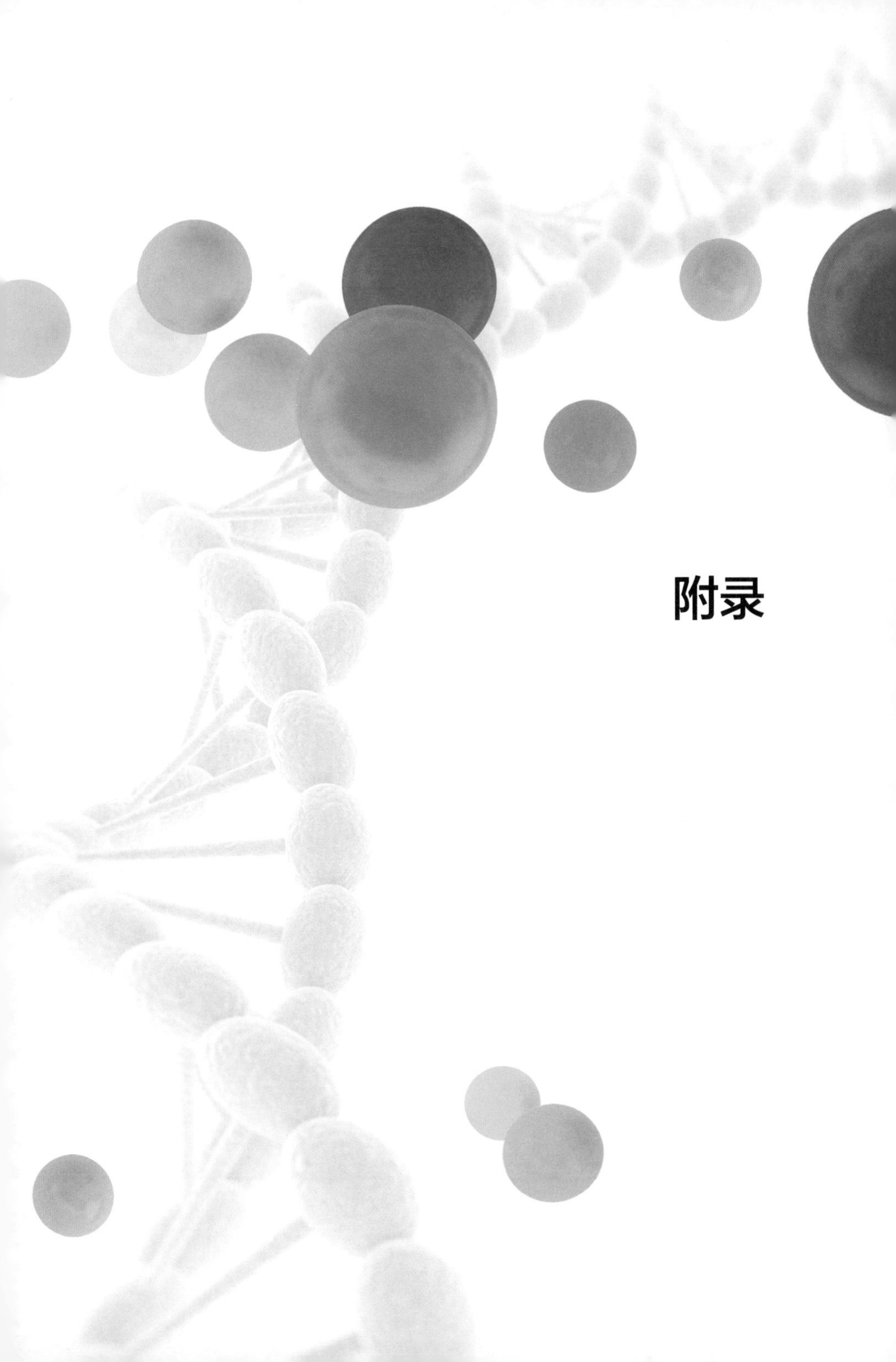

附录

生命周期表

发表时间	物种中文名	基因组大小（Mb）
1998.12	秀丽隐杆线虫	97
2000.03	黑腹果蝇	180
2000.12	拟南芥	125
2001.02	人类基因组	3 000
2002.04	水稻（9311 框架图）☆	466
	水稻（日本晴）	420
2002.08	红鳍东方鲀	333
2002.10	冈比亚按蚊	278
2002.12	玻璃海鞘	150
	小家鼠	2 493
2004.04	褐鼠	2 750
2004.10	绿河豚	342
2004.12	灰原鸡	1 050
	家蚕☆	429
2005.01	拟暗果蝇	139
2005.02	水稻（9311 精细图）☆	466
2005.07	克氏锥虫	67
2005.09	黑猩猩	2 700
2005.12	斗拳狗	2 385

注：本表中数据来源于 NCBI（https://www.ncbi.nlm.nih.gov/pubmed/），所展示的基因组大小均为科研文章中报道的实际组装得到的结果，标注☆代表华大基因参与。

发表时间	物种中文名	基因组大小（Mb）
2006.09	毛果杨	410
2006.10	意蜂	236
2006.11	海胆	814
2007.01	衣藻	130
2007.04	恒河猴	2 870
	姥鲨	793
2007.05	灰色短尾负鼠	3 475
2007.06	青鳉鱼	700
	埃及伊蚊	1 376
2007.07	新星海葵	357
2007.09	马来布鲁线虫	90
	葡萄	490
2007.11	猫	2 700
2008.01	小立碗藓☆	480
2008.04	赤拟谷盗	160
	番木瓜	370
2008.05	鸭嘴兽	1 840
	百脉根	472
2008.06	文昌鱼	520
2008.08	根结线虫	86
	丝盘虫	98
2008.11	三角褐指藻	27.4
	古猛犸象	3 300
2009.01	高粱	798
2009.04	牛	2 870
2009.07	裂吸虫	360
	血吸虫	397

发表时间	物种中文名	基因组大小（Mb）
2009.11	黄瓜☆	350
	马☆	2 700
	玉米☆	2 300
2009.12	熊猫☆	2 250
2010.01	大豆	1 100
	金小蜂	295
2010.02	二穗短柄草	260
	豌豆蚜	464
2010.03	水螅	1 050
2010.04	斑胸草雀	1 200
	非洲爪蟾	1 700
2010.06	长囊水云（丝状褐藻）	196
2010.07	人类体虱	110
	团藻	138
2010.09	蓖麻	350
	海绵	190
	佛罗里达弓背蚁☆	240
	海绵	190
	印度跳蚁☆	330
2010.09	苹果	742
	火鸡	917
	小球藻	46
2010.10	致倦库蚊	540
2010.11	异体住囊虫	148
2010.12	可可	474
	麻风树	410
	森林草莓	240

发表时间	物种中文名	基因组大小（Mb）
2010.12	野生大豆☆	915
2011.01	苏门答腊猩猩	3 080
2011.02	褐潮藻类	57
	大头切叶蚁	300
	水蚤	200
	旋毛虫	64
2011.04	阿根廷蚁	216
	红色收割蚁	235
	火蚁	353
2011.05	卷柏	213
	琴叶拟南芥	207
	枣椰树	685
2011.06	袋獾	3 170
	顶切叶蚁☆	313
2011.07	马铃薯☆	727
	缅甸蟒	1 400
	指形轴孔珊瑚	419
	中国仓鼠☆	2 450
2011.08	白菜☆	485
	条叶蓝芥	140
	尤金袋鼠	2 900
	绿安乐蜥	1 780
	大西洋鳕鱼	830
2011.10	印度大麻	534
	裸鼹鼠☆	2600
	食蟹猴☆	2 850
	莹鼠耳蝠（棕色鼠耳蝠）	2 000

发表时间	物种中文名	基因组大小（Mb）
2011.10	中国恒河猴☆	2 840
	中华肝吸虫	516
	猪蛔虫☆	272
2011.11	蒺藜苜蓿	500
	帝王斑蝶	273
	二斑叶螨（棉红蜘蛛）	90
	木豆☆	606
2011.12	鲶鱼	1 000
	夜狐猴	3 000
2012.01	埃及血吸虫☆	385
	暹罗鳄	2 500
2012.02	蓝载藻（灰胞藻门）	70
2012.03	大猩猩	3 040
2012.04	马氏珠母贝	1 029
	三刺鱼	463
2012.05	番茄☆	900
	印度牛	2 670
	谷子☆	400
2012.06	倭黑猩猩	2 700
2012.07	甜瓜	450
	亚麻☆	373
	盐芥☆	260
	北极熊	2 530
	红带袖蝶	269
	虎皮鹦鹉☆	1 200
	牦牛☆	2 657
2012.08	雷蒙德氏棉（棉花D）☆	775

发表时间	物种中文名	基因组大小（Mb）
2012.08	间日疟原虫	29
	食蟹猴疟原虫	26
	小果野蕉	472
	勇地雀☆	1 070
2012.09	牡蛎☆	559
2012.10	大麦	5 100
	姬鹟	1 130
	毛里求斯果蝇	150
2012.11	梨☆	527
	甜橙	367
	西瓜☆	425
	家猪☆	2 600
	骆驼	2 380
	双峰驼	2 380
	五指山猪☆	2 600
	小麦	17 000
2012.12	雷蒙德氏棉（棉花 D）	761
	家山羊☆	2 920
	梅☆	280
2013.01	鹰嘴豆☆	738
	淡水水蛭	228
	鸽子☆	1 300
	海蠕虫	324
	黑狐蝠☆	1 986
	大卫鼠耳蝠☆	2 060
	帽贝	348
2013.02	白梨	512

发表时间	物种中文名	基因组大小（Mb）
2013.02	毛竹☆	2 050
	树鼩	2 860
	小菜蛾☆	343
	中国树鼩☆	3 200
	橡胶树	2 150
2013.03	短花药野生稻☆	342
	小麦A（野生一粒小麦）☆	4 940
	小麦D（节节麦、粗山羊草）☆	4 360
	地山雀☆	1 100
	山松甲虫	204
	西部锦龟	2 590
	游隼☆	1 200
	月光鱼	750
2013.04	斑马鱼	1 412
	七鳃鳗	816
	腔棘鱼	2 860
2013.05	欧洲云杉	12 000
	桃	225
	藏羚羊☆	2 699
	绯红金刚鹦鹉	1 205
	猎隼☆	1 178
	中国古代莲	804
2013.06	海洋球石藻	141
	丝叶狸藻	82
	沼桦	450
	北京鸭☆	1 200
	达林按蚊	174

发表时间	物种中文名	基因组大小（Mb）
2013.06	古马☆	2 700
	绿海龟☆	2 240
	太平洋蓝鳍金枪鱼	740
	野鸭	1 100
	中华鳖☆	2 210
2013.07	虫黄藻	1 500
	地山雀	1 080
	蛭形轮虫	244
	油棕	1 535
2013.08	莲☆	879
	枣椰树	671
	醉蝶花☆	290
	布氏鼠耳蝠☆	2 180
	捻转血矛线虫	320
	扬子鳄☆	2 300
	中国仓鼠	2 330
2013.09	桑树☆	357
	细粒棘球绦虫	151
	东北虎☆	2 400
2013.10	猕猴桃	758
	白鱀豚☆	2 530
	东亚钳蝎	1 129
	黄毛果蝠☆	1 800
	马铁菊头蝠☆	1 900
	帕氏髯蝠☆	1 900
	小须鲸☆	2 432
	印度假吸血蝠☆	1 700

发表时间	物种中文名	基因组大小（Mb）
2013.11	胡杨☆	497
	栽培草莓	692
	中国莲	792
2013.12	甜菜	731
	淡海栉水母	156
	缅甸蟒蛇	1 440
	眼镜王蛇	1 450
	无油樟	706
	香石竹（康乃馨）	622
2014.01	辣椒☆	3 060
	飞蝗☆	6 500
	姥鲨	937
	美洲钩虫	244
	有孔虫	320
2014.02	紫背浮萍	158
	半滑舌鳎☆	477
	行军蚁☆	214
2014.03	火炬松	22 000
	隧蜂☆	416
	芝麻☆	274
2014.04	刺舌采采蝇	366
	虹鳟鱼	1 900
	榕小蜂☆	294
2014.05	甘蓝☆	630
	萝卜	402
	树棉（亚洲棉，棉花 A）☆	1 750
	烟草	3 700

发表时间	物种中文名	基因组大小（Mb）
2014.05	白膝头蜘蛛☆	6 500
	北极熊☆	2 410
	淡海栉水母	156
	蒙古马	2 380
	丝绒蜘蛛☆	2 550
2014.06	菜豆	587
	巨桉树	640
	栽培柑橘（柑橘酸橙杂交种）	301
	盲鼹形鼠☆	3060
	美洲大鲵	55 000
	绵羊☆	2 610
	鞭虫（雌）☆	76
	鞭虫（雄）☆	81
	电鳗	533
	乌鸦	1 260
2014.07	簸箕柳	425
	非洲稻	316
	小麦 B(斯贝尔托山羊草)	6 274
	野生大豆☆	1 170
	虎皮鹦鹉☆	1 200
	普通狨猴	2 260
	泰国肝吸虫☆	634.5
	野生番茄（LA716）	1 200
2014.08	甘蓝型油菜☆	1 130
	家猫	3 100
	南极蠓	99
	达马拉兰鼹鼠☆	2 510

发表时间	物种中文名	基因组大小（Mb）
2014.08	网蛱蝶	393
2014.09	咖啡	710
	鲤鱼	1 830
	茄子	1 127
2014.10	木薯	742
	枣☆	444
	单峰驼☆	2 010
	双峰驼☆	2 010
	羊驼☆	2 050
2014.11	蝴蝶兰☆	1 160
	绿豆	543
	啤酒花	2 570
	家猫	2 350
	川金丝猴	3 050
	大黄鱼☆	728
	革首南极鱼	637
	蜈蚣	290
	雪貂	2 410
2014.12	阿德利企鹅☆	1 230
	安氏蜂鸟☆	1 100
	白喉共鸟☆	1 050
	白头海雕☆	1 260
	白尾海雕☆	1 140
	白尾鹲☆	1 160
	斑尾非洲咬鹃☆	1 080
	斑胸鼠鸟☆	1 080
	暴雪鹱☆	1 140

发表时间	物种中文名	基因组大小（Mb）
	仓鸮☆	1 140
	刺鹩☆	1 050
	大弹涂鱼	966
	大杜鹃☆	1 150
	弹涂鱼☆	966
	稻飞虱☆	1 200
	帝企鹅☆	1 260
	短嘴鸦☆	1 100
	非洲鸵鸟☆	1 230
	凤头䴙䴘☆	1 150
	褐拟鹑☆	1 100
	红蜂虎☆	1 060
	红冠蕉鹃☆	1 170
2014.12	红喉潜鸟☆	1 150
	红头美洲鹫☆	1 170
	红腿叫鹤☆	1 150
	黄喉沙鸡☆	1 070
	灰冠鹤☆	1 140
	金领娇鹟☆	1 120
	鹃三宝鸟☆	1 150
	卷羽鹈鹕☆	1 170
	卡氏夜鹰☆	1 150
	马来犀鸟☆	1 080
	美国短吻鳄☆	2 180
	美洲火烈鸟☆	1 140
	普通鸬鹚☆	1 150
	日鳽☆	1 100

发表时间	物种中文名	基因组大小（Mb）
2014.12	绒啄木鸟☆	1 170
	麝雉☆	1 140
	食鱼鳄☆	2 880
	双领鸻☆	1 200
	文昌鱼	416
	咸水鳄☆	2 120
	小白鹭☆	1 200
	亚洲波斑鸨☆	1 090
	烟囱褐雨燕☆	1 100
	中地雀☆	1 070
	朱鹮☆	1 170
	啄羊鹦鹉☆	1 140
2015.01	报春花	479
	青稞☆	4 500
	海象	2 400
	东方蜜蜂	238
	弓头鲸	2 870
	虎鲸	2 373
2015.02	犬弓蛔虫☆	317
2015.03	麻疯树☆	320.5
	高山倭蛙☆	2 300
	虎纹凤蝶	376
2015.04	海带	537
	陆地棉（南京农大）	2 430
	陆地棉（中科院）☆	2 430
	牛耳草☆	1 690
	长春花	738

发表时间	物种中文名	基因组大小（Mb）
2015.04	陆地棉	2 430
	大黄蜂	249
	大黄鱼☆	689
	大猩猩	3 080
	金丝雀	1 200
	科民茄	830
	山地大猩猩	3 000
2015.05	圣罗勒	386
	草鱼（雌）	900
	草鱼（雄）	1 070
	鹅☆	1 120
	锡兰钩虫	313
2015.06	铁皮石斛☆	1 350
	野山羊☆	2 828
2015.07	辣木☆	289
	几维鸟	1 590
	咖啡螟虫	163
2015.08	茭白☆	604
	蓝眼黑狐猴	2 680
	章鱼	2 700
	罗勒	374
2015.09	海岛棉	2 470
	黑麦草	2 000
	海豆芽	425
	扁虫	700
	柑橘凤蝶☆	281
	家驴	2 360

发表时间	物种中文名	基因组大小（Mb）
2015.09	金凤蝶☆	244
	亚洲虎蚊（白纹伊蚊）☆	1 970
2015.10	蛋白核小球藻	56.8
	小豆☆	466.7
2015.11	菠萝	382
	浮萍	481
	壁虎☆	2 520
	大鼻子橡虫	1 230
	多疣壁虎	2 550
	囊舌虫	1 230
	水熊虫	212.3
	复活草	245
	红车轴草	420
	甲藻☆	1 180
2015.12	丹参	641
	红花苜蓿	430
	非洲猎豹☆	2 380
	非洲青鳉	1 000
	长雄野生稻	347
2016.01	大叶藻	202
	安水金线鲃☆	1 676
	大山雀	1 000
	铁皮石斛☆	1 010
	滇池金线鲃☆	1 754
	犀角金线鲃☆	1 731
2016.02	菜豆	549.6
	花生 A ☆	1 250

发表时间	物种中文名	基因组大小（Mb）
2016.02	臭虫	650
	鹿蜱	2 100
	花生 B ☆	1 560
2016.03	斑雀鳝	945
2016.04	鲑鱼（三文鱼）☆	2 970
	荞麦	1 200
2016.05	矮牵牛☆	1 400
	胡萝卜☆	473
	水熊虫	135
	长颈鹿	2 900
	木薯	583
	橡胶树	1 370
2016.06	丹参	538
	中华绒螯蟹☆	1 120
2016.07	红花	866
	滇金丝猴	3 520
	藜麦	1 390
	玛卡	743
2016.08	苹果	632
	斑点叉尾鮰☆	845
	油橄榄	1 380
2016.09	芥菜☆	922
	紫萍	158
	杜洛克猪	2 600
	翻车鱼☆	642
	牛肉绦虫	169
	水熊虫	56

发表时间	物种中文名	基因组大小（Mb）
2016.09	亚洲带绦虫	168
	烟草天蛾	419
2016.10	豇豆	620
	碎米荠	198
	黑丽蝇（雄）	534
	五步蛇☆	1 470
	眼镜猴	3 400
	非洲爪蟾	2 200
	黑丽蝇（雌）	550
	远东豹	2 580
2016.11	罗汉果	420
	牵牛花	750
	银杏☆	10 608
	鸡☆	1 210
	流苏鹬☆	1 250
	玉米☆	2 100
2016.12	红枣（骏枣）	350
	欧洲白蜡树	877
	海马☆	501
	牙鲆☆	535
	亚洲长角天牛	710
	水稻	384
2017.01	甘草	379
	小麦 D（节节麦、粗山羊草）	4 250
	圆柱拟脆杆藻	61
	大额牛☆	2 850
	大西洋鳕鱼	832

发表时间	物种中文名	基因组大小（Mb）
2017.01	大熊猫	2 429
	小熊猫	2 343
2017.02	薄荷	353
	苦瓜	286
	藜麦及其二倍体祖先种	1 390
	欧薄荷	353
	土瓶草☆	1 610
	橡胶树	1 260
	大银鱼☆	536
	梅氏热厉螨	660
	三日疟原虫	33.6
	线纹海马☆	489
	樱桃	380
2017.03	黄麻	445
	龙眼☆	472
	田七	2 000
	维柯萨	296
	窄叶羽扇豆☆	609
	甘薯粉虱☆	658
	欧洲野牛☆	2 580
	山羊	2 630
	皱纹盘鲍	1 800
	长蒴黄麻	410
2017.04	菠菜	996
	茶树（云抗 10 号）	3 020
	大麦☆	4 790
	普洱茶	3 020

发表时间	物种中文名	基因组大小（Mb）
2017.04	生菜	2 500
	莴苣☆	2 380
	埃及伊蚊	1 300
	菲律宾偏顶蛤	2 380
	棘冠海星	384
	深海贻贝	1 640
	乌鳢☆	615
	虾夷扇贝	1 430
	致倦库蚊	540
	柚子	345
2017.05	博落回	378
	垂枝桦	440
	大花红景天☆	344.5
	光滑双脐螺	916
	金色天鹅绒蜘蛛	2 440
	美国短吻鳄☆	2 160
	欧洲白桦	435
	沙漠陆龟	2 350
	团头鲂☆	1 120
	山药	594
	水稻（蜀恢498）	420
	向日葵	3 000
2017.06	短莛飞蓬（灯盏草）	1 200
	郊狼烟草	2 370
	苹果	651
	白符跳	221.7
	三七	1 850

发表时间	物种中文名	基因组大小（Mb）
2017.06	野生二粒小麦	10 100
	野生烟草	2 500
	玉米☆	2 300
2017.07	美洲豹	2 400
	沙鼠☆	2 380
2017.08	杜鹃花☆	695
	甘薯（番薯）	836
	苦荞	489.3
	橡胶草	1 290
	油菜☆	1 130
	紫菜（单倍）	87.7
2017.09	榴莲	738
	深圳拟兰	349
	石榴☆	357
	野生油橄榄☆	1 480
	斜纹夜蛾☆	438
	印度水牛	2 830
	中国南瓜	269
	珍珠粟（御谷）☆	1 790
2017.10	薄荷	400
	地钱	226
	青稞	4 840
	人参	3 500
	椰子（海南高种椰子）☆	2 420
	野生番茄（LYC1722）	1 120
2017.11	粗山羊草（小麦 D）	4 460
	六倍体小麦（中国春）	15 340

发表时间	物种中文名	基因组大小（Mb）
2017.11	芦笋☆	1 300
	马可波罗盘羊	2 710
	北美旅鸽	1 300
	丛林斜眼褐蝶	475
	灰飞虱	541
	山蚕	656
	驯鹿	2 500
	萤火虫（胸窗萤）	760
	珍珠贝	990
	栉孔扇贝	779
2017.12	胡桃	667
	北斗七星萤火虫	422
	袋狼	3 160
	磕头虫	422
	绿脉菜粉蝶	299
	白鲸	2 320
	伊比利亚有肋蝾螈	20 000
2018.01	买麻藤	4 110
	小立碗藓☆	480
	松异舟蛾	537
	眼斑双锯鱼（黑白公子小丑鱼）	967
	果蝇	144
	美西蝾螈	32 000
	真涡虫	782
2018.02	黑树莓	237
	干材白蚁☆	1 300
	黑腹果蝇	144

发表时间	物种中文名	基因组大小（Mb）
2018.02	麋鹿☆	2 520
	德国小蠊☆	2 000
	普通吸血蝙蝠☆	2 000
	芫菁	270 308
2018.03	杜仲	1 180
	三带双锯鱼（橙色小丑鱼）	938
	人参	2 900
2018.04	茶树（舒茶早）☆	2 980
	玫瑰	560
	江豚☆	2 200
	驴	2 320
	紫扇贝☆	724.78
	天麻	1 180
2018.05	木棉	895
	乌拉尔图小麦（小麦 A，G1812）☆	5 000
	日本鹌鹑☆	1 040
	野生四倍体花生	2 620
2018.06	黑猩猩	3 000
2018.07	满江红☆	753
	勺叶槐叶萍☆	255
	菟丝子	273
	杨梅	323
2018.08	单叶省藤☆	1 980
	黄藤☆	1 610
	六倍体小麦（中国春）☆	1 580
	毛竹☆	2 050
	赤狐☆	2 500

发表时间	物种中文名	基因组大小（Mb）
2018.08	巨型海蟾蜍	2 550
	罂粟	2 720
2018.10	菊花脑	3 090
	甘蔗	3 130
2018.11	穿心莲	280
	甘蓝☆	630
	桂花	733
	香蕉	587
	花鲈	670
	泰国斗鱼☆	465
	芫青	529
2018.12	班巴拉花生☆	535
	扁豆☆	395
	伯尔硬胡桃☆	331
	鹅掌楸☆	1 750
	海岛棉	2 200
	陆地棉	2 300
	相思树☆	654
2019.01	芥菜☆	524
	金鱼草☆	520
	糜子	855
	蒜头果	1 510
	对虾	1 660
	螢☆	1 940
	箭猪	2 720
	水牛	2 650
2019.01	蚊子	266

发表时间	物种中文名	基因组大小（Mb）
2019.02	草莓	1 200
	玉米（HZS）	2 200
	大白鲨	4 630
	尖裸鲤	1 849
	抹香鲸☆	2 580
	水晶鱼	735
	水牛☆	2 770
	条石鲷	779
2019.03	白杨树	415
	豌豆	4 200
	蠓	145
	野生大豆（W05) ☆	1 013
2019.04	黄芩	408
	豇豆	519
	苹果（HFTH1）	658
	香港金桔	373
	条纹斑竹鲨	3 850
	玉米蚜虫	326
	白星花金龟	751
	扁虫	656
	扁形虫	656
	非洲慈鲷	957
	马利筋突角长蝽	1 099
	章鱼	1 780
2019.05	美洲山核桃	651
	拟南芥	150
	山核桃	706

发表时间	物种中文名	基因组大小（Mb）
2019.05	野甜菜	624
	一年生山靛	640
	玉米☆	2 300
	杂草稻	377
	栽培花生	2 540
	蓝孔雀	915
	类圆小杆线虫	185
	平胸龟	2 320
	圆头蜱	932
	中华白海豚☆	2 360
	44 个反刍动物☆	2 520
	鞍带石斑鱼☆	1 064
	北海狮	2 400
	草地贪夜蛾	542
	竹子	646
2019.06	白景天	627
	灯心草	270
	地钱	300
	黄瓜	226
	罗布麻	254
	欧洲银杉	17 360
	柿子	1 000
	文冠果	504
	大腹园蛛	3 660
	海獭	2 400
	金鱼☆	849
	鲸鲨	2 930

发表时间	物种中文名	基因组大小（Mb）
	疟蚊	250
2019.06	驯鹿 ☆	2 520
	玉米 SK	2 320
	枫树	666
	花椰菜	584
	鸡血藤	798
	陆地棉	2 286
	美国山核桃	720
	美洲商陆	1 300
	牛油果	980
	苹果☆	665
	葡萄	500
	酥梨	980
	弯叶画眉草	660
2019.07	无花果	331
	香蕉 B(双单倍体香蕉野生种)☆	493
	鸭茅	1 840
	野生梨	533
	栽培香蕉	430
	长豇豆	632
	巨型鲶鱼☆	571
	科莫多巨蜥蜴	1 500
	梅童鱼	877
	欧亚野猪	2 500
	虾虎鱼	1 000
	中国山核桃	650
2019.08	菲律宾蛤仔	1 320

发表时间	物种中文名	基因组大小（Mb）
2019.08	九刺鱼	521
	狼蜘蛛	4 260
	山齿鹑	867
	棕蝴蝶	574
2019.09	菠萝	513
	软籽石榴 (Tunisia)	320
	双斑东方鲀	404
	湾鳄	2 123
	紫贻贝	1 280
	中国板栗	785
2019.10	黑胡椒	761
	昆栏树	1 614
	金鲳鱼	655
	美洲豹	2 400
	大黄鱼	724
	恶魔线虫	61
	许氏平鲉	848
2019.11	单细胞轮藻	442
	冬瓜	913
	坛紫菜	53
	西瓜（97103）	365
	杏	221
	牡蛎☆	559
	翘嘴鲌	102
	山羊☆	2 600
	树麻雀☆	1 050
	团头鲂	109

发表时间	物种中文名	基因组大小（Mb）
2019.11	薏苡（大黑山）	1 500
2019.12	睡莲 *	409
	暗纹东方鲀	381
	薇甘菊	1 790
	橡胶树☆	1 470
	小果野芭蕉	523
	油柿	850

致 谢

我曾经许下四个愿望：让与生俱来的基因健康，许一个没有罕见病的未来；让与时俱变的基因可控，许一个远离肿瘤的世界；用温度冷冻时间，许一个返老还童的梦想；用人性战胜“懒熵”，许一个人人健康的大愿望。

这四个愿望，是希望，更是重担，而科普对我来说始终是第一步。

从《天方烨谈》首播到现在，日更一期，累计已超过 1 300 期，收听量达到 1.6 亿人次，是大家的支持和厚爱给了我坚持的力量。2018 年 10 月，我的第一本基因科普书《生命密码》出版后，收获了不少读者的认可和期待。感谢大家的鼓励与支持！更令我欣慰的是，在这个过程中我认识了一众志同道合的科普大咖：周忠和、王渝生、吴军、尹传红、冯唐、李治中、汪诘……科普之路不孤有邻。

经过近一年半的打磨，《生命密码 2》终于要跟大家见面了。在此，我向参与工作的全体人员致以衷心的感谢！

首先，感谢汪建老师和杨焕明院士对我的悉心指导，以及对科普一如既往地支持。正是他们 20 年如一日的痴心不改，如同指路明灯一般，照亮了我的科普之路。

其次，感谢每一位参与科普工作的小伙伴，他们是成就《生命密码 2》的幕后英雄：陈冬娜、陈蕾、陈唯军、程红英、方晓东、冯雅仪、葛兰、黄辉、李恬、李雯琪、李杏、刘健、刘涛、马清滢、潘宁、彭智宇、齐峻钰、沈玥、太帅帅、唐林仪、吴丹丹、萧芳权、项飞、杨幸璐、翟腾、张弛、张聪、张海峰、朱师达、朱莹等（按姓氏排序）。

再次，感谢为本书进行审校的小伙伴：方晓东、高强、夏志、张雨宇、郑涛等（按姓氏排序）。

最后，感谢家人对我工作的支持与理解。我着迷于生命科学，离不开父母的启蒙；我能在工作之余致力于科普工作，离不开夫人在背后的默默支持；我能有如此多的奇思妙想，得益于在跟女儿互相学习的过程中，获取了不少灵感。

特别感谢《天方烨谈》的所有听众，生命密码系列的所有读者。

基因即因，未来已来。愿我们共同解码生命，体验精彩人生！